SDGs時代の
環境問題
最前線

脱炭素革命への挑戦

世界の潮流と日本の課題

堅達京子＋NHK取材班

迫り来る気候危機

［上］CO_2 濃度は 420ppm と人類史上最高に。グリーンランドや西南極では大規模な氷床の融解が続き、海面上昇が懸念される　［下］日本でも、猛暑に加え、温暖化により勢力を増す豪雨が増加。2019 年の台風 19 号など激甚災害の頻発で保険料支払いが 1 兆円を超える年が続くなど、経済への影響も拡大し、2050 年カーボンニュートラルは待ったなしだ

脱炭素に向けた世界の動き

［上］国連のグテーレス事務総長は、パリ協定採択から5年の節目2020年12月の気候野心サミットで「石炭への融資と新しい石炭火力発電所の建設を中止する必要がある」と訴え、「公正な移行」を強調した　［下］アメリカ・バイデン大統領は、数百兆円規模のグリーンリカバリー政策を打ち出す。中国の習近平国家主席は、2060年カーボンニュートラルを宣言した

グローバル企業の対策

［上］アップル新社屋「アップル・パーク」の屋上は、すべて太陽光パネルに覆われている。アップルは自社で再エネ100%を達成、サプライヤー企業にも再エネ転換を求め、サーキュラーエコノミーにも力を注ぐ（提供 アップル）［下］世界では再エネ価格が劇的に低下している。UAEで丸紅などが運営する「スワイハン太陽光発電所」は、1kWhあたり約2.6円と化石燃料より大幅に安い（写真提供　丸紅）

グリーンの先進地ヨーロッパの戦略

［上］EU や COP26 のホスト国イギリスでは、脱石炭が政策的に進み、グリーン関連が一大産業に。洋上風力はイギリスは 2200 基、ドイツも 1500 基がすでに稼働し、産業として躍進している　［下］EU では、2035 年のガソリン車の新車販売禁止など EV 化を促進、EV ステーションの 100 万基設置を計画。CO_2 排出を減らしながら経済成長をめざす狙いがあり、雇用創出も同時に実現する

日本企業の挑戦

［上］RE100に加盟するソニーは、自社工場の屋上に太陽光パネルを設置するなど、再エネ調達コストを下げる努力を続ける（提供 ソニー）［下］日本企業が脱炭素革命の潮流を痛感したのは、2017年11月、独ボンで開催されたCOP23だ。世界のビジネス界とのあまりの温度差に衝撃を受けたという。（JCLP訪問団。左からリコー加藤茂夫、LIXIL川上敏弘、イオン三宅香）

［上］清水建設は、洋上風力発電の風車を組み立てる世界最大級のSEP船（Self-Elevating Platform）を建造中だ（完成イメージ 提供 清水建設）。いま国内外の企業が、洋上風力をビジネスチャンスと捉え、次々と参入している ［下］脱炭素に向けた新規事業を展開するメーカーも。コンデンサ大手の太陽誘電では、航続距離1000キロメートルを超える電動アシスト自転車を独自に開発している

CO_2 排出量と気温上昇は、ほぼ正比例

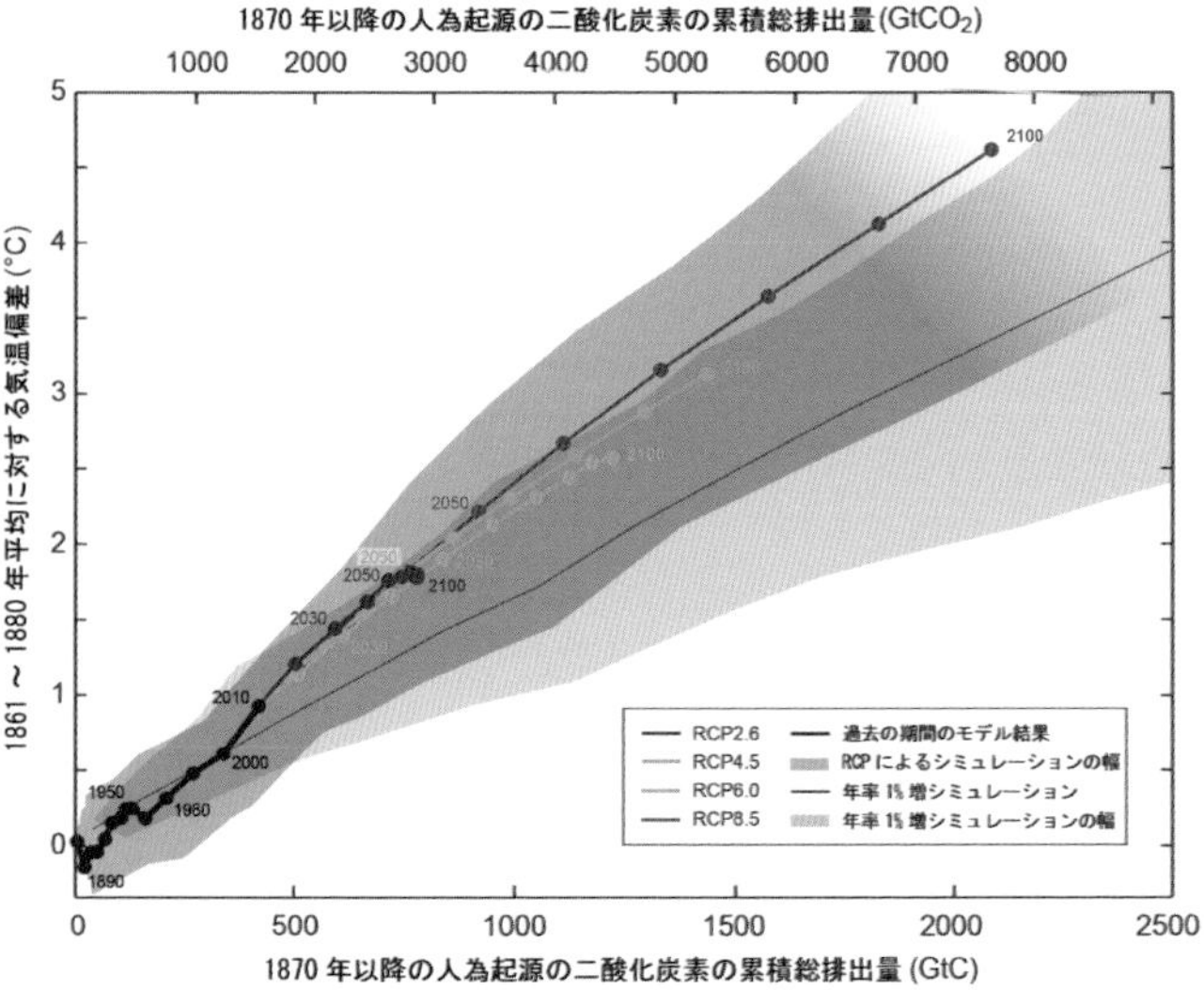

連鎖する「温暖化ドミノ倒し」

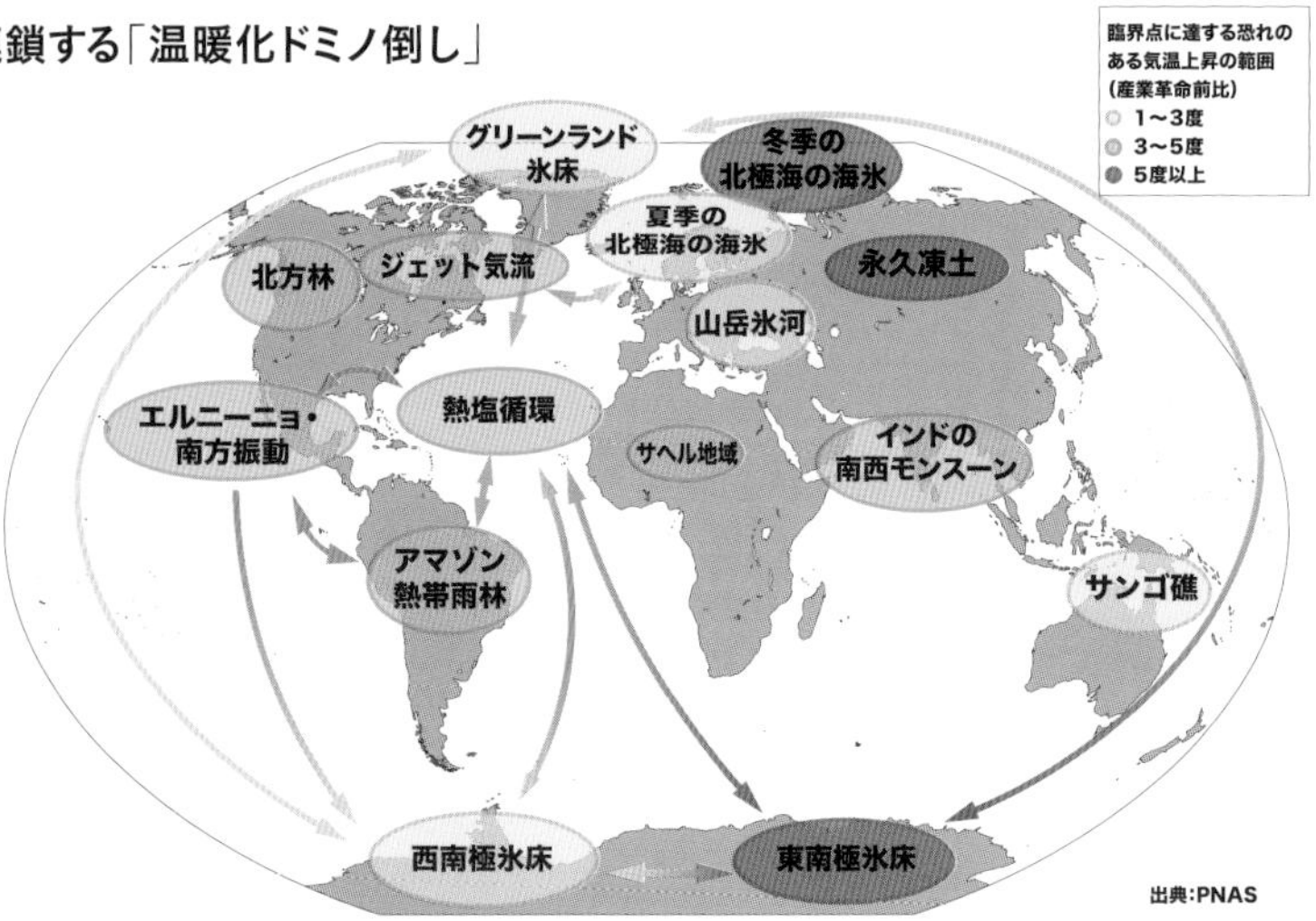

［上］IPCC 第 5 次評価報告書のデータで、CO_2 累積排出量と世界平均気温の上昇は、ほぼ正比例と判明した。気温上昇を、産業革命前と比べて1.5度に抑えるには、あとどれくらいの CO_2 しか排出できないかが計算できる　［下］科学者たちは、温暖化を加速させる現象がドミノ倒しのように連鎖し、「ホットハウス・アース」（灼熱地球）に陥るリスクを懸念している（Will Steffen, Johan Rockström et al. 2018）

序章　止まらない「脱炭素」の潮流

カーボンニュートラルの大競走が始まった！

「2050年カーボンニュートラル、脱炭素社会の実現をめざすことを、ここに宣言いたします」

2020年10月20日。ついに菅義偉内閣総理大臣が、日本も〝脱炭素革命〟に挑むと国会で宣言した。以来、新聞もテレビも、これまであまりなじみのなかった〝脱炭素〟という言葉を連呼し、私たちの耳にまで届く機会が急激に増えている。

カーボンニュートラル＝脱炭素とは、地球温暖化の原因となる温室効果ガスの人為的な排出量を実質ゼロにすることを意味している。石炭・石油・天然ガスなどから、日々排出される二酸化炭素（CO_2）やメタンなどの温室効果ガス。その排出ゼロをめざす大競走時代がついに始まったのだ。実質ゼロ、あるいは全体としてゼロにするという言い方がされるのは、どんなに頑張って減らしても、減らしきれなかった排出量については、植林によって光合成を増やしCO_2を吸収する方法や、人工的なCO_2回収技術などによって相殺することでゼロとみなすことを意味している。とはいえ、18世紀半ばに始まった産業革命以来、延々と人類が頼り続けてきた化石燃料からの脱却は生やさしいものではない。

本当にできるのか。産業への影響は？　そして、私たちの暮らしはどう変わるのか。様々な疑問が頭をもたげてくる。しかし、どうやらこの「脱炭素」の潮流は止まりそうにない。

例えば、ＥＵ（ヨーロッパ連合）は、２０３５年にCO_2を排出するガソリン車やディーゼル車などの新車販売を全面的に禁止する。イギリスは２０３０年、一番早いノルウェーでは、２０２５年に禁止にするというから、すぐ先の未来だ。詳しくは本編で触れるが、なんと国によっては、これまで〝地球にやさしい〟とか〝エコ〟だとされてきたハイブリッド車やプラグインハイブリッド車までもが全面禁止になるという。化石燃料からの排出を一切認めない、まさに〝脱炭素革命〟が世界各地で起きようとしているのだ。

この流れは、アメリカ・バイデン政権の登場によって加速している。

温暖化に懐疑的で化石燃料産業の守護神でもあったトランプ大統領に僅差で競り勝ったバイ

デン候補は、大統領就任後、気温の上昇を産業革命前に比べて2度より十分低く、できれば1・5度に抑えるという温暖化対策の国際合意「パリ協定」に直ちに復帰。選挙中から掲げていたコロナ禍からの「グリーンリカバリー」に大きく舵を切った。

グリーンリカバリー＝緑の復興というのは、新型コロナウイルスによって世界経済が受けた強烈なダメージからの回復をめざすにあたって、従来型の大量生産・大量消費・大量廃棄型の経済に戻すのではなく、気候危機を食い止め脱炭素に役立つ再生可能エネルギー（再エネ）などのグリーンな分野に集中的に投資しようという動きだ。アメリカの復興予算は数百兆円規模の巨大なもので、その中心となっているのも、気候変動対策に役立つインフラ投資だ。

グリーン分野での先駆者であるヨーロッパでも、巨額のグリーンリカバリー政策が実行に移されている。EUでは、今度の10年で官民合わせて130兆円規模の投資を予定、イギリスも「グリーン産業革命」と名づけて8兆円規模の官民での投資を計画している。

背景にあるのは「気候危機」

なぜいま、脱炭素革命が必要なのか？　なぜいま、グリーンリカバリーをめざさなければならないのか？

その背景には、異常気象などを頻発させている地球温暖化の進行がある。私たちは、このままでは、ティッピングポイントと呼ばれる臨界点を超えてしまうのではないかと懸念されている「気候危機」のただ中にいるのだ。

日本でも2018年の西日本豪雨、2019年の台風15号や19号による大水害、2020年の熊本豪雨、そして2021年の熱海の大雨による土石流など、地球温暖化が影響していると見られる異常気象による被害が深刻化、国会でも気候非常事態が宣言されている。世界を見渡せば、ハリケーンやサイクロンなどによる大規模な高潮や猛烈な風雨、ドイツや中国を襲った大洪水などが甚大な被害をもたらしている。そしてシベリアからヨーロッパ、カリフォルニア、アマゾン、東南アジア、オーストラリアなどで頻発している大規模な山火事や干ばつも毎年のように起きている。特に2020年には、北極圏で38度を記録、2021年6月にはカナダ西海岸で49・6度に達するなど、直感的に「何かがおかしい」とつぶやかざるを得ない出来事が多発しているのだ。

2020年1月、私は、山と溪谷社が「SDGs時代の環境問題最前線」と名づけたシリーズで、『脱プラスチックへの挑戦　持続可能な地球と世界ビジネスの潮流』という本を上梓した。海洋プラスチック問題を入り口に、いま、地球がいかに限界を超えてしまう瀬戸際にあるのか、この10年こそが人類にとっての正念場だということを伝えるものだった。しかし、あれからわずか1年半あまりで、世界はさらに大きく変わろうとしている。

一つには、前著が書店に並んだ2020年1月中旬に明らかになった新型コロナウイルスの蔓延と、3月に始まった世界的大流行＝パンデミックによる変化がある。そもそも新型ウイルスが人間に感染するようになった背景には、森林伐採などの開発によって、深い森の奥深くに閉じ込められていた野生のウイルスと人間の営みが〝ニアミス〟するリスクが大幅に増えている現状がある。今回のパンデミックは、20世紀とは比べ物にならないほどにグローバル化された大量生産・大量消費・大量廃棄型の現代文明の脆弱さを、私たちに痛いほど突きつけることになった。この感染爆発は「自然からの警告」だと言える。

そして奇しくもコロナ危機との複合災害としてダメージを与えているのが、気候危機の進行だ。二つの危機に直面している世界は、ついに、騙し騙し使ってきたこれまでの経済システムからの脱却を迫られ、小手先の改革ではなく、根本から経済のOS（オペレーションシステム）そのものを変えざるを得ないところまで追い込まれている。その鍵を握るのが、脱炭素なのだ。

〝パリ協定の母〟といわれる国連気候変動枠組条約の前事務局長クリスティアナ・フィゲレスさんは、こう断言する。

「飛行機はもう離陸した。脱炭素というデスティネーション（目的地）は、もはや変わらない。たとえ機内で多少の揺れやアップダウンがあったとしても、決して変わることはない」

〝脱炭素革命〟の衝撃

いささか手前味噌になるが、〝脱炭素革命〟という言葉を世に知らしめたのは、私も取材・制作にあたった2017年12月放送のNHKスペシャル『激変する世界ビジネス〝脱炭素革命〟の衝撃』という番組だったと自負している。放送直後、脱炭素という言葉は、初めてツイッターのトレンドワードになり、検索数も急上昇した。その後、業界関係者の間では、「低炭素では足りない、脱炭素をめざそう」という機運が少しずつ高まった。だが、一般の人々の耳に届くようになったのは、冒頭に述べたように、総理のカーボンニュートラル宣言がなされてからだ。2050年の脱炭素をめざすゼロカーボンシティの数もうなぎ上りに増え、表明している自治体の人口を合計すると、実に1億1000万を超えている。

もはや、望むと望まざるとにかかわらず、脱炭素の潮流は、あなたの身近にまで迫ってきているのだ。

本書は、脱炭素革命の全貌をつかみたい、もっと深く知りたいと感じている人のヒントになるよう、ダイナミックに変貌する世界の潮流とビジネスの最前線をつまびらかにするものである。

私は、2007年に国連IPCC（気候変動に関する政府間パネル）のラジェンドラ・パチャウリ議長にインタビューした『未来への提言』という番組の取材を通して、人類が直面する気候変動問題の深刻さを痛感した。以来、なぜメディアにいながらこれほど重要な問題を伝えずにいたのかと恥じ、ライフワークとして訴えてきた。

今回は、2021年1月に放送したBS1スペシャル『グリーンリカバリーをめざせ！ビジネス界が挑む脱炭素』やNHKスペシャル『2030 未来への分岐点 暴走する温暖化

〝脱炭素〟への挑戦』をはじめ、BS1スペシャル『再エネ100%をめざせ！ ビジネス界が挑む気候危機』『渋沢栄一に学ぶSDGs 〝持続可能な経済〟をめざして』、クローズアップ現代＋『社会を動かす！ 女性たちの〝ライフスタイルチェンジ〟』など、私が関わったいくつかの番組や長年の取材をもとに、変化の背景までわかりやすく紐解いていきたい。世界各国の脱炭素政策や、番組で取材したイオンや丸井、ソニーや太陽誘電といった日本を代表する企業の取り組みに加え、アップルなどグローバル企業の戦略や消費者の動きまで幅広くお伝えできればと思う。

この分野では周回遅れとなっていた日本は、はたして追いつけるのか？ 日本経済生き残りの戦略は何なのか？ 随所に専門家のロングインタビューも交えながら、深掘りしていきたい。

このまま手をこまねいていれば、世界の平均気温は、2030年代初頭にも産業革命前からプラス1・5度の防衛ラインを超え、危険ゾーンに突入する恐れがあると科学者たちは警告している。持続可能な経済への転換は、待ったなしだ。一人でも多くの人が、いますぐ温室効果ガスを減らすことの重要性に気づき、この〝正念場の10年〟に、自分事として、行動を起こしてくださることを期待している。

さあ、一緒に〝脱炭素革命〟への挑戦を始めよう。

目次

第2章 なぜ金融界は変わったのか カーボンバジェットのリアル

第3章 深刻化する気候危機 迫り来るティッピングポイント

第4章　日本は追いつけるのか？　ビジネスの現場を追う　131

終章 これが日本のラストチャンス 347

第1章

なぜいま、グリーンリカバリーが必要か

コロナの爪痕　SDGs達成に赤信号

2020年3月11日のWHO（世界保健機関）のパンデミック宣言から1年半、新型コロナウイルス感染症（COVID-19）の終息のめどは、一向に立たない。

経済に与えたダメージは深刻で、多くの雇用も失われた。2020年の世界の経済成長率はマイナス3・5%。コロナ禍が深刻だったイギリスではマイナス9・9%など、1929年から30年にかけての世界恐慌の際にGDPの10%が失われた事態に匹敵するケースも見られた。

世界経済全体で見れば回復傾向にあるものの、コロナ危機は、もともと脆弱な国々や先進国でも弱い立場の人々を直撃し、より深い傷を負わせている。国連によれば、SDGs（持続可能な開発目標）の要である「貧困の撲滅」という目標については、コロナのために2030年までの達成が絶望的になったと見られている。1日1ドル90セント未満で暮らす極度の貧困層の割合は、2015年の10%から2019年には8・2%まで減少した。だが感染拡大の影響で、2020年は8・4%から8・8%まで上昇。貧困率の上昇は過去20年間で初めてだという。途上国だけではない。先進国でもコロナ禍によって格差が一層広がり、経済的に困窮する人が増えているのが実情だ。

グリーンリカバリーでピンチをチャンスに！

こうした人々を救済し、経済を蘇らせるには、巨額の投資が必要になる。だが、通常の手法で行なえば、新型コロナウイルスの出現以前に世界が直面していた気候危機を、さらに悪化させてしまうことになる。

そこで打ち出されたのが「グリーンリカバリー」だ。コロナ禍からの復興でどのみち巨額の資金が必要になるのなら、この危機をいわばバネにして、いま求められている気候危機対策に役立つインフラ投資など、脱炭素社会を構築する経済刺激策に投じようという考え方だ。

こうした考え方は、もっと広い意味で「よりよい復興＝ビルド・バック・ベター」とも呼ばれる。気候変動の問題への対処だけでなく、コロナ禍からの復興を持続可能な未来につなげようというものだ。国連のアントニオ・グテーレス事務総長は、パンデミック発生から1か月あまりたった2020年4月22日のアースデーに寄せたコメントで、「COVID-19の影響はすぐそこにあり恐ろしいものだが、もう一つの深刻な緊急事態が存在する。それは拡大している地球の環境危機だ」として、ビルド・バック・ベターを呼びかけた。

日本では当初、グリーンリカバリー的な政策はほとんど取られていなかった。だが、2020年9月には、環境省が中心となり、感染症と気候変動という世界が直面する二つの危機を乗り越えるため、閣僚級会合を開催。持続可能で強靱な社会経済への「リデザイン（再設計）」を打ち出し、「脱炭素社会」「循環経済」そして「分散型社会」への三つの移行を掲げた。

思い返せば、この会議が開かれていた9月3日、世界はまだ、トランプ大統領&安倍首相という組み合わせであった。ところが、わずか13日後の9月16日、菅政権が誕生。そして、その約1か月後の10月20日の所信表明演説で、菅首相は冒頭に紹介した「2050カーボンニュートラル宣言」に踏み切るのである。

長年、気候変動問題を取材してきた私だが、この間の急変ぶりにはいささか驚いた。一体、何があったのだろうか。

「グリーン」を打ち出す二大排出国 中国とアメリカ

背景にあるのは、中国とアメリカという二大排出国の動向だ。

2020年9月22日、中国の習近平国家主席は、国連総会の一般討論でビデオ演説を行ない、CO_2排出量を2030年までに減少に転じさせ、2060年までに実質ゼロにするカーボンニュートラルをめざすと表明した。

中国は世界全体の排出量の約28％を占める最大のCO_2排出国だ。いまや世界経済を牽引する新興国だが、歴史的に見れば途上国の代表であり、「共通だが差異ある責任」という、温暖化対策の現場では決め台詞として用いられる言葉を使って、〝先進国ファースト〟での削減を常に訴えてきた。「共通だが差異ある責任」という考え方は、地球環境問題に対しては共通の責任があるが、歴史的経緯を見れば、各国の寄与度と能力は異なるというもの。1992年にリオデジャネイロで開催された地球サミットで初めて明示的に謳われた。

その中国が、欧米並みの2050年ではないとはいえ、2060年にカーボンニュートラルを打ち出したのは、衝撃的なことだった。実は中国は、トランプ政権が温暖化対策に後ろ向きだったことをうまく利用し、21世紀の超大国として温暖化対策に前向きに取り組むことで世界の主導権を握ろうと、したたかに戦略を練っていた。

中国は、近年、経済発展に伴って、大気汚染や水質汚濁など環境汚染が著しく進み、2007年の第17回全国人民代表会議で当時の胡錦濤国家主席が「生態文明（エコ文明）」を建設するというスローガンを掲げた。その後、さらに経済成長を遂げ、世界第2位のGDPを誇るようになった中国だが、環境汚染の度合いもより一層強まっていった。習近平国家主席が就任した2013年頃からは、PM2・5の濃度が著しく高まり、死亡する住民や健康被害を受ける住民が続出、大都市ではまさに「息もできない」ほどの域に達した。民衆の暴動につながりかねない深刻さだったため、喫緊の大気汚染対策としての意味合いも含め、石炭を大量に使う経済からの脱却は中国の主要なテーマとなっていった。2015年のパリ協定の合意にも大きな役割を果たした中国は、ついに2021年、自ら2060年のカーボンニュートラルを宣言し、世界を驚かせたのである。

一方、アメリカでは11月3日に大統領選挙が行なわれようとしていた。前回の選挙のように、事前の予想を覆してトランプ大統領が再選される可能性もあったが、自らも罹患したコロナ対応の遅れもあって、世論調査ではバイデン候補の優勢が伝えられていた。左派のバーニー・サンダース上院議員などを味方につける必要もあり、バイデン候補は大規模なグリーンリカバリー政策を打ち出し、パリ協定への復帰や脱炭素政策の強化を大々的に訴えていたのだ。

対応を迫られた日本の「2050年カーボンニュートラル宣言」

こうした中、苦しい立場に追い込まれたのが、日本だ。

日本は、2008年の洞爺湖サミットの際に、国内排出量を2050年までに現状から60～80％削減する長期目標を表明し、その後、2015年のパリ協定などを受け、2016年に正式に80％削減を目標としてきた。しかし、先進国が次々と表明していた2050年のカーボンニュートラルをめざす仲間には入らずにいた。

専門家は、10月中旬、日本政府は相当焦っていたと分析している。長年、審議会の委員として政府のエネルギー基本計画作成の現場を目撃してきた国際大学の橘川武郎教授は、こう語る。

「菅首相のカーボンニュートラル宣言がバイデン氏の当選後になっていたら、世界の笑いものになってしまう。それだけはなんとしても避けたかった。10月20日の所信表明というタイミングは、ギリギリの決断だった」

そして、2021年4月、バイデン大統領が主催した気候変動サミットの場で、菅首相はパリ協定の削減目標の引き上げを宣言した。

「2050年カーボンニュートラルと整合的で、野心的な目標として、我が国は、2030年度において、温室効果ガスを2013年度から46％削減することをめざします。さらに、

50％の高みに向け、挑戦を続けてまいります。この46％の削減は、これまでの目標を7割以上引き上げるもので、決して容易なものではありません。しかしながら、世界のものづくりを支える国として、次なる成長戦略にふさわしいトップレベルの野心的な目標を掲げることで、我が国が、世界の脱炭素化のリーダーシップをとっていきたいと考えています」

今回の日本の削減目標は、従来の目標だった2013年比26％削減から大幅にアップしたとして、一定の評価がある。だが世界のリーダーになれるほど胸を張れる数字、とは残念ながら評価されていないのが実情だ。というのも、バイデン大統領は、アメリカが2030年までにCO_2排出量を2005年比で50～52％削減すると約束。これまで2025年までに26～28％削減するとしてきた目標を2倍近くに引き上げた。

EUも1990年比で少なくとも55％削減に目標を引き上げた。COP26のホスト国イギリスは、2030年までに68％削減、2035年までに78％削減（いずれも1990年比）といった極めて野心的な目標を打ち出している。こうした世界の先進国の間にあって、46％というのは非常に微妙な数字なのだ。しかも東日本大震災後の火力発電需要で排出量が高かった2013年比での数字である。これを1990年比に置き換えると、実は39％減にすぎない。

国際研究機関クライメート・アクション・トラッカーによると、パリ協定の1・5度目標達成のために日本に必要な削減幅を科学的に算出すると、2013年比で62％削減になるという。これを受けて、環境NGOや、スウェーデンの少女グレタ・トゥーンベリさんの「気候のための学校ストライキ」に賛同する若者たちのグループなどは、日本政府の目標が低すぎるとして引き上げを強く求めている。

若者たちだけでなく、気候変動対策を求める企業や自治体の集まりであるＪＣＩ（気候変動イニシアティブ）も、野心的な引き上げを求める提言書を発表。関係官庁の大臣たちに書簡を送り、新聞にも一面広告を出すという異例のアピールを気候変動サミット前に行なっていた。

「私たちは、日本でも温室効果ガス削減目標（ＮＤＣ）を現在の26％から、少なくとも45％以上で、50％、55％という削減をめざす欧米に匹敵する、先進国としての役割と責任にふさわしい野心的なレベルまで強化することを日本政府に求めます」

このように２０３０年目標のさらなる引き上げは今後の課題だが、なんといっても総理大臣が２０５０年カーボンニュートラルを宣言したことのインパクトは極めて大きい。いまや脱炭素に取り組まないことには生き残れない雰囲気に日本も変わってきた。２０２１年5月には、地球温暖化対策推進法が改正され、２０５０年のカーボンニュートラルが法律で明記された。これからは法律で定められた目標であり義務として、脱炭素社会を実現していくことになるのだ。

日本のビジネス界の対応については、第4章以降で詳しくお伝えするが、まずは、世界各国の脱炭素への取り組みを見ていくことにしよう。

バイデン大統領のグリーンリカバリー政策

アメリカ合衆国第46代大統領、ジョー・バイデン。2021年1月20日の就任式の時点で78歳と史上最高齢で、トランプ前大統領から〝スリーピー・ジョー〟と揶揄されていた男がいま、想像を超えるスピード感を持って、アメリカの産業を脱炭素化しようと躍起になっている。

バイデン大統領は、オバマ政権の副大統領時代にパリ協定を推進した。民主党の候補者だった2020年7月14日に、地球温暖化に関する政策目標を発表。当選した場合、大統領就任から4年間に2兆ドル（約220兆円）を投資すると表明していた。

就任まもない2021年3月31日、バイデン大統領は、ラストベルト（錆びついた工業地帯）と呼ばれる東部ペンシルベニア州のピッツバーグで演説した。中国に対抗する狙いも強調しながら、グリーンを柱とするインフラ整備やアメリカの製造業強化に向け、8年間で約2・3兆ドル（約253兆円）を充てる雇用強化計画「アメリカン・ジョブズ・プラン」を発表したのだ。すでに成立させていた新型コロナウイルス感染拡大に対応する1・9兆ドル（約209兆円）規模の経済対策「アメリカン・レスキュー・プラン」に続く大型経済対策だ。鉄鋼の街として知られるこの地で〝脱炭素〟への巨額投資を語るのは、まさに時代を象徴する動きと言える。

インフラ整備から電気自動車、建築まで 幅広いアメリカの脱炭素プラン

今回の提案の基盤となったのが、大統領選で掲げた成長戦略「ビルド・バック・ベター計

画」、通称バイデンプランだ。気候変動対策のための持続可能なインフラと公平なクリーンエネルギーの未来を構築するというこのバイデンプランと照らし合わせながら、アメリカのグリーンリカバリー政策の中身を見てみよう。

大きな柱になっているのは、インフラの整備だ。これには、道路や鉄道、水道だけでなく、電力網や5Gによるワイヤレスブロードバンドの整備も含まれ、数百万の雇用を生むことをめざしている。そこには、〝ブラウン〟の象徴だった古い発電所や工業施設、埋め立て地、廃坑などを〝グリーン〟に生まれ変わらせ、地域社会の新たな経済拠点にする計画も含まれている。鍵を握るのは、電力部門を2035年までに脱炭素化する野心的な目標だ。ここでも数百万の新たな雇用を生み出そうとしている。特に、エネルギー効率を高めることや、新しい蓄電池と送電インフラへの投資に力を入れる。ジョブズ・プランでは、まず1000億ドル（約11兆円）を投じるとし、さらに減税制度を使って、20ギガワットの高圧送電線の建設を奨励する数百億ドル（数兆円）の民間資金を呼び込む必要があるとしている。ここでも、アメリカの労働者による米国製の材料での建設が謳われている。

もととなったバイデンプランでは、4年の任期中に数百万枚の太陽光パネルと数千基の洋上風力を含む数万基の風力発電をめざすという目標が掲げられている。また、10年以内にグリーン水素（再エネからつくるなどCO_2を出さない製法による水素）を従来の水素と同じコストで投入し、既存の発電所に新しいクリーンな燃料源を提供することもめざしている。

そして、自動車産業だ。ＥＶ（電気自動車）とその原材料や部品の製造においてアメリカを世界的なリーダーにすることを掲げる。具体的には、ＥＶ市場で勝つために１７４０億ドル（約19兆円）の投資を提示。２０３０年までに50万基の充電ステーションを整備するなどして、１００万人の雇用を創出する計画だ。そのためには、連邦政府の調達力を利用して、米国製・米国調達のクリーンな自動車の需要を高める政策も示されている。実際に１月25日、政府機関の乗用車、トラック、ＳＵＶ約65万台を米国製の電動タイプに取り換えると発表。また、５万台のディーゼル車両をＥＶに置き換え、２０３０年までにアメリカで製造されたバスをすべてゼロエミッションにするという目標を掲げている。その第一歩として、国民になじみの深い黄色のスクールバスの20％を電動化。さらには、労働者がこうした21世紀型のインフラを運用・整備するのに必要なトレーニングを受けられるようにするというのも重要なポイントだ。

交通インフラへの投資も巨額だ。老朽化した道路・橋・鉄道・輸送システムを刷新し、よりクリーンな鉄鋼やセメントなど持続可能で革新的な米国製の材料を使ったものに置き換えていこうというもので、総額６２１０億ドル（約68兆円）に上る。例えば、人口10万以上の国内すべての都市にゼロエミッションの公共交通機関を提供。第二の鉄道革命と称して、ライトレールや自転車、小型モビリティのためのインフラ整備や、ＡＩ（人工知能）などを活用した最適化された都市交通システムの設計・建設に挑むという。

建物の脱炭素化にも力を入れる。２１３０億ドル（約23兆円）を投じて、２００万戸以上のサステナブルな住宅や商業ビルの建設や改修を行なう。エネルギー効率を高める窓の設置などに補助金を出したり、2030年までにすべての新しい商業ビルにネット・ゼロエミッション基準を課す法案も計画、2035年までに建築物のCO_2排出量を半減するという目標を掲げている。

老朽化が著しく安全性に欠けている公立学校の校舎を改善するための1000億ドル（約11兆円）の投資も合わせて行なう、という政策も注目される。エネルギー効率が高く、革新的で、気候変動に強い最先端のキャンパスを建設。緑地を増やし、安全で緊急時に集まれるような場所に生まれ変わらせる。同様に連邦政府の建物や病院などの建て替えや改修も予定され、これらを低炭素材料やクリーンエネルギーで調達する計画だ。さらに、合計150万戸の持続可能な住宅と公営住宅の建設を促進。手頃な価格でエネルギー効率に優れた住宅の提供は、低所得者対策にもなり、生活の質を向上させるスマートな地域づくりに役立つという。

そして、イノベーション（革新）への投資だ。1800億ドル（約20兆円）とアポロ計画をはるかに上回る規模で、研究開発投資を加速。蓄電池や炭素回収技術、次世代の建材やグリーン水素、先端的な原子力技術などの分野に力を入れ、メイド・イン・アメリカの技術として確立することをめざす。クリーンエネルギーはもちろん、クリーン輸送、鉄鋼・コンクリート・化学製品の製造過程などのクリーン工業プロセス、カーボンニュートラルな建設資材などクリーン材料の開発や、戦略的研究分野に重点的に投資。起業家、エンジニア、熟練工の世代に力を与えるための新たなパートナーシップを構築するという。

農業分野の脱炭素化も柱の一つだ。新しい技術を導入し、精密農業といわれる手法を取ることで、食料供給の安全性とレジリエンス（回復力）を強化する。農家が干ばつや洪水、異常気象などの脅威に立ち向かう適応策も視野に入っている。また、森林保護や、湿地帯、マングローブ、ケルプなどの海中林やサンゴ礁の保護、野生生物の保護、漁業の支援まで、幅広い分野が含まれている。自然を回復させた上で、ハイキングやサイクリングのコースを作ることまでがグリーンリカバリーの範疇で計画されているから驚きだ。

バイデン政権では、パリ協定の立役者の一人でもあるジョン・ケリー元国務長官が、気候変動対策の大統領特使を務めている。こうした大物の起用だけでなく、大統領令により21の連邦機関の長で構成する「国家気候タスクフォース」を発足。省庁横断的に気候変動問題を主流化して対策を行なっている。環境保護庁やエネルギー省のみならず、財務省や内務省、国防総省、農務省や教育省、労働省や住宅都市部門のトップなど、あらゆる分野が一丸となって脱炭素政策を推し進めている。中には、環境の汚染者責任を追求するため、司法省の中に環境・気候正義部門を新設するというプランまである。バイデン政権は〝本気〟だ。中国との主導権争いも相まって、トランプ政権下での遅れを取り返そうと必死なのだ。

ちなみに、激変したのは政府側ばかりではない。先ほど、ラストベルトの中でも象徴的なピッツバーグで、雇用対策も含めた気候変動対策が発表されたことに注目したが、トランプ大統領を熱烈に支持していた米国鉱山労働者組合（ＵＭＷＡ）の指導部は、２０２１年４月、ジャスト・トランジションと呼ばれる公正な移行のための戦略を強化することを条件に、バイデン大統領のクリーンエネルギー政策を支持することを発表した。これは歴史的転換である。石炭採掘などの現場で働いてきた組合員を抱えるこの労組は、もともとは民主党支持だったが、オバマ政権が石炭産業に厳しく当たったことからトランプ政権側に期待を寄せてきた。だが、そのトランプ政権も産業の再生には全く役立たずだった。そして時代の潮流にも押され、ついに方向転換したのだ。現在は、むしろバイデン政権によるさらなる規制を恐れ、脱炭素化による変化によって職を失った鉱山労働者の転職のためのトレーニングを強化するよう議会に訴えている。今後は、再エネ関連などでのより高給な仕事に資金を配分してもらい、グリーンな分野へと雇用を移行させていくことになる。もちろん、現場の意向は一枚岩ではなく根強い反対もあるが、少なくともバイデン政権下での脱炭素化の流れが止まらない以上、指導部としては避けられない決断であったと思われる。

このように、アメリカのグリーンリカバリー策の鍵は、やはり「雇用の創出」である。4月末に行なわれたバイデン大統領の初の施政方針演説でも、繰り返しミドルクラスの雇用創出と脱炭素がセットで語られている。そして、中国を意識したメイド・イン・アメリカの強調だ。

元祖ニューディール政策の再来?「大きな政府」をめざすアメリカ

それにしても、これほどの規模の巨額の資金源として、何を想定しているのだろうか。

実は、バイデン政権は、コロナ禍という非常事態もあり、従来では考えられないほどの「大きな政府」をめざしている。まさに、世界恐慌から脱出した際のニューディール政策にも匹敵するような「公共」による大事業だ。

元祖ニューディール政策は、1929年の世界恐慌ののち、1933年にアメリカ合衆国第32代大統領に就任したフランクリン・ルーズベルトによって実行された。当時、全米労働力の4分の1にも相当する1300万人以上の失業者を抱えていたアメリカ。この時は、10年間で約300万人の若者が市民保全部隊に入り、軍隊が運営するキャンプで働いた。彼らは、土壌浸食を防ぐための植林と国有林の保全、河川の汚染除去、野生動物の保護区の作成など、様々なプロジェクトに携わった。公共事業局は、グランド・クーリー・ダムなど水力ダムの建設にあたり、シカゴの新しい下水設備の建設や、米国海軍の空母2隻の建造も行なった。

ニューディールによって経済は上向いたが、本当にこの政策によって回復できたのかどうかは、第二次世界大戦の勃発により検証不能となっている。だが、自由放任主義全盛だった当時のアメリカ経済は、このニューディールによって大きく変わった。政府がめざす方向を示して巨額を投じることで、雇用を生み出すという画期的な体験をしたのだ。

今回の政策には実は、世界経済がこの100年でたどり着いてしまった極限状況も影響している。国際NGOのオックスファムは、世界経済フォーラム年次総会（ダボス会議）で世界の富の偏在に関する報告書を公表している。2020年、世界の富豪上位26人が独占する資産は約

1兆3700億ドル（約150兆円）に上り、世界人口の半数に当たる貧困層38億人が持つ資産とほぼ同額だと指摘した。資本主義の総本山アメリカでも、貧富の差は拡大している。数百兆円に及ぶ公共投資によってインフラを構築するような政策が打ち出されている背景には、「大きな政府」として財政支出を増やしてでも、貧困層が抱えている雇用不安を打ち消し、格差への不満を和らげ、これ以上の分断を避けたいという狙いがある。それが脱炭素社会のインフラのストックになるなら一石二鳥というわけだ。

バイデン大統領は、ピッツバーグで、法人税率を21％から28％に引き上げ、企業が利益を海外に移すことを可能にする抜け道をふさぐために税制を変更すると発表した。それに加え、施政方針演説では、「いまや米国の実業界と上位1％の超富裕層が公平な負担を支払うべき時だ」と強調。バイデンプランの財源の一つとして、超富裕層の税負担を引き上げると宣言した。年間所得が40万ドル（約4400万円）超の人々の個人所得最高税率を39・6％に戻す他、同100万ドル（1億1000万円）以上の場合、キャピタルゲイン税の税率を39・6％に引き上げる。この他、資産相続時の税負担を減らせる優遇制度や、投資会社やヘッジファンドの運用マネジャーが受け取る成功報酬への税優遇措置をいずれも廃止する。

もちろん共和党は、こうした動きに強く反対している。2021年8月10日現在、バイデン政権は、法人税値上げには手をつけず、まずは5年間で1兆ドル（約110兆円）規模のインフラ投資で超党派で合意、上院で可決された。今後、下院で審議される。可決されれば、この金額でも極めて巨額であり、コロナという状況をバネにして、アメリカがトランプ時代とは明らかに違う方向へと舵を切り始めたことは間違いない。持続可能な経済をめざして、過去の行きすぎた強欲資本主義を見直す動きについては、本書の後半でも改めて考察していきたいと思う。

アメリカの富を支えるグローバル企業の挑戦

さて、ＥＵなどヨーロッパの政策の詳細について考察する前に、アメリカの富を支えるグローバル企業が脱炭素に向けてどういう行動を取っているのか、確認しておこう。

アメリカは、２０１７年1月にトランプ政権が誕生し、パリ協定からの離脱を実行するという脱炭素に逆行する動きがあった中でも、実は、したたかに気候変動対策を進めてきた。それは、「We Are Still In」（我々はまだパリ協定にいる）や「America's Pledge」（アメリカの誓約）に代表される民間企業や団体、自治体などのノンステートアクターによるムーブメントだ。いずれも、世界的な企業のＣＥＯや自治体のトップなどが署名し、気候変動対策を支持する共同宣言を行なった。私たちが２０１７年12月に放送したＮＨＫスペシャル『激変する世界ビジネス〝脱炭素革命〟の衝撃』でＣＯＰ23が開かれたボンを取材した際も、最も注目されたのがこれらの団体が造った巨大なパビリオンとその動きだった。

前ニューヨーク市長のマイケル・ブルームバーグ氏が個人資金を提供した真っ白な巨大なドームは、星条旗がデザインされたのぼりや垂れ幕で彩られ、パリ協定を離脱してＣＯＰに参加していないはずのアメリカの「もう一つの声」を強く意識させるものだった。

連日開かれたミーティングには、アル・ゴア元副大統領やカリフォルニア州のジェリー・ブラウン知事（当時）だけでなく、大手企業の役員たちが軒並み顔を揃え、アメリカ企業がパリ協定を守る先頭に立つことを高らかに宣言していた。このことは、COP23に参加したJCLP（日本気候リーダーズ・パートナーシップ）に所属する日本企業のメンバーにも、「トランプのアメリカだけを見ていては、世界の潮流を読み間違う」と気づかせる契機となり、その後の行動に大きな影響を与えていた。

「We Are Still In」は、2021年2月に正式に統合されて「America's Pledge」「America Is All In」となり、バイデン政権が掲げる2030年までの50～52％削減という目標を強く支持している。主要な企業1150社以上が加盟し、中でもGAFAMといわれる巨大プラットフォーマー（Google, Amazon, Facebook, Apple,Microsoft）は、アメリカ政府の目標を大きく上回る独自のカーボンニュートラル宣言を行なっている。

マイクロソフトの「カーボンネガティブ」宣言

例えば、「America Is All In」においても幹事社的な役割を果たしているマイクロソフトは、2030年の「カーボンネガティブ」（カーボンポジティブと呼ばれることもある）を打ち出している。これは、自社で排出する温室効果ガスの排出量よりも、自社による植林やCO_2回収などの事業で吸収する量が上回る状況をつくり出すという極めて野心的なものだ。

2020年1月16日、トランプ政権下にあったマイクロソフトのブラッド・スミス社長は、これは気候変動に対する「ムーンショット（人類初の月面着陸の実現のように人々を魅了する野心的な目標）」だとして、2030年のカーボンネガティブを宣言。2050年までに、1975年の創業以来マイクロソフトが排出してきたCO_2の総量に相当するCO_2を完全に除去すると述べた。

マイクロソフトは、世界100か国以上に15万人の従業員を抱える巨大企業だ。2025年までに自社のデータセンターで利用するエネルギーはすべて再エネにするといった目標を掲げ、社内炭素税制度などを用いて、脱炭素に取り組んできた。だが、この宣言が野心的なのは、単なる自社の排出削減だけでなく、自社が生産する製品寿命の全期間や、製品使用時に顧客が消費する電力も含めたサプライチェーン全体の排出に責任を取ろうとしていることだ。新たに開発したMicrosoft Sustainability Calculatorを用いて、一貫した正確な炭素測定法を利用し、マイクロソフトのクラウドサービスがエコロジカル・フットプリント（地球環境への負担）に与える影響を測定。排出量がどれだけ削減できるかを計算するという。2021年7月には、企業向けのサポートツール「Microsoft Cloud for Sustainability」も発表した。

さらにはスタートアップ企業と連携して、AIやセンサリングの技術も活用しながらアマゾンの熱帯雨林や北米などの森林保護や植林に貢献したり、バイオマスCCS（BECCS）と呼ばれる回収・貯留装置付きのバイオマス発電などのやり方でCO_2の吸収をめざす。またCO_2の直接回収などカーボンネガティブに通じるイノベーションへの投資も行なうとしている。

もちろん、こうした未来技術に頼るやり方には、本当に実現可能なのか疑問を呈する声もあるが、世界を代表する企業として脱炭素に向けて自ら行動を起こし、さらには、ダノンやユニリーバなど脱炭素の分野でのリーダー的な企業ともアライアンス（提携・同盟）を組んで、野心的な目標に挑もうとしている。その姿勢は、高く評価されるものだろう。

時価総額世界1位 アップルの脱炭素戦略

野心的という意味においては、「America Is All In」にも加盟し、時価総額が２２０兆円を超えて世界1位の巨大企業アップルの戦略も特筆に値する。

２０２０年12月12日、「パリ協定」の採択から5年となるこの日、オンラインで首脳級の気候野心サミットが開かれた。アップルのティム・クックＣＥＯは自ら出演してこう語った。

「野心的な目標として、２０３０年までのカーボンニュートラル、すべてのサプライチェーンと製品使用時に出るCO_2を実質ゼロにします。国連の目標より20年も早くです！　一緒に、脱炭素経済に移行しましょう。あらゆるチャンスに満ちた新時代を切りひらくのです」

カリフォルニア州クパチーノに立つ、アップルの新社屋「アップル・パーク」（口絵４ページ上）。２０１７年に使用を開始したこの本社は、創業者スティーブ・ジョブズが構想した遺作ともいわれる建物だ。建設予算50億ドル（約5500億円）で広さは約26万平方メートル、1万人以上が働く。すべての屋根が太陽光パネルに覆われた円形の建物は、まるで宇宙船のよう。この本社に加え、アップルでは、自社で世界各地に数多くの太陽光や風力の発電所を保有し、自社の再エネ100%を2018年にすでに達成している。

アップルの「2030年カーボンニュートラル」宣言は、自社だけでなくサプライヤー全体に及ぶものであることがポイントだ。アップルが2030年までの脱炭素宣言を発表した2020年7月。その衝撃は世界に広がった。アップルに部品を納品する日本を含むサプライヤー企業にも再エネへの転換を求めてくることが確実になったからだ。

私たちは、これまでBS1スペシャル『再エネ100%をめざせ！』や『グリーンリカバリーをめざせ！』といった番組で、アップルの再エネ戦略を紹介してきた。今回、コロナ禍の中、アップルのリサ・ジャクソン副社長が、オンラインで私たちの番組のための単独インタビューに答え、狙いを語った。

ジャクソン副社長は、クックCEO直属で環境・政策・社会イニシアティブを担当している。2014年にアップルに入社。その前は、2009年から2013年まで、オバマ大統領の任命を受けてアメリカ環境保護庁の長官を務めた。プリンストン大学の化学工学修士号などを持つ科学者でもある。

「アップルは新しい試みとして、すべてのサプライヤーと、アップルのデバイスを充電するために使用されるすべてのエネルギーについても、カーボンニュートラルにしたいと考えています。お客さまがプラグを差し込んだ時、気候変動に悪影響を与えていると感じることのないように、クリーンなエネルギーを提供したいと考えているのです。

私たちは自社ではすでに再エネ１００％を達成していますが、私たちのサプライヤーやお客さまにもクリーンエネルギーを広げることがとても重要だと考えました。いまは、クリーンエネルギーのコストが下がってきましたから、実はコストを削減しながら目標を達成できるんですよ。目標を達成するほうが、むしろ経済的なのです。ご存じのように、国連は２０５０年までにカーボンニュートラルにすることを呼びかけています。私たちは２０３０年と言っています。ですから、本当に今日から10年という短い期間で、その目標を達成しなければなりません。私たちは、リーダーシップを発揮し、何が可能かを自ら示したかったので、最もアグレッシブな目標に挑戦しています。

私たちハードウェアメーカーは、毎年、何百万台ものデバイスを製造し、世界中のお客さまに販売しています。アップルは、こうしたデバイスを作るために複雑で広大なサプライチェーンを持っています。もちろん、日本にも非常に多くのサプライヤーがいます。すでに世界のサプライヤーの中のたくさんの企業が、再エネ１００％でアップル製品を作ると宣言してくれました。日本では、ソニーや日東電工が、このゴールをめざす仲間に加わってくれました。喜んで支援したいと思います。他の企業にも後に続いてほしいです。経済的で収益に影響を与えない方法でクリーンエネルギーに切り替える方法はすでにありますし、私たちはそのやり方を喜んで教えます。クリーンエネルギーに関しては、企業秘密はありません。他の企業とこの情報を共有したいのです。そして、もし私たちが協力し、製造業が一緒になってクリーンエネルギーに変わることができれば、次世代のために気候変動問題を解決する大きなピースとなるのです」

実はアップルは以前から、再エネ100％をめざす日本のRE100のメンバーにも加わって、ノウハウを伝える取り組みを始めていた。2019年6月には、RE100参加企業のためのシンポジウムに登壇するためジャクソン副社長が来日。「アップルは、自社の再エネ100％を達成しました！」と誇らしげに語る彼女の笑顔を私も間近で見ていた。

再エネの輪をサプライチェーンに広げることは当時からの目標で、来日時には、アップルサプライヤーのRE100の宣言は16か国44社にすぎなかったが、2021年7月時点では110社を超えている。日本企業も、当初はイビデンなど3社だけだったが、現在では副社長の発言にもあったソニーセミコンダクタソリューションズや日東電工に加え、日本電産や村田製作所など10社を超えた。台湾の鴻海精密工業（フォックスコン）や台湾積体電路製造（TSMC）、15社を超える中国企業も含まれている。

率直に言って、アップルがサプライヤーにも再エネ100%を求めると公式に宣言したことは、サプライヤー企業にとっては、仕事を受諾できるかどうかの〝踏み絵〟にもなりかねないほどのインパクトがある。コミットしなかったからといって、すぐに取引が停止になるようなことはないだろうが、同じ志で未来をめざす仲間に加わるのか否かは、今後の取引にも少なからぬ影響があると、各社は〝自然に〟受け止めているのだ。

サーキュラーエコノミーをめざすアップル

さらに、サプライヤーが衝撃を受けたのは、アップルがCO_2の削減だけではないサーキュラーエコノミー（循環経済）に本腰を入れ始めたことだ。製品そのものを、CO_2の排出が少なく、廃棄物や無駄、汚染が少なくなる循環型に変えようとしているのだ。

実はアップルは、2018年の新製品発表会に、一つの画期的な商品を投入していた。100%再生アルミニウムでできているMacBook Airだ。アップルでは、将来的にすべての製品とパッケージを100%リサイクルされた素材と再生可能な素材だけで作るという大胆な目標を立てている。回収したiPhoneを自動で解体し、レアメタルを取り出すロボットも独自に開発した。ジャクソン副社長は、この壮大な目標についてもインタビューで語っている。

「私たちは資源をめぐる旅を始めました。私たちが暮らすこのたった一つの惑星で、すべての資源を正しく手に入れることは可能だと思っています。私たちは、これらの資源にできる限り配慮していきたいと考えています。次にデザインする製品に使用する最高の素材はどこにあるのか。そう考えた時、その一つの素材が、自分たちの製品だったんです。お客さまに愛されて使われてきた製品を、何年も使われて寿命を迎えた後に、下取りやリサイクルに出してください。それができれば、こうした素材を将来の製品の新しい部品として使えるようにします。そのための研究開発を進め、稼働させています。素材をリサイクルしないと、新たに地下資源を採掘に行かなければなりません。地下資源の採掘には多くのエネルギーと水が必要で気候変動への悪影響もあります。鉱山に行かなくても、すでに世界に存在する材料から製品を作ることができるのです。これは大きなメリットです。気候の面でも、水の面でも、資源の利用の面でも、非常に大きなメリットがあります。

この危機を乗り切るために必要なイノベーションは、先見的な企業が気候変動に挑戦することで、もたらされます。そして、その多くはすでに存在しています。企業は、気候問題の解決に自分たちの役割があることをお客さまに知ってもらうことができると思います」

2021年2月にオンラインで開いたアップルの年次株主総会。ティム・クックCEOは、将来的にすべての製品を、リサイクル材だけを使って生産する構想を示した。素材の採掘や精錬などに伴う温室効果ガスの排出を抑えるとともに、発展途上国の鉱山における児童労働問題などSDGs達成の観点からも積極的に推進していくことを改めて宣言したのだ。

こうした動きを見ていると、日本企業の〝野心〟レベルとの差を痛感する。

もちろん、アップルやマイクロソフトも、最初からこのような高い志を掲げていたわけではない。ニュースサイト『Sustainable Japan』の夫馬賢治編集長の分析によれば、決定的だったのは、国際環境NGOのグリーンピースが開始したウェブサービス業界に対するネガティブキャンペーンだったという。

2012年4月、グリーンピースは「How clean is your cloud」というレポートを発行、アマゾン、アップル、デル、フェイスブック、グーグル、HP、IBM、マイクロソフト、オラクル、Rackspace、セールスフォース、ツイッター、ヤフーというアメリカを代表するウェブサービス企業14社の使用電力の環境配慮を独自評価し、成績の悪い企業に対する厳しい追及をスタートさせた。結果、評価が低かったアップル、アマゾン、マイクロソフトに対し、グリーンピースはネガティブキャンペーンを世界的に展開。ドイツでは、グリーンピースのメンバーが、化石燃料をイメージした黒い風船を持ち、アップルストアに押しかけたという。

グリーンピースのレポート発表直後からアップルとの議論の応酬が始まった。アップルは、データの取り方への反論などは行なったものの、結果として1か月後、グリーンピースの要求に沿うような形で、全米4か所にあるデータセンターすべての電力を再エネで調達する方針を宣言した。そして、2013年3月、データセンターの電力調達を100%再エネでまかなうための具体的なプランを公表するに至ったのだ。それからわずか5年あまりで再エネ100%を達成したアップル。この間、地球温暖化の危機が目に見えて深刻化し、同時に再エネの価格が大幅に下落したことも、行動の加速に影響したと考えられる。

取材する中で、アップルが2030年のカーボンニュートラルを宣言した日に公表されたYouTubeの動画「気候変動に関するAppleの約束」を見た。それは、生まれたばかりの小さな赤ちゃんに対して、アップルが一つの約束をするというものだ。

「私たちが作るものすべて、それを作る方法も、それを使う方法も、君が10歳になるまでにカーボンニュートラルにする。君には大したことに思えないかもしれない。でも、信じてほしい。これは簡単な約束ではないんだ。それでも達成したい。約束するよ」

健やかな寝息を立てる小さな命を前に語りかけるこのコマーシャルは、もちろんブランド戦略の一環だ。だが、異常気象の時代を生き抜くことになりかねない未来世代の寝顔に約束する姿を見ていると、いろんなことを考えさせられた。科学者たちは気候変動の破滅的な危機を回避するには、この10年が正念場だと言う。その大事なマイルストーンである2030年に向けて、はたして私たちは本気で脱炭素を実現する覚悟を示せているのだろうかと……。

積み上げ型ではなく、コミット先行型の欧米企業のやり方を快くは思わない日本の経営者もいるだろう。だが、少なくとも経営中枢が気候危機の深刻さを自ら理解し、スピード感を持って対処し、リーダーシップを執ってそれをサプライチェーン全体にまで広げていかない限り、カーボンニュートラルを達成できないのも事実だ。

先行するＥＵのグリーンリカバリー

ここまで、アメリカ政府と代表的な企業の脱炭素戦略の一端を見てきた。ここからは、グリーンという点では先行事例が多いＥＵの戦略を見ていこう。

ＥＵ欧州委員会が世界に先駆けて新型コロナウイルス感染症からの経済再建としてグリーンリカバリーを強く打ち出したのは、２０２０年5月27日。なぜ、これほどのスピードで表明できたのだろうか。

実は、ＥＵは、コロナ禍に見舞われる前の２０１９年12月11日に「欧州グリーンディール」と称するＥＵの基本政策を発表していた。そこには、温暖化や気候変動、生物多様性の喪失に強い危機感が示されている。そして、パリ協定の1・5度目標を達成するために、２０５０年に温室効果ガスの実質排出量をゼロにすることや、経済成長を資源消費から切り離して資源効率的で競争力のある経済を持つ「公平で豊かな社会」へとＥＵが移行することを目的とした新たな成長戦略だと謳っている。これらは、２０３０年にＳＤＧｓを達成するための戦略でもあり、グローバルリーダーとしてのＥＵの発展に不可欠なものだという。つまり、先行投資することが、欧州を持続可能な成長への道に確実に導く〝チャンス〟だと捉え、包括的な政策を打ち出したのだ。

この考え方は、5月に発表されたコロナ禍からのグリーンリカバリー政策に踏襲されている。その中核をなすのが、７５００億ユーロ（約98兆円）相当の「次世代ＥＵ」と呼ばれる復興基金だ。EUの構想では、この中に気候変動対策など「グリーン」の要素をふんだんに盛り込み、民間投資と合わせて、10年間で1兆ユーロ（約130兆円）規模のグリーンリカバリーを実現しようというのだ。強調されたのは、「グリーンとデジタルへの移行」だ。

EUのウルズラ・フォンデアライエン委員長は、この政策を発表するにあたって、次世代EUと名づけた復興基金への強い思いを、こう述べている。

「私たちは、グリーンで、デジタルで、レジリエントな未来に向けて、急速に前進する必要があります。これこそが、欧州の次世代の未来なのです。確かに、この危機の影響により、私たちは今日、かつてない規模の投資を行なう必要があります。しかし、私たちは、ヨーロッパの次の世代が明日その恩恵を受けられるような方法でそれを行ないます。いまこそ、正しい判断を下す時です。投資のコストを恐れる人たちには、何もしないでいることのコストのほうがはるかに高くつくと言いたいのです。私たちは共に、未来のための基礎を築かなければなりません。私たちが取り組まなければならない危機は巨大です。しかし、それはヨーロッパにとって大きなチャンスでもあります」

この考え方は、グリーンリカバリーという考え方の根幹をなすものだといえよう。つまり、コロナからの復興に巨額を投じるなら、それは、次世代のためのよりよい未来の礎を築くものでなければならないという強い信念だ。

何がグリーンで何がグリーンではないのか？　EUのタクソノミー戦略

興味深いのは、巨額の支出が「グリーンウォッシュ」（環境配慮をしているように装いごまかすこと）にならないよう、様々な仕掛けが施されていることだ。加盟国への資金供与の条件として、①国の重要な気候エネルギー計画であること。②EUグリーン・タクソノミー（分類）でグリーン投資として認定されること。③SDGs予算との整合性を取ることなどが課せられている。

このグリーン・タクソノミーの基準の整備は、ここ数年、EUが相当の力を入れてやってきた政策だ。いわば「何がグリーンで、何がグリーンではないか」についてEUの独自基準を定め、あわよくばそれをグローバルスタンダードにしようという戦略である。グリーン認定はかなり厳密な条件となっている。日本が進めている高効率の石炭火力などは、グリーンではないという認定。原子力も当初グリーンから外され、現在、最終検討中だ。バイオマスなどもライフサイクル全体から見て真に環境負荷がないのかチェックされる。これにパスできなければ、グリーンではない＝「ブラウン」だとみなされる。

ちなみに、このように資金供与の「条件づけ」によって脱炭素化を促すという戦略には、フランスのグリーンリカバリー政策にわかりやすい例がある。それは、コロナ禍による深刻な経営不振に陥っている航空大手エールフランスKLMに対する融資の条件だ。フランス政府は70億ユーロ（約9100億円）を融資する救済の見返りとして、2024年までに国内線のCO_2排出量を50％削減することや、飛行時間が2時間30分未満で代替の鉄道がある国内路線の削減という厳しい条件を課した。いわば、アメとムチを上手に使うことで、従来の環境下ではなかなか成し遂げられなかった脱炭素化を一気に進めようとしたのだ。こうした発想は、残念ながら日本のコロナからの復興対策には、ほとんど見られないものだ。

さて、EUの政策に話を戻そう。具体的なお金の使い道は、先述した「グリーンディール」の柱に沿っている。いくつか注目される政策を見てみよう。例えば、建物やインフラの大規模な改修を行ない、より循環型の経済を実現し、地域の雇用をもたらすこと。再生可能エネルギープロジェクト、特に風力、太陽光、クリーンな水素経済を立ち上げることなどがある。ちなみにEUは2021年7月、再エネ電源を2030年に65%と現在の比率から倍増する目標を打ち出し、さらに戦略を強化している。また、EV用の充電ポイントを100万基設置し、都市や地域での鉄道旅行やクリーンモビリティを促進するなど、よりクリーンな輸送と物流の実現をめざす。さらに、再教育を支援し、企業が新たな経済的機会を創出できるよう、「公正な移行」(ジャスト・トランジション)ファンドを400億ユーロ(約5・2兆円)にまで強化しようとしている。

先見の明があるのは、農村の構造改革や食料システム改革につながる欧州農業基金への投資が150億ユーロ(約2兆円)もあることだ。ここには、生物多様性の目標の達成も視野に入れたEUの総合的な戦略が強く示されている。

EUは、このグリーンリカバリー政策の公表に先立ち、2030年までに陸域・海域の30%

を保護区にするなどの野心的な目標を掲げた「欧州生物多様性戦略」と、2030年までに農地面積の25%を有機農地にするなど持続可能性をさらに強めた「Farm to Fork（農場から食卓まで）」戦略を打ち出していた。脱炭素を実現するには、石炭などから排出されるCO_2の削減だけでは到底不十分で、CO_2を吸収してくれる自然の生態系の回復や、温室効果ガスの排出源となっている食料システムや土地利用の改善が欠かせないという科学者たちの指摘を強く意識したものだ。IPCC「土地関係特別報告書」（2019年）でも重要視されているこれらの政策については、第6章で詳しく述べる。

2021年9月にはニューヨークで初の世界食料サミットも開催されるが、日本では、食料農業分野と脱炭素との関係性がよく理解されておらず、いわんやコロナからの復興とどう関連づくのかピンとこない人が多い。しかし、EUはすでに、こうした政策を当たり前のように取り込み、新しい社会のビジョンとして提示しているのだ。

輸出大国日本にも襲いかかる!? EUの「国境炭素税」

2021年4月21日、バイデン大統領の気候変動サミットが開かれる前日、EU理事会と欧州議会は、欧州気候法案の内容で暫定合意した。法案には2030年までに1990年比でCO_2排出量を55%削減することや、2050年までのカーボンニュートラルはもとより、2050年より後にはCO_2排出量をカーボンネガティブの状態にすることへのコミットまで記載される。さらには、科学アドバイスを提供するための独立組織である気候変動に関する欧州科学諮問理事会の創設や、カーボンニュートラルに向けたセクターごとのロードマップを各業界が策定することなども盛り込まれた画期的なものだ。

それにしても、ＥＵのこれほどまでに巨額のグリーンリカバリーの資金源には、何が充てられるのだろうか。将来の財政破綻の恐れはないのだろうか。

復興基金の基となっているのは、高い信用力を背景にしたＥＵの共同債で、将来のＥＵ予算で長い時間をかけて少しずつ返済するのが基本である。一方、財源を安定させるための独自の歳入として、次のようなものが検討されている。国境炭素税、法人への新税、廃棄プラスチック新税、デジタル課税の創設などで、このうち注目すべきは、国境炭素税だ。

国境炭素税（国境炭素調整措置）とは、地球温暖化対策が不十分な国からの輸入品に事実上の関税を課す仕組みだ。ＥＵは、自ら世界をリードするような高い気候変動対策の目標を掲げることで、弱い対策を取っている国のほうが安価で優位に立つようなことがあっては、ＥＵの産業競争力を削ぐことになりかねないと強く懸念していた。ＥＵから、排出量削減でより低い目標を持つ他国に生産が移管されたり、ＥＵ製品がより炭素放出量の多い輸入品に置き換えられたりしてしまっては、元も子もないからだ。

このリスクを軽減するには、特定の部門を対象にした炭素の国境調整メカニズムが必要となる。つまり、輸入品に対し、炭素含有量に応じて課税する仕組みだ。これによって、例えば石炭火力による電気によって生産された製品などをEUに輸出する際には、高い税金がかかることになり、厳しい基準のもとで生産を行なっているEU製品との不公平をなくせる、というわけだ。EUでは、自らの高い排出削減目標を達成するための重要な要素と位置づけている。7月中旬に発表された案では、2023年から移行期間を設け、2026年の全面導入をめざしている。今回、国境炭素税の対象となるのは、鉄鋼・アルミニウム・セメント・肥料・電力。輸入業者は、CO_2排出量1トンに相当するデジタル証明書を購入する必要があり、その価格は、後述するEU域内排出量取引制度での排出枠の価格に連動するという。

CO_2を多く排出する化石燃料をエネルギー源として作られた製品に国境炭素税がずっしりとのしかかる事態は、すでに現実のものとして日本の産業界に迫っている。いまのところ輸出前にカーボンプライシング（炭素の価格づけ）など適正な是正措置を取っている国は除外される可能性がある。だが、再エネの普及やカーボンプライシングが遅れている日本では、対応を誤れば主要な市場を失いかねず、まさに死活問題だ。

こうした国境炭素調整の考え方は、バイデン政権も選挙公約に盛り込んでおり、急速に世界経済の大きな焦点になってきている。ただ、WTO（世界貿易機関）との整合性など課題も多く、事実上の関税となる制度が世界各地で乱立すれば、貿易戦争が勃発する恐れもある。このため、EUも多国間協議に前向きで、検討を始める模様だ。EUは、自身の措置は、WTOのルールに則っていると主張しているが、同時に非公式にWTOで環境分野でのルール作りに着手すべきだと主要国に打診。一方、中国はすでに反発している。世界全体での脱炭素化に役立てるためには、納得のいく指標を用いた公平で透明性のある制度設計が大切だ。

鍵を握る「カーボンプライシング」とその課題

この重要な制度設計の基盤として注目すべきなのが、カーボンプライシングである。代表的な制度は、「炭素税」だ。これは企業などに対しCO_2の排出量に応じて課税するもので、CO_2排出量1トンにつき規定の金額を税として徴収する。CO_2は実際には計測できないので、石炭・石油・天然ガスなどの消費量に応じて課税する。1990年にフィンランドが世界で初めて導入し、その後、EUの加盟国の多くに広がった。日本でも実質的な炭素税である「地球温暖化対策税」が2012年から導入され、CO_2の排出量1トンあたり289円を企業などが負担している。しかし、その金額は世界に比べると極めて低いもので、脱炭素に向かわせるインセンティブに十分なっているとは言い難い。

ちなみに、2020年12月の国連の気候野心サミットで、カナダのトルドー首相は、連邦炭素税を2030年にCO_2の排出量1トンあたり170カナダドル(約1万5000円)にまで大幅に引き上げると発表した。これまでは毎年10カナダドルずつ引き上げ、2023年には50カナダドルにするとしてきたが、今回、2030年までの長期目標を掲げて、産業界への強いメッセージを送っている。

カーボンプライシングのもう一つの大きな柱が「排出量取引制度」だ。この制度では企業などが排出できるCO_2の上限が決められ、上限を超える企業は、上限に達していない企業からお金を払って必要な分を買い取る仕組みだ。EUには、2005年からEU-ETSという排出量取引制度がある。いわゆる「キャップ&トレード制度」で、全体の排出量を制限するが、参加者はその範囲内で必要な排出枠を売買することができる。この排出枠がいわば共通の「通貨」のように扱われ、この枠にマーケットとして価格がついているのだ。エネルギー部門と産業部門の1万以上の施設を対象としているEU-ETSの排出枠価格は、2012年から2017年までは1トンあたり10ユーロ（約1300円）未満の低い水準を推移し、この制度が期待通りに機能していないという批判もあった。しかし、世界的に脱炭素への機運が盛り上がっている現在、EU-ETSの排出枠価格は2021年5月4日に史上最高の1トンあたり50ユーロを超え、7月5日には約58ユーロ（約7500円）を記録している。需要の急増に伴う高価格で、今後さらなる値上がりも見込まれている。こうなってくると、CO_2を減らすインセンティブが高まり、より多く減らしたほうが得をするため、企業の脱炭素への投資にも影響が出てくるといわれている。EUが長年構築してきた壮大な実験が、ようやく軌道に乗る兆しを見せ始めたのだ。

一方、日本では痛みを伴う炭素税や排出量取引などのカーボンプライシングの議論は、長年、棚ざらしになってきた。だが、2050年カーボンニュートラルの実現に向けて、環境省と経済産業省でそれぞれ有識者会議が開かれ、ようやく国レベルでの議論が本格化しようとしている。環境省の会議では国立環境研究所などの試算が示され、日本政策投資銀行グループの価値総合研究所の試算では、炭素税がCO_2排出1トンあたり1万円でも経済成長を阻害しないと示された。だが、経済産業省や経済団体連合会、日本商工会議所は、強制的な制度の導入に慎重な姿勢を崩していない。ただ、経済同友会は、カーボンプライシングに反対しないと表明、経済界でも少しずつ対応に変化が起きている。

経産省では、「トップリーグ（仮称）」という「任意参加」のカーボン・クレジット市場を創設する案を提示したが、カーボンプライシングを強化したい環境省との全体的な政策調整は難航する見込みだ。

個人的には、カーボンプライシング、特に炭素税は脱炭素には必須だと考える。重要なのは、制度設計だ。気候危機を進めてしまう炭素の排出には、平等に税をかけて徴収する。ただし、そこで集めた財源をどう配分するかについては、脱炭素社会への「公正な移行」に役立つきめ細かい目配りが必要だ。

例えば、炭素税や燃料税の引き上げが死活問題となる「車を移動に使わざるを得ない人々」をはじめ、炭鉱や石炭火力発電などの産業で働く「別の産業への転換を迫られる人々」への補償など、他にも様々な弱い立場の人々に公正に資金が還元される仕組みを整えることは、とても大事な視点だ。そこをきちんと設計できれば、炭素税をはじめとするカーボンプライシングという考え方は、気候変動を食い止める大きな力になるはずだ。２０５０年カーボンニュートラルの実現に向けて、スピーディな議論を期待したい。

COP26ホスト国 イギリスの野心

ＥＵから離脱したイギリスも、２０３５年までに78％削減という極めて高い野心的な目標を打ち出している。２０２１年10月31日から、パリ協定の1・5度目標達成にとって極めて重要な役割を果たす国連気候変動枠組条約のＣＯＰ26がスコットランドの港湾都市グラスゴーで開催されることもあり、そのホスト国であるイギリスは、気候変動対策のリーダーになろうとしているのだ。気候変動サミットでのボリス・ジョンソン首相のスピーチを見てみよう。

「英国は、気候法案を世界で最初に制定した国です。英国は、世界最大の洋上風力発電設備を有しており、風力発電のサウジアラビアです。忘れてはならないのは、英国は１９９０年に比べてCO_2排出量を42％削減しながら、73％のプラスの経済成長を達成できたということです。両方の目標を実現することはできるのです。驚くべきテクノロジーを利用して、この10年を気候変動との闘いに決定的な変化をもたらす時にしましょう！」

ジョンソン首相が胸を張るのは、「デカップリング」と呼ばれる、経済成長をしながらCO_2を削減する道筋が、イギリスではすでに現実のものになっているからだ。

私は、２０１４年に放送したＢＳ１スペシャル『世界を襲う異常気象 迫りくる気候変動の脅威』という番組で、イギリスの気候変動対策を取材した。英国大使館にも度々レクチャーを受けたが、イギリスの気候変動対策は、当時から極めて先進的だった。ジョンソン首相も言うように、世界で初めて「気候変動法」を制定したのは2008年、労働党ゴードン・ブラウン政権の時だった。当時のIPCCの科学的な目標に沿って、2050年までにCO_2などの温室効果ガスを80%削減する目標が法律によって明文化された。

イギリスがこうした法律を制定したのは、政府が世界銀行のチーフエコノミストを務めた経済学者ニコラス・スターン卿に調査させた報告書によるところが大きい。2006年、スターンレビューが発表され、このまま温暖化対策をしないと、将来、第二次世界大戦並みの甚大な経済被害が出るとの予測が出たのだ。

実はこの法律には、もう一つの狙いがあった。政府が法律で低炭素化の道筋を示し、世界のトップランナーをめざすことで、新たなビジネスチャンスや雇用を生み出そうというのだ。達成に向けての仕組みづくりにも早くから取り組んだ。まず、削減を厳しく監視するため、政府から独立した第三者機関「気候変動委員会」（CCC）を設立。強い権限を与えて、政府に様々な提言を行なっている。この委員会の議長を務めるジョン・ガマー氏（デベン卿）は長年環境大臣を務めた政治家だ。私も世界の環境関係の議員の総会でお目にかかり、地球環境への思いがあふれる熱烈なスピーチを間近で聞いたことがある。デベン卿は、気候変動は国家の安全保障にも関わる重要な問題であり、なんとしても食い止める必要があるという強い信念を持ってこの任務にあたっており、ＩＰＣＣの第５次評価報告書（ＡＲ５）が出た後に行なった私たちのインタビューにこう答えている。

「気候変動を研究する科学者の97％が、気候変動による大災害が起こると言った時点で、あなたには自分の身の安全だけでなく、あなたの子孫たちのために行動を取る責任が生まれるのです。もしイギリスが何の対策もしないのであれば、それは我々の子孫を守る責任を放棄したことになります。政府には削減の責任があります。できなかったら法律違反ですから、あらゆる方法を考えてもらいます。我々からも効果的な削減方法を提案します」

当時の日本では、気候変動というテーマの重要性を理解している政治家が極めて少なく、あまりにも大きな違いに打ちのめされたことを思い出す。同時に、現在のコロナ対策にも言えることだが、政府から独立して法的権限がある科学者中心の機関を持つことの強みも痛感した。

イギリスの対策で特徴的なのは、「カーボンバジェット（炭素予算）」という概念を活用していることだ。日本ではなかなか理解されていない概念だが、排出できるCO_2の上限を割り出し、あたかも予算のように表す言葉だ。

気候変動委員会の提言を受け、実際の政策に反映させるのは、各省庁だ。国が定めたCO_2排出のカーボンバジェットは、通常の予算同様に各省庁に割り当てられ、それぞれがその削減目標を達成できるように政策を工夫する。例えば、当時、住宅部門では２０１６年以降に建てられるすべての家を、究極の省エネ住宅「ゼロカーボン住宅」にすることを義務づけた。医療部門では、看護師などの制服を軽くし、乾燥の際のCO_2を減らすよう誘導するなど徹底している。運輸部門では、EVの充電施設を2015年までに2万5000か所にしたり、CO_2排出の少ない車の購入に助成金を出したりするなど、あらゆる知恵を結集していた。

再エネへの転換にも積極的で、ジョンソン首相が風力発電のサウジアラビアと称した大規模な洋上風力発電の導入にも成功。2020年には、石炭による産業革命発祥の地イギリスで、ついに再エネの年間発電量が、化石燃料の発電量を上回った。

イギリスがここまで気候変動対策に熱心なのは、実は、首都ロンドンをはじめ、国土が海面上昇や洪水に極めて脆弱だという課題も影響している。イギリスでは、2014年1月、250年ぶりの大雨で、大洪水に見舞われた。1か月で130回以上も洪水警報が発令されるなど、被害額は2000億円を超えた。

シティなどの金融街を含むロンドン中心部は、かろうじて被害を免れた。ロンドンを守ったのが、テムズ川河口に設けられた巨大な防潮堤「テムズバリア」だ。520メートルの川幅に、重さ3300トンの10個の水門が設けられ、これを閉じれば、7メートルの高潮を防ぐことができる。テムズバリア建設のきっかけは、300人以上が亡くなった1953年の大洪水。その後、国家プロジェクトが立ち上がり、8年の歳月と2000億円以上の資金をかけて、1982年に完成した。しかし、近年の気候変動で、テムズバリアの安全性は低下している。

イギリス政府は、2080年にはテムズ川の洪水時の水量が40%も増え、2100年には海面上昇の影響で、高潮の潮位が最悪の場合、いまよりさらに2・7メートル上がると試算。このため、現在のテムズバリアでは防ぎきれず、首都ロンドンが水没する危険性があると見ている。

実際にイギリスは、気候変動により2080年代には最悪2兆円の洪水被害が発生するとの予測に基づき、科学者や技術者などを結集し「テムズ河口プロジェクト2100」という長期的な対策を打ち出している。

最も有効だと考えられるのは、2035年頃に開始される「テムズバリアの改修とかさ上げ」と2050年頃に開始される「新たな防潮堤の建設」だ。実際の気候変動の進行状況に合わせるため、それぞれ計画の10年前に状況を判断し、実施するかどうか最終決定する。かつて政府の首席科学顧問を務め、当時、政府の気候変動特使だったデイビッド・キング卿はこう語る。

「今世紀末まで洪水対策への支出額はますます増えるでしょう。海面上昇が悪化していくと考えられるからです。将来、テムズバリアが水害に耐えられるか、常に観察しています。30〜70年先まで見据えています。ロンドン水没なんて嫌ですからね」

こうした100年単位の長期計画を作り上げる能力は、さすがはかつて世界を股にかけた大英帝国だと唸らされることも多い。ちなみにイギリスでは、気候変動法があるおかげで、早くから地球温暖化やエネルギーについて学ぶ環境教育に熱心に取り組み、いまやその恩恵を受けた若い世代が続々と脱炭素ビジネスに参入している。脱炭素に関していえば、この10年あまりの〝素地〟の差が、今後ボディブローのように効いてくるのではないか。

グリーン産業革命のための10の計画

ここで、イギリスが今回、コロナ禍からのグリーンリカバリーで打ち出した政策をチェックしておこう。イギリスの人口は、約6700万と日本の半分強だが、同じ島国でもあり、参考になる点も多い。

イギリスでは、2020年11月、「グリーン産業革命」と名づけた10の計画を発表。政府の投資総額は120億ポンド（約1兆8000億円）。民間投資は約420億ポンド（約6兆3000億円）を見込む。2030年までに最大25万人の雇用創出や支援をめざすという。

ジョンソン首相が期待しているイノベーションの中には、英国気象庁

洋上風力	2030年までに40ギガワットに。最大6万人の雇用を支援。
水素	2030年までに低炭素の水素生産能力を5ギガワットに。水素タウン開発。
原子力	大規模発電所・小型モジュール炉・先進炉の開発、1万人の雇用を支援。
電気自動車(EV)	2030年までにディーゼル車・ガソリン車の新車販売を禁止(ハイブリッド車は2035年)。EV充電設備の普及やインフラ整備。EVバッテリーの開発。
公共交通機関、サイクリング、ウォーキング	公共交通機関のゼロエミッション化と自転車道路や歩道の整備を支援。
ジェットゼロ・海運技術のグリーン化	ゼロエミッションの航空機やグリーン船舶への技術開発支援。
住宅と公共建物	2030年までに5万人の雇用創出、2028年までに毎年60万台のヒートポンプ設置など、住宅グリーン化。
炭素回収	2030年までに年間1000万トンのCO_2を除去。
自然環境の保全	年間3万ヘクタール相当の植樹を行ない、雇用創出。
イノベーションと金融	グリーン産業革命・クリーンエネルギー開発に向けた最先端技術を生み出し、ロンドンをグリーンファイナンスのグローバルセンターへ。

（出典：「グリーン産業革命に向けた10ポイント計画」）

が12億ポンド（約1800億円）を投資しているスーパーコンピュータによる、より正確な天気予報なども含まれている。だが、気候変動への国民の関心の高いイギリスでは、この投資規模ではEUやアメリカに比べてまだまだ足りないし、温室効果ガス排出を増加させる道路網の整備にお金が使われるのはグリーンではない、などと批判されている。イギリスは、自国で開催されるCOP26の成功を、EUからの離脱による混乱で大きく傷ついた外交上のイギリスの地位を回復させるために不可欠な重要マターとみなしている。こうなると、ジョンソン首相もメンツをかけて、さらなる対策の強化に乗り出してくる可能性もあるだろう。

世界最大の排出国 中国の脱炭素戦略

さて、世界の脱炭素革命の動向を見ていく上で欠かすことのできないのが、最大の排出国である中国だ。前述したように、2020年9月の国連総会での2060年のカーボンニュートラル表明は、世界に大きな影響を与えた。

IGES（地球環境戦略研究機関）の研究者チームの分析によれば、2060年までにカーボンニュートラルを実現するという中国の方針は、1・5度目標を達成する排出経路ともほぼ一致しているという。今回の表明は、さらなる強化の余地はあるものの、パリ協定の2度目標のみならず1・5度目標の実現の可能性をつなぎとめる非常に重要な一歩だと分析する。言うまでもなく、世界が脱炭素を実現するには、中国という巨人が自らの意思で温室効果ガスの削減に取り組む必要があり、どんなに周囲が〝野心〟を掲げても絵に描いた餅に終わってしまう。
逆に、中国が〝本気〟になれば、達成への一縷の希望が見えてくる。

中国は、2030年までに排出量をピークアウトすることも宣言しているが、2030年を待たず、なるべく早い段階で頭打ちにし、削減に向かわせることが肝要だ。そのために決定的に重要なのが、第14次五カ年計画（2021〜2025年）だ。中国は、2021年3月に開催された全国人民代表大会で第14次五カ年計画と2035年までの長期目標綱要を発表した。この中でもグリーン発展を推進し、人と自然の調和的共生を促進することを掲げている。具体的には、温室効果ガス削減目標達成に向けて、2020年から2025年までに単位GDPありのエネルギー消費量を13・5％、CO_2排出量を18％、それぞれ低下させるとした。

以下、中国の脱炭素対策と課題について、IGESが2020年9月に発表したワーキングペーパー「COVID-19後の中国気候変動政策の見通し」に基づいて、もう少し詳しく見ていこう。

中国は、武漢のクラスターが新型コロナウイルスの世界的な感染源となったが、その後は徹底した対策でかなりの部分を封じ込め、現在では、日本より感染者数も死者数も少ない。

2020年に発表したコロナ対策に関連する予算規模は、9・2兆元（約156兆円）と推計されている。ただし、グリーンや脱炭素が復興策の主題かと言われれば、そこまでのウエイトを占めているわけではないという。

だが、グリーン産業に対する地方政府の投資の拡大については、内需拡大と雇用創出に向けて、「両新一重」というキャッチフレーズを掲げて積極的に取り組もうとしている。両新、というのは、新型で最先端のインフラと、新規・既存都市の基盤整備の二つを指す。一重というのは、鉄道やダムなどの重大（大型）社会インフラ事業のことで、合わせて70兆円規模の財源を地方政府に委譲し、グリーン化を促す。

「新」型インフラには、次世代ネットワークや5G設備の導入、EV充電スタンドの整備、EVや水素など新エネルギー自動車の普及による需要拡大と関連産業の育成が含まれる。2019年末時点で中国が保有するEVは累積300万台を超え、世界全体保有量の50％に及ぶ。2018年と2019年は、中国のEVなど新エネルギー自動車の販売は2年連続で100万台を突破。優遇税制も景気浮揚策として2年延長することになった。ちなみに充電スタンドも2019年末で120万基を超えた。

もう一つの「新」、新規・既存都市の基盤整備の分野には、農村人口の移住を受け入れるための新事業や3・9万か所の団地・コミュニティの居住環境を改善する予算が含まれる。この農村人口を都市に移す政策こそ要なのだという。現在、中国では人口の60％が都市で暮らし、農村部の貧困人口は大幅に減り始めた。第14次五カ年計画では、さらに都市人口を65％にまで高めようとしており、この新たな都市インフラ整備が脱炭素と密接に関わっているのだ。

というのも、都市インフラの整備に関しては、スマートシティ的な次世代ネットワークの構築が視野に入っているからだ。5G技術やAI技術は、製造業の高効率化だけでなく、都市管理のスマート化に役立ち、脱炭素社会の構築に欠かせない技術だ。例えば、深圳市龍岡区政府と華為グループが共同で開発した都市マネジメントシステムでは、区政府内の60以上の部署に分散していた280以上の業務システムを統合し、区域内の3万か所の定点カメラの映像を同時に処理できる。このシステムは、行政の効率化や治安の維持に役立つだけでなく、効率的な道路交通管理を可能にした。このシステムの運用により、道路交通の輸送効率が8％も向上し、同規模の都市の中で渋滞が最も少ない都市になった。渋滞が減れば、それだけCO_2の排出を減らすことにもつながり、脱炭素社会の構築に大きく貢献する。

しかも、中国では、近未来的な光景が現実のものとなっている。立教大学ビジネススクールの田中道昭教授によれば、5Gがすでに張り巡らされている北京では、いわゆるロボタクシー（自動運転タクシー）が公道を走っているという。

実用段階に近づいているのは、中国最大のプラットフォーマー百度（バイドゥ）。全世界の検索エンジン市場において、グーグルに次いで第2位、中国大陸ではグーグルなどは利用できないため、百度が最大のシェアを占める。

百度の自動運転は、指標でいえば「レベル4」の完全自動運転を実現し、無人化のテスト段階に入っているという。自動運転車のAIは、交通規制を絶対に犯せないよう厳格に学習されている。助手席に誰もいない状態でのテストに不安もあるが、5Gクラウドを使った遠隔操作でタクシーを誘導する仕組みが備えられているため、安心できるのだという。百度は、

2021年1月には中国自動車メーカー大手の吉利と戦略的パートナーシップを締結し、最新のEVの製造に自ら乗り出した。大量の画像情報のやりとりができる5G技術と、EV技術が合体する時、脱炭素の分野でも革命が起き、一気にスマートインフラの普及が加速する可能性がある。

そのスマートシティを支えるエネルギーは、再エネである。2019年の中国全体の発電量に占める非化石エネルギーの発電量は27・9%。風力と太陽光発電量の合計は6300億キロワットアワーに達している。2020年1〜4月期の新規設備の増加量で見れば、再エネは全体の51%を占め、火力発電の導入量を超えている。中国では、各地方政府に再エネの導入を競い合わせているが、31の地域のうち、2020年目標を達成できなかったのは八つの地域のみで、それ以外はすべて目標を達成。順調に導入が進んでいるように見える。

一方、懸念される動きは、地方政府による石炭火力の建設促進だ。石炭火力の新規増加率は、2015年以降、年々減少傾向にあったのだが、2019年に再び増加に転じた。後述するCCSやCCUSと呼ばれるCO_2の回収・貯留装置を伴わない石炭火力発電所が増えることは、2060年のカーボンニュートラルをめざす国の方針には合致せず、このあたりを中央政府がどうコントロールできるかが、今後の大きな課題である。とはいえ、地方には地方の事情もある。東北部などでは中国の冬の寒さへの代替案が整っていなかったこともあり、民衆が石炭禁止令に大きく反旗を翻した。こうした例もあり石炭消費量も3年連続で増加しており、順調にエネルギー転換が進むのかどうかは予断を許さない。

これまでにも実効性のある懐柔策として、地方政府の役人の出世の条件に環境目標の達成を紐づけたこともあるのだが、より一段高く、地方の脱炭素へのインセンティブを与えることができるかどうかが、習近平政権が国際公約を果たせるかどうかの鍵になるだろう。

そのことも関係するが、中国では、2021年2月1日から、全国的な炭素排出量取引制度（全国ETS）の基盤となる法律が施行され、7月中旬、本格運用が開始された。この制度は、2011年の地域パイロット炭素市場の構築から約10年をかけて整えてきたものだけに、本格運用に伴う効果がどのように表れるのか、注目されている。

中国では、国会議員に当たる全人代の代表から、再エネ導入目標の大幅拡大や炭素税導入案が出されるなど、実際にグローバルビジネスを行なっているセクターを中心に、より一層の脱炭素政策の加速を求める声が上がり始めた。中国ビジネス界にとって脱炭素分野で主導権を取ることは、米中対立の時代を生き抜くためにも必須であり、そのためのイノベーションを中国自らが引き起こせるかどうかに、大国の浮沈がかかっていると自覚しているようだ。

実際、2021年からの第14次5カ年計画では、「国家イノベーション駆動型発展戦略」が強く打ち出され、社会全体の研究開発費を年平均7％以上増やし、戦略的な新興産業を発展・成長させることが示された。「デジタル大国・中国」を築くことに加え、基礎研究を強化するとして、基礎研究10カ年行動計画を作ることも謳われている。近年、世界の大学ランキングでも上位に食い込む高い研究能力を持っているだけに、脱炭素につながる新素材の開発や炭素回収技術などの分野でも、今後、中国発のテクノロジーから目が離せない。

隔世の感がある中国の環境対策

こうした世界史的にも大きな変革の時を迎えている中国の姿は、過去に何度か取材で訪れた私にとっても隔世の感がある。

私が初めて中国を訪れたのは、1990年の冬。元東京都環境保全局の主幹で、「公害」という言葉を広めたことで知られる菱田一雄さんの中国への環境支援に同行してのことだった。当時、菱田さんは、中国科学院の顧問第一号として度々中国へ技術指導に通い、その人脈のおかげで、中国国家環境保護局の初代局長である曲格平氏の名義で取材ビザが出され、当時は極めて難しかった中国での環境問題の撮影が可能になったのだ。この時の番組は『越境酸性雨に挑む』というタイトルで、中国の汚染物質が偏西風に乗って飛来し、日本海側の松枯れを引き起こす懸念から取材を始めた。

1990年頃の中国は、改革開放こそ始まっていたものの、当時の北京空港はまだすべての通路がしっかり照明されておらず薄暗く、現在とは比べ物にならない小さな空港だった。

1991年の初夏には、峨眉山《がびさん》という四川省の霊峰の頂上にある冷杉という貴重なモミへの影響を調べるため、菱田さんに加え大阪府立大学の前田泰昭教授や中国人の研究者たちも一緒に登山した。最寄りの成都空港に降り立つと、空港の周りは文字通り真っ暗闇。ぽつんとかろうじてついている街灯の脇で、半裸の男たちが夕涼みをしていた光景をいまでも思い出す。

その頃、日本は環境先進国として排煙脱硫装置などの高価な公害防止装置を援助していたのだが、実際には、それを動かしたくとも電力不足で動かせないというのが中国の実情だった。いま思うと、現代の国境なき温室効果ガスの排出問題にも通じるものがあるが、越境酸性雨の原因の一つが中国の排煙や大気汚染物質にあるということについては、当時、頑なに否定されたのを覚えている。また、山頂の枯れた冷杉の撮影は立ち止まることがほとんど許されず、わずか1分のみ。それでも放映後には、貴重な固有種であったはずの冷杉は、なぜかすべて切り倒されてしまい、枯れた痕跡は消されてしまった。中国では1978年、憲法に「国家は環境と自然資源を保護し、汚染とその他、公害を防治する」と書き込み、翌1979年には「環境保護法」が発布されていたが、当時は、まだまだ環境に対する意識が高まっていなかった時代だった。

2度目に中国に長く滞在したのは、2004年から2005年にかけてのこと。NHKスペシャル『新シルクロード』の撮影で、新疆ウイグル自治区のトルファンと陝西省の西安を取材した。特に西安は西部大開発の拠点として目覚ましい発展を遂げ、かつてのシルクロードの出発点として栄えた長安の面影は、ごく一部にしか残っていなかった。西安の空港も近代的でピカピカ。首都北京や上海の発展はさらに凄まじく、漠然とだが「ああ、これは確実に抜かれるな……」と感じたことを思い出す。

中国は2006年にアメリカを抜いて世界第1位の温室効果ガスの排出国となり、その後の北京オリンピックを経て、2010年には日本を抜いて世界第2位の経済大国となった。2017年のNスペ『〝脱炭素革命〟の衝撃』の取材では、脱炭素がビジネスチャンスにつながることに中国がいち早く気づき、積極的に展開する動きを取材した。一番驚いたのは、新興の太陽光パネルの会社の社長が、胸にSDGsバッジをきらめかせ、国連と組んでパンダの模様に見える太陽光発電所をアジア各地に建設する「パンダ100プログラム」をぶち上げている場面だった。当時の中国は、日本がすでに競争力を失っていた太陽光パネルや風力発電関連の分野で、世界シェアの上位に食い込み、したたかにセールスを続けていた。中国メーカーはアメリカにも進出し、安くて安定感のある風力タービンなどで、デンマークなどのトップメーカーと競い合っていた。

しかも中国企業は、「一帯一路」と呼ばれる中国が海と陸のシルクロードを推進する地域へのインフラ輸出まで視野に入れて先手を打っていた。例えば、中国政府は一帯一路政策の一環として、サウジアラビアとの電力協力を促進。サウジアラビア政府が掲げるスマートグリッドとスマートシティの構築に際し、中国の総配電大手の国家電網が500万台のスマートメーターを設置するなど連携を強化。いわば「再エネの一帯一路」計画の野望があるのだ。

かつて、ピュリツァー賞を3度受賞したジャーナリストのトーマス・フリードマン氏は、アメリカで2008年に出版した『グリーン革命』(日本経済新聞出版)の中で、温暖化対策を進めるために「一日だけ中国になる(でも二日はだめ)」という奇想天外な夢を語っている。これは、新型コロナウイルスへの対処にも見られるように、時には、社会主義的で強権的な国家のほうが、民主主義国家よりも政策を徹底させるスピードが速いことを皮肉ったものだ。だから、一日だけトップダウンの国になってあらゆる法律を変えて対策を強化し、すぐに〝民主主義の国〟に戻るのがベストかもしれない、とつぶやいたわけだ。

現実には、そのような都合のいいことは起きないし、私自身、このところの中国の民主主義を弾圧する動きについては強い憤りを感じている。香港への締めつけも懸念され、また、かつての新疆ウイグル自治区の伝統文化の豊かさを取材した者としては、彼の地の状況にも心を痛めている。だが逆に、中国憎しで目が曇ってしまっては、地球温暖化対策は一歩も前に進まないし、気候危機を食い止めることは絶対にできない。文字通り、大気に国境はない。だからこそ、環境の面でも〝大国〟になりつつある中国の動向を冷静に分析し、学ぶべきところは学び、批判するべきところは批判して、一緒に脱炭素革命を進めていけたらと願っている。

この章のポイント

◉コロナ危機と気候危機対策として「グリーンリカバリー」が世界で数百兆円規模で開始。脱炭素社会への転換が加速。

◉バイデン政権は、再エネ、5G、EV、公共交通、住宅など各部門でインフラを整備。数百万の雇用を創出する狙い。

◉世界のビジネス界の動きも早く、GAFAMなど世界企業を中心に野心的な脱炭素戦略を次々と発表。RE100加盟企業も増加し、ビジネスチャンスを生み出している。

◉EUでは新たな成長戦略として、ゼロカーボンで経済成長を資源消費と切り離した、公平で豊かな社会への移行を宣言。グローバルリーダーとしての包括的政策を打ち出す。

◉イギリスは「グリーン産業革命」を発表。25万人の雇用創出やグリーンファイナンスのグローバルセンターをめざす。

◉EUグリーン・タクソノミー(分類)により、「グリーンウォッシュ」を排除。国境炭素税、排出権取引など「カーボンプライシング(CO_2価格づけ)」もグリーン成長の重要な戦略に。公正で透明性ある制度設計が求められている。

◉日本では2020年10月、「2050年カーボンニュートラル(脱炭素)」を宣言。温室効果ガス削減目標を46%に引き上げるも、政策、産業、再エネ市場はいずれも世界に大きな後れを取る。

◉中国は太陽光、風力、EVで世界シェアの上位に食い込み、脱炭素型の都市インフラの整備も加速。「再エネの一帯一路」。

第2章

なぜ金融界は変わったのか
カーボンバジェットのリアル

変革を迫られる金融界

各国の政策が強化され、ビジネス界が脱炭素へと大きく舵を切った最大の要因の一つが、世界のお金の流れの激変だ。ここ数年で金融界は、E（環境）、S（社会）、G（ガバナンス）というESG投資に急速にシフトしている。気候変動対策を何も取らなければ、資金を確保できないような事態に陥る可能性もある。各企業は、好むと好まざるとにかかわらず、急速な対応を迫られている。このパートでは、なぜ金融界が変革を迫られたのか、その背景を探るとともに金融界の最新の動きをチェックしてみよう。

「気候変動の進行は経済損失である」というのは、いまではようやく当たり前の感覚になってきている。だが、世界に最初に衝撃を与えたのは、前述した2006年のイギリス政府によるスターンレビューであろう。ニコラス・スターン博士が来日した際、直接お目にかかったこともあるが、博士は、当時から温暖化が進行すると被害は第二次世界大戦並みになると想定していた。それを食い止めるには膨大なコストがかかるが、実は受ける被害と比べると非常に少ない、むしろ行動しないコストのほうが甚大だというのが、その主な主張だった。

ちなみにスターンレビューでは、対応策を講じなかった場合の気候変動による損失額は、世界の毎年のGDPの少なくとも5％となり、最悪の場合20％以上に達する可能性があると弾き出した。これに対して、温室効果ガスの排出削減など、対応策を講じた場合にかかるコストは、GDPの1％程度で済むと分析していた。

２０２０年7月に発表されたオックスフォード大学の経済モデルによる分析では、２１００年までに気温が3度上昇すると、２１００年の世界のＧＤＰは21％減少する可能性があるという。同じ年に、中国などの研究チームがまとめ、英科学誌『ネイチャー・コミュニケーションズ』に発表した別の試算では、パリ協定を達成できない場合、２０１５年の世界ＧＤＰの１・4～7・5倍にあたる１５０兆～７９２兆ドル（約1京7０００兆～8京7０００兆円）の損失が今世紀末に世界で出る可能性があるという。一方、世界の気温上昇を2度未満にする目標を達成できれば、すべての国で利益がコストを上回り、世界で３３６兆ドル（約3京7０００兆円）以上の利益が出るという。

２０５０年の経済被害について分析したこんな最新報告もある。大手保険会社のSwiss Reが、今後30年の間で気候変動が世界48か国に与える影響について研究した。すると現在の各国の排出削減計画の下では、気候変動による影響で、２０５０年に世界経済は気候変動がなかった場合と比べると11～14％縮小。さらに対策が遅くなると、3・2度の温暖化で世界のＧＤＰは最大で18％失われる。しかも、アジア経済が最も損害が大きいことが想定されるという。厳しい排出削減対策を行なわなければ、温暖化による経済コストは２０３０年代の後半から顕在化してくる。一方、対策費用について言えば、イギリスでは、２０５０年ネットゼロ排出を達成するのに必要な対策費はＧＤＰの１％と見積もられており、スターンレビューの分析がいまも概ね有効であることがわかっている。

気候変動による被害と保険会社の憂鬱

スターンレビューから15年がたったいま、異常気象が実際に頻発し始め、温暖化による経済被害は現実のものとなってきている。

金融分野で、早い時期から気候変動のリスクを真剣に捉えていたのが、保険会社だ。2017年にボンで開かれたCOP23を取材した時、イギリスの大手保険会社のキーマンの講演を間近で聞いたことがある。50兆円を運用するアビバ・インベスターズのスティーブ・ウェイグッド最高投資責任者だ。アビバは、当時、CO_2を大量に出す企業からのダイベストメント（投資撤退）に踏み出していた。カメラを回していた私たちがショックを受けたのは、彼の口から石炭火力発電所を運営する日本企業の実名が飛び出してきた時だった。

「我々は数年前から、気候変動の問題について電源開発（Jパワー）と話し合いを続けてきました。しかし、残念ながら期待していた答えは得られませんでした。アビバは、電源開発への投資から撤退しました。気候変動は、我々保険会社にとって、まさに存続に関わるリスクです。もし気温が4度上昇すれば、大混乱に陥り、保険事業そのものが続けられなくなるという危機感があります」

気候変動によって異常気象が頻発し保険金の払い出しが増えれば、事業が立ち行かなくなるというのだ。「企業の存続に関わる」というこれ以上ない強い言葉を吐き出す金融マン。そのあまりにも厳しい表情が、いまも強く印象に残っている。

日本も全く他人事ではない。取材で大手保険会社の一つＭＳ＆ＡＤホールディングスの藤井史朗副社長（２０１9年当時）にインタビューしたことがある。ちょうど日本の大水害が続いていた時期だった。日本の保険業界全体で、２０１８年の保険金の支払いは、過去最大の1兆７０００億円。台風19号などに見舞われた２０１９年も1兆円を超える見込みとなっていた。インタビューに応じる藤井氏の表情も言葉も、極めて生々しいものだった。

「私どもの会社は、経営を安定させるために異常危険準備金といって、異常な損害だった時に取り崩せるような準備金を積み立てしています。これを2年続けて大きく取り崩しているので、来年もう一回同じことが起こると相当ダメージが大きくなる、これは間違いないです。ビジネスの中でどういうふうに地球温暖化に対応できるかは、我々の極めて重要な課題であると思っています」

ＭＳ＆ＡＤでも災害の状況を正確に把握するデータシステムや、米シリコンバレーの企業と組んで自然災害リスクを90メートル四方ごとの精度で可視化するサービスを新たに構築するなど対策を取っているが、限界もある。日本の保険業界は、自然災害の増加に伴い、住宅向け火災保険料を２０２2年度にも再び値上げする見通しだ。かけられる期間も最長5年になり、今後は水害リスクに応じた地域別の料金が設定される可能性もあるなど、私たちの家計にも影響が出てくる。それほどの大ピンチなのである。さらには、化石燃料産業への保険の見直しなどを検討する会社も現れている。金融機関の激変の背景には、こうした背に腹は変えられない深刻な事情があることを理解しておく必要がある。

ブランドイメージへの避けられない影響

激変の理由は、もう一つある。それは、レピュテーションリスク（社会的評判リスク）だ。例えば、こんなニュースがある。日本の若者たちは、世界から批判されている石炭火力発電所の輸出に関わっている金融機関などに抗議する運動を始めた。「NO YOUTH NO JAPAN」代表理事で、当時、慶応大4年だった能條桃子さんをはじめとする10〜20代の大学生や起業家ら9人のグループだ。「三菱商事さん、国際協力銀行さん、三井住友銀行さん、みずほ銀行さん、三菱UFJ銀行さん　石炭火力発電を輸出するって本当ですか」と題したキャンペーンでは、ベトナム・ブンアン2石炭火力発電事業の輸出に関わっているこれらの金融機関に公開質問状を送りつけた。ちなみに、このムーブメントには、「気候のための学校ストライキ Fridays For Future」という運動で知られるスウェーデンの少女グレタ・トゥーンベリさんも参戦し、世界的にも報道された。

ドイツの環境NGOウルゲワルドと、オランダの国際NGOバンクトラックが、2017年から2019年の間に石炭火力発電開発企業に融資した金融機関を調査したところ、みずほ、三菱UFJ、三井住友のメガバンク3行が、融資額ランクの世界第1位から3位までを占めていた。気候変動への対策強化を求める「Fridays For Future Japan」に所属する若者たちは、自ら株式を購入し、三大メガバンクの株主総会に出席、株主提案で気候変動対策を促す作戦に出た。三大メガバンクも世界的な潮流を感じ取って、石炭火力発電所の新規案件に投融資をしない方針を表明しているが、新規案件に限定し、既存の案件への投融資は維持するなど抜け穴がある。若者たちは、パリ協定の1・5度目標を達成するには程遠い現状だと批判している。

みずほフィナンシャルグループの株主総会に出席したのは、当時、東京大2年の高橋大輝さん、東京理科大4年の高桑マホさん、東北大3年の益子実香さん。発言機会を得た高橋さんは「若者世代が将来に不安を感じていることを訴えた。企業の方針を決定する人や投資家に知ってほしかった」という。

こうした行動が続けば、どんなに好感度をアップさせるための高額なコマーシャルを打っても、企業のブランドイメージは大きく傷ついてしまう。気候変動問題に関心の高いZ世代と呼ばれる1990年代半ば以降に生まれた世代が社会の第一線に立ち始めたいま、対策を取らないことは、大切な顧客を失うことにもつながりかねないのだ。

2021年の株主総会でも、こうした抗議行動が行なわれ、みずほ銀行などでも石炭火力発電への融資方針をさらに厳格化したり、目標を前倒しにしたりする動きが始まっている。だが2020年のデータでも、日本の三大メガバンクは石炭産業への融資額で相変わらず世界トップ3のままである。

なぜ石炭が悪役なのか 業界を変えた「一枚のグラフ」

それにしてもなぜ、これほどまでに石炭が悪者にされるのか、理解に苦しむ人もいるのではないだろうか？　石炭は、化石燃料の中でも「炭素集約度」が最も高い燃料だ。つまり同じエネルギー量を消費した場合、石油や天然ガスと比べると最も多くCO_2を出してしまう。このため、まずは石炭を減らすことが効果的な対策になる。かつては黒いダイヤと呼ばれ、産業革命を支えてきた石炭。だがいまや海外では、石炭に投資する企業は、覚醒剤に投資する企業であるかのごとく悪者呼ばわりされてしまうのだ。

グテーレス国連事務総長は、2020年12月の気候野心サミットでこう訴えた。

「石炭への融資と新しい石炭火力発電所の建設を中止する必要があります。最も裕福な先進国では2030年までに、途上国では2040年までに、石炭火力を全廃する。そして、影響を受ける人々やコミュニティのために、公正な移行を行なう必要があるのです」

日本はこれまでも、海外に輸出する石炭火力発電所は高効率のものだと言い続け、最近は、CCSやCCUSといったCO_2回収・貯留装置を付ける予定の〝クリーンコール〟だと訴えている。だが、高効率といっても十数パーセント効率がいいというだけでCO_2排出量はゼロにならないし、CO_2回収・貯留の設備はコスト的にも見合わず現実的ではないという批判もある。

2021年6月のG7サミット（先進7か国首脳会議）では、日本の反対で石炭火力の国内全廃こそ見送られたが、温室効果ガスの排出抑制対策が講じられていない海外の石炭火力発電に対し、政府の新たな支援を2021年末までに停止するとした。このように、まずは石炭から脱却することが何よりも求められており、石炭への逆風は、強まることはあっても弱まることはない。

実は、石炭へのダイベストは2014年頃から急速に増えている。なぜなのか、その理由をご存じだろうか。それは、一見、何の変哲もなさそうに見える一枚のグラフが、公表されたためだった（口絵8ページ上）。2013年11月にIPCCが第5次評価報告書（AR5）で公表したこのグラフ。第1作業部会（WG1）という自然科学的根拠を示す分野での最新の知見として示され、AR5の最重要グラフの一つとされた。このグラフは、CO_2の累積排出量と世界の平均気温の上昇は、ほぼ正比例していることを示している。つまり、CO_2を出せば出すほど気温は上昇するということを意味しているのだ。

「なんだ、そんなの当たり前じゃないか」と思われるかもしれないが、この時までは、人為的に排出しているCO_2が本当に温暖化の原因なのかどうかという、いわゆる懐疑論に対するIPCCの見解がマスコミの知りたがる一番のテーマだった。実際、2007年のAR4の時は、人為的なCO_2の排出が20世紀半ば以降の温暖化の主な要因である〝可能性が非常に高い（90％以上）〟とされていた。10％とはいえ、まだ太陽活動など他の要因があるのではないかという疑いを拭い去ることはできず、マスコミも温暖化を伝える時には、一定のバランスを取る表現を心がけていた。しかもその後、一時的に気温の上昇があまり起きない時期（ハイエイタス）が続くなどしたこともあり、懐疑論の本が書店に並んでいてよく売れていたのもこの頃だ。だが、2013年のAR5では、温暖化の主な要因が人為起源のCO_2であることは〝可能性が極めて高い（95％以上）〟とさらに踏み込んだ表現になった。そして、いわば科学者の〝総意〟として一緒に示されたのが、この「正比例」グラフだったのだ。

実はこのグラフは、あとどれだけCO_2を排出すれば気温上昇が2度に達してしまうか、言い換えれば、2度未満に抑えるためには排出量をどれくらいに抑えなければならないのか、小学生でもわかる「算数」で示している。これが経済界を震撼させたのである。

このグラフを用いれば、例えば気温上昇を2度未満に抑えるためのカーボンバジェット（炭素予算）が計算できる。科学者たちの計算によれば、産業革命前からの気温上昇を66％以上の確率で2度未満に抑えるためには、累積のCO_2量を約3兆トンに抑える必要がある。ところが2011年までに、すでに人類が排出してしまったCO_2の量は約2兆トン。このため、2度未満を達成したいなら、排出できるCO_2の量は世界全体で残り1兆トンということが判明した。つまり、2012年時点であと30年もすれば上限に達してしまうという試算である。ちなみに、2021年現在の1・5度目標では、さらに排出できるカーボンバジェットは減っており、10年もたたないうちに上限に達すると考えられている。

このグラフを受けて、IEA（国際エネルギー機関）は、気温上昇を2度に抑えるためには、仮に化石燃料が地下に埋まっていてその権利を保有していたとしても、その3分の2は使用できない可能性が高い、つまり「座礁資産」になると分析した。この計算は、化石燃料産業だけでなく、長期的な投資に関わるあらゆるセクターに衝撃を与えた。座礁資産による損失を避けるための、いわば〝ババ抜き〟が始まったのである。

ロックフェラーの五代目による〝ダイベスト〟

金融界の一部は、特に敏感だった。

２０１７年の春、私たちはＮＨＫワールドで放送した番組『Zero Carbon Ahead』でアメリカ・ロックフェラー財閥の御曹司にインタビューした。ジャスティン・ロックフェラー氏は、ロックフェラー兄弟ファンドの理事を務めている投資家だ。19世紀後半、石油王として巨万の富を築いた初代のジョン・ロックフェラーから五代目にあたる。

仕立てのいい高級スーツを身にまとい、柔らかな笑顔で出迎えてくれた彼のファンドは、２０１４年に、いち早く化石燃料からのダイベストを始めていた。しかも、自らのルーツであるスタンダードオイル系列で石油メジャーのエクソンモービルからダイベストをしていたのだ。五代目は、悩んだ素振りも見せずにこう語った。

「巨大なエネルギー企業や石油会社の価値というのは、彼らがアクセスできる地下資源の埋蔵量に依存しています。私たちは、その埋蔵量のすべてが採掘可能で燃やすことができるとは考えていません。化石燃料関連の会社からの投資撤退は、長期的に見ればとてもよい決断です。気候変動と闘うだけでなく、利益をもたらしてくれるのです」

ロックフェラーの末裔がエクソンモービルからダイベストという発表は、当時、多くのニュースで驚きを持って伝えられた。だが、7年後の現在のトレンドを見れば、「燃やせない炭素＝座礁資産」という冷徹な現実にいち早く気がついた嗅覚は鋭かったと言える。東日本大震災後の日本独特の状況があるとはいえ、いまなお石炭火力に拘泥している日本がいかに遅れているか、おわかりいただけただろうか。

ＩＰＣＣのＡＲ５を受けて、世界のビジネス界は、２０１４年の気候サミットあたりから本気で脱炭素をめざそうとしていた。おそらく歴史の教科書にも、パリ協定を生んだＣＯＰ21を成功させたのは、実はビジネス界だったと記されるに違いない。だが、日本では当時、こうした視点での報道は、ほとんどなかった。そもそもＩＰＣＣのＡＲ５の公表は、ＢＢＣではトップニュースだったが、日本では決してそうではなかった。２０１５年12月に開かれたパリのＣＯＰ21には世界中の大企業のＣＥＯが集結したが、日本では全くといっていいほど報道されなかった。というのも当時のパリは、劇場などが襲撃される大規模な同時多発テロが起きた直後。ＮＨＫでも派遣する記者の数が大幅に絞り込まれたため、パリ協定の交渉の本筋を伝えるので精いっぱいで、ビジネスにまではとても手が回らなかったからだ。翌年のモロッコ・マラケシュのＣＯＰ22でもビジネス界の動きは加速し始めていたが、ＣＯＰの期間中に起きたトランプ大統領の勝利で、やはりそれどころではなかった。英語での報道との情報格差があるとはいえ、この周回遅れに関しては、我々マスコミの責任も痛感している。

急拡大するESG投資

さて、本題に戻ろう。このように石炭などの化石燃料から引き上げたお金の向かう先がESG投資であり、その主役は再生可能エネルギーというのが、いまの世界の潮流だ。

欧米のサステナブル投資の規模感が桁違いに大きいことを体感したのも、ボンで取材した2017年のCOP23でのことだった。そうそうたる顔ぶれの世界的な金融機関が、次々と自行のグリーン投資を高らかに宣言していく。JPモルガン・チェースが「私たちも乗り遅れるわけにはいきません。2025年までに22兆円を環境ビジネスに投資します」と意気込めば、シティグループが「私たちは、すでに16兆円を投資しました。このマーケットは予想以上のスピードで、規模を拡大し続けています」とたたみかける。バンクオブアメリカ・メリルリンチも負けていない。「去年は、インドで太陽光発電のための新しいファンドを立ち上げました」と胸を張る。HSBCはCOP23のパビリオンの中に特設会場を設け、「低炭素経済への移行を支援し、世界的なグリーン成長を促進するために、11兆円の持続可能な資金調達と投資を動員する」と表明した。

英語での数字の計算が苦手な私は、あまりに巨額の数字が飛び交うのを怪訝に思い、「これって本当に22兆円なの？　ビリオン（10億）とミリオン（100万）を間違えてたりしない？」と何度も確認せざるを得なかった。だが、その後の金融界の潮流を見れば、この投資合戦は決してその場限りのブームではなかった。

２０２１年４月、先述したＪＰモルガン・チェースは、１社だけで、２０３０年までに気候変動への対策と持続可能な開発に対し、約２７０兆円以上の投融資を行なうと発表。文字通り〝桁違い〟の投融資が現実のものになり始めている。こうした動きは新興国にも波及し、２０２１年６月、インド製造業大手リライアンス・インダストリーズは、２０３５年までにカーボンニュートラルを実現するため、３年間で再エネなどに約１兆円を投資すると発表した。

いま注目されているのは、こうした資金のうち最大80兆円近くをまかなうと見込まれているグリーンボンド（環境債）だ。日本でも２０１７年あたりから、にわかにグリーンボンドやソーシャルボンド、その両方を兼ねたサステナビリティボンドの発行総額が増え、２０２０年には、合わせて１兆３０００億円を超えている。

国連責任投資原則（ＰＲＩ）の２０２１年のレポートでは、年利リターンを2・5％程度犠牲にしてもＥＳＧファンドを望むという意見や、ＳＤＧｓの達成を重視し仮にリターンが下がっても支持するという年金加入者の声も紹介されている。だが、「地球によいことは儲からない」というわけでは決してない。実際には、世界最大級の年金基金である日本のＧＰＩＦ（年金積立金管理運用独立行政法人）が選定したＥＳＧ銘柄は、２０１７年４月から２０２０年３月までの年率リターンでＴＯＰＩＸ（東証株価指数）を上回る成績を残している。またコロナ禍に見舞われた2020年の大半の期間で、ESG格付けの高い銘柄のリターンが、格付けの低い銘柄を上回る傾向も見られるというデータもある。あくまで期待値ではあるが、社会の持続的な成長に貢献する企業は長期的にはパフォーマンスも優位になり、企業のレジリエンスも高まるはずだと市場は見ているのだ。

さらには、インパクト投資と呼ばれる投資にも資金が集まるようになっている。これは、従来の経済的なリターンだけでなく、投資を通じて社会的課題の解決をめざそうというものだ。また、サステナビリティ・パフォーマンス・ターゲット（SPT）と呼ばれる、あらかじめ貸し手と借り手の間で設定された〝目標〟を達成できるかどうかで、有利な金利を獲得できたりするインセンティブを付加した新しいローンも登場している。例えば、約束したCO_2の削減量を期限までに達成できれば金利が下がり、達成できなければペナルティとして金利が上がるといった仕組みだ。この応用で、取り決めたターゲットの達成によって成功報酬が見込まれるボンド（債券）もある。目標を達成できないほうが儲かるような仕組みにしてはいけないが、グリーンマネーを集めるアイデアではある。

お金の使い道を環境関連に絞ったグリーン国債も登場した。ドイツが2020年9月に初めて発行し、イギリスも2021年中に発行すると表明、世界で広がりを見せている。このように、実に様々な金融商品が開発され、サステナブルファイナンスの分野は、いまや金融業界の主流になろうとしている。そして2021年7月、ついに日本銀行は、気候変動対応の投融資を促す新制度を創設。金融機関への優遇措置などを取ることを表明した。年内をめどに開始する予定だ。

企業や金融機関を脱炭素で〝格付け〟

こうした動きと呼応するように進んでいるのが、格付け機関などによるESG分野での格付けだ。金融インデックス大手のMSCIやブルームバーグ、スタンダード&プアーズ（S&P）、ムーディーズといった信用格付け機関はいま、いずれも企業のESG評価を重要視する姿勢を見せている。

また、世界最大の資産運用会社であるブラックロックのラリー・フィンクCEOは、毎年1月、投資先企業のCEOに通称フィンク・レターを送っている。2021年1月のレターの中でも、気候変動対策の徹底と一層の情報開示を強く求めている。

「この一年間、私たちは火事、干ばつ、洪水、ハリケーンなど、気候変動による物理的な影響が深刻化していることを目の当たりにしてきました。さらに、エネルギー業界が気候変動に関連した座礁資産で数十億ドルもの減損処理を実施し、各国の監督当局が金融システムにおける気候変動リスクを注視するようになるなど、直接経済に及ぼす影響が明らかになっています。気候変動は、弊社のお客様の優先課題のリストの最上位にあり、気候変動に関する質問が日々投げかけられています。弊社は企業が自社のビジネスモデルをネットゼロ経済に整合的なものに変革するための計画を開示することを要請しています。こうした計画が貴社の長期戦略にどのように組み込まれ、貴社の取締役会でどのように議論されているのかを開示下さることを期待しています」

このように、いま求められているのが、企業側の非財務情報の開示だ。だが、科学的根拠に基づいた共通の基準で測ることができなければ、株主に有益な透明性の高いデータとはいえない難しさがある。そのチェック役となっている団体の一つ、極めて大きな影響力を持つCDP（旧カーボン・ディスクロージャー・プロジェクト）の格付けを見てみよう。

2000年に活動を開始して以来、CDPは、世界的な企業に質問状を送りつける形で、非財務情報を入手してきた。現在は、「気候変動」「ウォーター（水）」「フォレスト（森林）」の三つの分野で最高位A、A-、B、B-、C、C-、D、D-、の8段階で評価をしている。2020年は過去最高の9600社強の企業がCDPを通じて環境情報開示を行なった。

毎年、Aリスト発表の日が近づくと、企業のサステナビリティ部門の責任者たちは、ドキドキ、ハラハラ。合格発表を待つ受験生のような気持ちになるという。2020年のAリストの表彰式は、コロナ禍のためオンラインで開催され、私もライブで視聴した。熾烈で厳しい審査だけに、晴れてAリスト入りした企業のトップは、皆、にこやかな顔つき。スピーチの際も誇らしげに自社の取り組みとさらなる改善の決意を表明した。

気候変動の分野でAスコアを獲得したのは、世界で271社。うち日本企業は53社だ。

ウォーター（水）分野では、世界106社。うち日本企業は30社。そして、フォレスト（森林）分野でのAスコアは世界16社で、うち日本企業は2社だった。

そして最も栄えあるすべてが「A」の「トリプルA」に認定された企業は、世界で10社。今回、日本企業では、花王と不二製油グループが初めて入った。CDPには世界で515機関、資産総額106兆ドル（約1・2京円）の機関投資家が賛同しているだけに、ESG投資での評価にも弾みがつく好成績である。

そのCDPは、2022年から、新たに四つ目の分野として「生物多様性」の質問を開始すると発表した。さらに2024年頃からは、「海洋」にもテーマを広げるという。

実は、金融界ではいま、脱石炭はもとより再エネなど脱炭素分野への投資は当たり前で、次なるフロンティアは、生物多様性、食料システムや水セキュリティ、森林や土地利用、そして海洋保護など、人々に恵みをもたらす天然資源である自然資本（Natural Capital）をいかに保全できるかということに大きな関心が寄せられている。「NbS」（Nature-based Solutions：自然に基づく解決策）という考え方に注目が高まっていることもあり、地球環境課題の解決だけでなく、人間の幸せや社会課題の解決にもつながるとして期待が寄せられているのだ。

気候変動対策に失敗すればリーマンショック並みの金融危機に！

こうした中、いま金融界が力を入れているのが、環境関連の情報を統一的な基準で開示させせる動きだ。日本でも多くの企業が参加しているのが、ＴＣＦＤ（気候関連財務情報開示タスクフォース）だ。初耳だという人のために、簡単に解説しておこう。ＴＣＦＤは、Ｇ20の要請を受け、金融安定理事会により、前ニューヨーク市長のマイケル・ブルームバーグ氏を委員長として検討が始まった。２０１７年6月に最終報告書を公表し、企業等に対し、気候変動に関連するリスクやビジネスチャンスについて情報公開を求める世界共通の指針だ。投資家は開示された気候変動対策の情報をもとに投資する企業を見極める。たとえ業績が好調でも、CO_2の排出が多いなど対策が不十分な企業は、リスクが高いと見なされ投資が避けられる。一方、再エネの推進など十分な対策を取っている企業は、安定的な投資先として資金が集まる。

これまで財務情報での評価によって株価が決まってきた歴史の中で、こうした非財務の気候変動情報を公開させる動きは極めて画期的なもので、先述したＥＳＧ投資の流れを加速させるものとなっている。すでに世界の投資家の大半がＴＣＦＤを利用しているという。

２０１９年10月には、日本で初めてＴＣＦＤサミットが開催され、私たちは都内の会場で取材した。ひときわ強いインパクトを与えていたのが、イギリスの中央銀行イングランド銀行のマーク・カーニー前総裁だ。当時からカーニー氏は、将来的なＴＣＦＤの義務化を匂わせていたが、２０２０年11月、お膝元のイギリスでは、２０２５年までに段階的に義務化することを発表した。ちなみにフランスでは、ＴＣＦＤが公表される以前から、エネルギー移行法により気候変動情報の開示が義務化されている。そしてついに２０２１年6月、Ｇ７財務相会合が公式に義務化に賛同。各国の規制の枠組みに沿う形で、ＴＣＦＤに基づく義務的な気候関連財務情報の開示に向かうことを支持すると発表した。

ＴＣＦＤサミットの場で、もう一人、明確なメッセージを送っていたのが、女性初のアメリカ証券取引委員会の委員長を務めたメアリー・シャピロ氏だ。当時はＴＣＦＤで議長のアドバイザーを務めていた（現在は事務局長）。私たちはシャピロさんに、ＴＣＦＤの意義についてインタビューを行なった。シャピロさんは、リーマンショック後の金融危機で陣頭指揮を執った人物であり、その経験から気候危機をどう捉えているのか聞いてみたいと思ったのだ。

２００８年に起きたリーマンショックは、ハイリスクハイリターンの不動産ローンが、そのリスクを知らされないまま、世界中の金融機関に販売されていたことが引き金となった。いま進行している気候変動も、企業は目に見えない大きなリスクを抱えているという。

シャピロさんは、「気候変動対策に失敗すれば、リーマンショック並みの金融危機を引き起こす」と世界の金融当局が考えていると指摘する。そして、異常気象によって直接被害を受けるリスクや、対策を取らないで資産価値が下がるリスクをいまのうちに明らかにすべきであり、情報開示は必須であると訴えた。

「〝不透明な情報〟と〝リスクを理解しないこと〟は、投資家の敵です。気候変動に関して現在投資家は、企業が抱えるリスクを把握し、評価できていません。気候危機のリスクについての情報をＴＣＦＤで徹底的に開示させる必要があります」

投資家たちは、公開された情報に基づき、「座礁資産リスク」つまり不良債権になる時限爆弾を抱え込んでいる企業からダイベストしたり、投資を控えたりする。一方で、先見の明があり、きちんと対策してビジネスチャンスを創出している企業には、資金を投じる。TCFDの主流化という動きは、そもそも情報開示の面で世界に後れを取ってきた日本政府や日本の多くの企業のやり方が、もはや通用しなくなる時代に突入したことを意味している。情報公開しないのは、投資家や市民への裏切り行為にも等しい。気候変動を契機に、世界が統一ルールで情報開示を求め始めたいまこそ、この新ルールに適応していかなければ、グローバルビジネスの世界で生き残ることはできないだろう。

気候危機の「緑の白鳥」と「黒い象」とは

気候危機を金融界最大のリスクと捉える動きは加速している。2020年1月、国際決済銀行（BIS）とフランス中央銀行は、「グリーンスワン　気候変動の時代における中央銀行の役割と金融の安定」という報告書を発表した。「グリーンスワン（緑の白鳥）」とは、リーマンショックのように、通常の経験からは予測できない金融危機が「ブラックスワン（黒鳥）」と呼ばれることをもじって名づけられたリスクだ。気候変動がきっかけとなって引き起こされる未曾有の金融リスクを避けるためには、あらかじめストレステストと呼ばれるリスクへの備えをきちんとしておく必要がある。そのリーダーシップを各国の中央銀行が担い始めているのだ。

一方、実際には、地球温暖化や感染症のパンデミックなどの巨大危機は、「ブラックエレファント（黒い象）」だとも指摘されている。世界経済フォーラムのグローバルリスク報告書に携わっているマーシュブローカージャパンによれば、ブラックエレファントの場合、グリーンスワンと異なり、すでに科学者などが度々警鐘を鳴らしており、リスクの予想が可能だ。しかし、リスクの認知度は高いにもかかわらず、対岸の火事だと捉える傾向が強い。いわば、自分だけは大丈夫と思いたがる認知バイアスがかかっている状況だ。結果として防ぐことができず、予測通りに起きてしまった時のリスクのインパクトは、極めて甚大である。情報開示を強く求めるTCFDの義務化の流れは、こうした動きの要になっているのだ。

情報開示の潮流は、生物多様性の分野にも及ぼうとしている。TNFD（自然関連財務情報開示タスクフォース）の創設だ。

TNFDは、いわばTCFDの生物多様性版。企業や金融機関が自然への依存度や影響を評価し、管理・報告するための枠組みを検討するための国際イニシアティブだ。国連や国際NGOが中心となって、2021年6月、正式に発足。2021年中に自然リスクに関する財務情報開示の枠組みが示され、2022年の早い時期のパイロットテストを踏まえ、2023年に実際の運用開始となる予定だ。

こうした動きが進む背景には、次章で詳しく見ていく気候変動の進行とそれに伴う地球環境の急速な悪化がある。新型コロナウイルスによるパンデミックで、「ワンヘルス」と呼ばれる、人、動物、環境の衛生に関する分野横断的な課題に総合的に取り組む必要性が高まっていることも追い風となっている。新型コロナウイルスは、本来、深い森の奥に閉じ込められていたコウモリなどを宿主とするウイルスが、何らかの媒介を通して人間界に入り込んだと考えられている。また、温暖化が進んでシベリアなどの永久凍土が溶けると、これまで何万年も凍土に閉じ込められていた未知のウイルスが出現し、感染爆発を引き起こす事態も懸念されている。こうした問題に対処する意味でも、自然を保全し、生物多様性を守ることが重要になっている。

もちろんカーボンニュートラルを達成するためにも、CO_2の大きな吸収源になっている自然の保全は欠かせない。目標実現のためには、工場や火力発電所などからの人為的なCO_2を減らすだけでは到底無理で、自然が本来持っている力を取り戻し、光合成を行なう森の植物や、ブルー・カーボンと呼ばれる海の藻場や湿地の生態系の力を借りて、もっとたくさんCO_2を自然界で吸収してもらう必要があるのだ。

生物多様性を守ることは、人類を守ること

生物多様性を守ることは、脱炭素のみならず人類の生存にも直結している問題だ。2020年3月、IPBESというIPCCの生物多様性版といわれる科学者の集まりから「生物多様性と生態系サービスに関する地球規模評価報告書」が発表された。水や空気、食料などに代表される自然の恵み「生態系サービス」は、数十兆ドル規模に及ぶとされ、人類の生存に欠かせ

ない。だが、報告書の中身は、衝撃的なものだった。人間活動の影響により、地球全体でかつてない規模で多量の種が絶滅の危機に瀕していて、報告書で評価した動物と植物の種のうち平均で約25％、実に推計100万種がすでに絶滅の危機に瀕している。生物多様性への脅威を取り除く行動を取らなければ、今後数十年でこれらの種の多くが絶滅する恐れがあるという。地球上の種の現在の絶滅速度は過去1000万年平均の少なくとも数十〜数百倍に達していて、適切な対策を講じなければ、今後さらに加速すると科学者たちは警告する。

もはや、脱炭素への取り組みで企業をチェックするだけでは足りない。その企業が、森や海や土地利用や生物多様性の保全に悪影響を与えていないかどうかが、厳しく問われる時代が到来しているのである。脱炭素の面では大きな効果がある再エネの導入も、生物多様性の保全や土地利用の劣化によるトレードオフをもたらしていないか、精査する必要がある。

2021年10月11日〜24日、中国の昆明で国連生物多様性枠組条約のCOP15が開かれる。コロナのため1年延期されたが、この会議は、2010年に名古屋で開催されたCOP10で決めた生物多様性の愛知目標に代わる今後10年の新たな世界目標を決める極めて重要なものだ。

私もCOP10当時、名古屋に出向き、NHKの環境キャンペーン『SAVE THE FUTURE』で長時間放送を行なった。議長国・日本は、交渉決裂を土壇場で回避し、愛知目標をかろうじてまとめることができたが、残念ながらこの10年、生物の種や生息地の減少に歯止めがかからず、20の目標は一つも達成できなかった。生物多様性の危機がさらに深刻化する中、一層高い野心的な目標と、それを実現する具体的な対策やロードマップがいま、求められている。

金融には〝世界を変える力〟がある

世界の金融界では、これまで見てきたＥＳＧ的な考え方を推し進めるための基盤となる「責任投資原則（ＰＲＩ）」「持続可能な保険原則（ＰＳＩ）」「責任銀行原則（ＰＲＢ）」という国連が定めた三つの原則があり、多くの金融機関が署名している。いずれも、ＳＤＧｓとパリ協定が定めるゴールに整合するよう、金融界を変えていくことを目標としている。

日本でも、第一生命や三菱ＵＦＪフィナンシャルグループなど「ネットゼロ・アセット・オーナー・アライアンス」や「ネットゼロ・バンク・アライアンス」など金融界として脱炭素をめざす野心的なアライアンスに入る金融機関がようやく現れ始めた。今後は地方銀行等も含めて、日本が持つ１９００兆円もの預金をどう動かしていけるかが課題だ。

金融には〝世界を変える力〟がある。２０２２年4月、東京証券取引所は、東証一部といった四つの市場区分が廃止され、新たに「プライム」「スタンダード」「グロース」の三つの市場に再編される歴史的な節目を迎える。今こそ世界の金融界と連携して、真のサステナビリティの実現に向けたチャレンジが加速することを期待したいと思う。

この章のポイント

◉現在の各国の排出削減計画では、対策が足りず、気候変動の影響で、2050年に世界のGDPの11 ～ 14%縮小、3.2度上昇の場合は、最大で18%が失われると予測されている。

◉日本を例年のように襲う大水害により、保険会社の準備金積立が大きく取り崩され、保険料値上げも視野に。

◉石炭火力関連企業からは投資撤退の動き。日本の三大メガバンクは石炭火力発電への融資で、世界の非難を集めている。

◉炭素回収・貯留技術CCSやCCUSはコストが高く、石炭火力は再エネ価格の急速な下落により「座礁資産」化のリスク。

◉排出できるCO_2の上限を割り出すカーボンバジェット（炭素予算）は、1.5度目標では10年以内に上限に達する見込み。

◉ESG投資、インパクト投資など、巨額の民間資金が再エネの普及や社会課題の解決のため流れ込んでいる。

◉企業活動を気候変動や、森、水の分野で“格付け”する動きが加速。CDPでは、今後は生物多様性や海洋もテーマに。

◉気候変動対策に失敗すればリーマンショック並みの金融危機に。不透明な情報とリスクの無理解は「投資家の敵」との声も。

◉TCFD（気候関連財務情報開示タスクフォース）に加え、TNFD（自然関連財務情報開示タスクフォース）など生物多様性への対応などの情報も問われる時代に。

第3章

深刻化する気候危機
迫り来るティッピングポイント

IPCC 科学者たちの憂鬱

ふと、こんな夢を見ることがある。朝起きたら、地球温暖化に関する新しいニュースをキャスターが読み上げている。

「新しい報告書によれば、科学者たちは、気候変動の進行について太陽活動の低下の影響など、重大な計算違いをしており、これまで指摘されてきたような急激な地球温暖化には至らないことが判明しました」

ジャーナリストとしては、振り上げていた拳を下ろすことになり、いささかバツが悪い。だが、そうであったとしても、そういうニュースが飛び込んできてくれたら、どんなにいいだろうと本気で思ってしまうことがある。というのも、現実はむしろ逆で、このところ飛び込んでくるニュースは、どれも科学者たちの予測を上回るスピードで地球温暖化が進行していることを伝えるバッドニュースばかりだからだ。

２００７年、アル・ゴア元アメリカ副大統領とともにノーベル平和賞を受賞したのが、国連ＩＰＣＣという組織だ。ＩＰＣＣは７年程度のスパンで、気候変動に関する評価報告書を世界の科学者のいわば〝総意〟として提出している。２０２１〜２０２２年にかけては、２０１３〜２０１４年以来となる第６次評価報告書（ＡＲ６）が公表される。今度こそ、新知見によって、気候変動の進行が思ったよりも遅れていて、人類にパラダイムシフトのための猶予の時間をプレゼントしてくれないかと期待するのだが、そういうデータは、残念ながらいまのところない。

2018年10月にIPCCが発表した地球温暖化に関する「1・5度特別報告書」もショッキングなものだった。それは、このままのペースで温暖化が進むと、早ければ2030年に、地球環境の防衛ラインとされている産業革命前からの1・5度上昇に達してしまう……というものだった。もちろん、予測の中央値は2040年頃で遅ければ2052年という予測の幅があるのだが、「早ければ2030年」という数字は衝撃的だった。

これまで私が温暖化の番組を作る際には、「2050年の天気予報」だったり、「今世紀末の2100年の影響は？」という視点で伝えることが多かった。だが、2030年というのは、あまりにもリアルすぎた。私は無事故で生きていられれば65歳。まだまだ現役バリバリ、のはずだ。温暖化の報道が難しいのは、被害が出るのが2050年とか2100年と言われても「私、生きてないし……」と他人事の人が多いからだ。だが、2030年は違う。私も含め誰もが当事者であり、温暖化が一気に目の前に突きつけられた気がした。

NHKスペシャル『2030 未来への分岐点』というシリーズも、1・5度報告書に触発されたこうした思いに加え、2030年がSDGsのターゲットイヤーでもあり、番組の企画開発が進んだ。そして取材すればするほど、2030年までの10年間が、人類にとっての正念場であるという思いは強まった。詳しくは、拙著『脱プラスチックへの挑戦 持続可能な地球と世界ビジネスの潮流』に掲載したポツダム気候影響研究所のヨハン・ロックストローム博士のインタビューを読んでいただきたいのだが、2030年までの9年がなぜそれほどまでに重要なのか、要点だけお伝えしておこう。

「もう我々は後に戻れなくなる」ティッピングポイントの脅威

最初に理解しておきたいのが、ティッピングポイント（臨界点・転換点）という考え方だ。これは、地球のシステムを知る上でとても重要な言葉だ。科学者たちは、物理の法則にしたがって変化を予測する。だが変化というのは、いつも徐々に進むのではなく、あるポイントを超えると一気に様相が変わってしまう非線形の変化が起きることがある。ティッピングのティップというのは、傾けるという意味。例えば、井戸があり、滑車を使って桶で水を汲む動作をイメージしてみよう。桶の中の水がある一定の量までなら安定的に汲むことができるが、一定の閾値を超えた量の水を汲み上げようとすると、突然カクンとバランスが崩れ、水は桶からこぼれてしまう。その差はごくわずかだ。

2度目標を世界で初めて提唱した気候科学者のハンス・シェルンフーバー博士は、ティッピングポイントについて、こんな例えをしている。緩やかな坂道を転がっていくボール。一定のペースで少しずつ転がり落ちていくが、その先が崖になっていた場合、崖の先端に到達すると、ボールは突然すごいスピードで崖の下に落下する。そして崖の上に戻ることはもうできない。

著名な気候科学者のティム・レントン博士は、こう例えている。一脚の椅子を考えると、通常の安定した状態なら、椅子は直立している。だが椅子を後ろに傾けていくと、椅子はあるポイントで倒れてしまう。それがティッピングポイントだと。後ろ向きに倒れた椅子は、もはや直立しているのとは全く別の状態で、平衡が保たれてしまうのだ。

ティッピングポイントを超えてしまい、いったんこの新たな平衡状態に移ってしまうと、人間の力では動かし難い。「ポイント・オブ・ノーリターン＝後戻りできない変化が生じる点」といわれるのはこのためだ。温暖化がさらなる温暖化を引き起こす悪循環が始まってしまい、人間活動による温室効果ガスの排出量を減らしても、温暖化を止めることができなくなる。氷の融解でもそうだ。もし、グリーンランドの氷床融解など大規模な異変が起きても、しばらくして対策を取った後に再び元の状態に戻れるのなら、ここまで科学者たちは悲鳴を上げていないだろう。一度、安全な領域からティッピングポイントを超えてしまったら手遅れになる。決して元には戻らない。だからこそ、警鐘を鳴らしているのだ。そして恐るべきことに、気候変動のティッピングポイントは確実に迫ってきている。

プラネタリー・バウンダリー（地球の限界）とホットハウス・アース（灼熱地球）

では、ティッピングポイントは、どの辺にあるのだろうか。

ロックストローム博士らのチームは、２００９年に「プラネタリー・バウンダリー（地球の限界）」という研究を発表した。これは、気候変動や生物多様性など9の分野を分析し、緑色の安全ゾーンと黄色の危険注意ゾーン、そして赤色の危険ゾーンにわかりやすく示したものだ。種の絶滅という生物多様性の分野はすでに、赤色のゾーンに突入している。例えば暖水域のサンゴは、海水温の上昇による白化現象などですでに多くが死滅。この先、気温が1・5度上昇すれば、7〜9割が死んでしまい、2度上昇すれば絶滅する恐れがあると見られている。気候変動は現在、黄色だ。ロックストローム博士は、こう語っている。

「気候変動のプラネタリー・バウンダリーは、2009年当時、1・5度を少し下回る数値に設定されています。およそ1・4度です。ティッピングポイントに近づくことを避けるため、意図的に用心深いレベルに設定されました。ここ5年間だけを見ても、1・5度は地球物理学的に見た気候の限界だということを裏づける科学的証拠がますます増えています」

ロックストローム博士たちはさらに研究を重ね、2018年に「ホットハウス・アース」理論を発表した。これは、気温上昇が1・5度を超えてさらに進み、約2度に達すると、地球システム全体のティッピングポイントとも言える〝温暖化のドミノ倒し〟が起きるリスクがある、という理論だ（口絵8ページ下）。正確に言うと、ドミノ倒しが起きるスイッチが、いつ入ってもおかしくない危険な状況になる、というものだ。一度そのスイッチが入ってしまうと、人類がいかに温室効果ガスの排出量を減らす努力をしたとしても、自動的に4〜5度程度気温が上昇してしまい、その状態で安定してしまう「ホットハウス・アース（温室化した地球・灼熱地球）」の状況に陥る、というのである。

温暖化の〝ドミノ倒し〟が起きるメカニズム

温暖化のドミノ倒しとは、どんなメカニズムで起きうるのだろうか？　ロックストローム博士たちの研究をもとに、その仕組みを見てみよう。

最初の変化は北極海ですでに起きている。北極海を覆っていた白い氷は、実は地球全体のクーラーでもある。白い氷が太陽光を反射し、熱を宇宙空間に跳ね返しているのだ。ところが、ひとたび海氷が溶けてしまうと、相対的に暗い色の海となり、太陽からの熱を吸収してしまう。このため温暖化が一層加速する悪循環に陥ってしまうのだ。北極海の夏の海氷面積はこの35年あまりで半分程度が失われ、２０４０年頃には夏の海氷が全部消えてしまうという予測もある。

陸上にある世界で2番目に大きい氷の塊、グリーンランドの氷床もものすごい量が溶けている。２０１９年のグリーンランドでは、史上最悪のペースで氷が溶け、ついに年間５３２０億トンもの氷が海に流出した。仮に東京23区にその量を注ぎ込むと、スカイツリーをはるかに超えて８００メートルの高さにもなる膨大な量だ。溶けた氷が海に流れ込んで海面を上昇させるだけでなく、溶け始めた氷床の表面の色は、藻や微生物が発生するため黒っぽくなることが知られている。このため熱を吸収しやすくなり、温暖化を進行させてしまう。

温暖化が加速すると、さらなる影響が出てくる。

シベリアなどに広がる針葉樹林タイガ。実は、こうした北方林は光合成によって大量のCO_2を吸収する役割を果たしてきた。だが森林火災などで焼けてしまうと、吸収どころかCO_2の放出源に変わってしまう。そうなると、北極圏に静かに眠っていた永久凍土にも変化が表れる。永久凍土の中には、CO_2の25倍の温室効果を持つメタンガスが封じ込められていて、これらが放出されてしまうのだ。実際にロシアやアラスカでは、永久凍土が溶けて、工場や住宅の地盤が軟弱になり使えなくなったり、事故につながったりする現象も起き始めている。さらには、メタンガスの大爆発により、直径50メートルを超す巨大な穴が出現する事態も起きている。永久凍土が全部溶けるにはもちろんかなりの時間がかかるのだが、一部でもメタンが放出されるようになると、温暖化はますます進んでしまう。

海水温もさらに上昇し、両極を取り巻くように動いているジェット気流と呼ばれる地球規模の大気の流れや、海流の動きを変えてしまう。その影響は、アマゾンの熱帯雨林にも及ぶ。森林が減り始め、ティッピングポイントを超えてしまうと、従来のようには雨が降らなくなり急速にサバンナ（草原）化することが研究で明らかになっている。

こうした様々なドミノ倒しによって、ついには、南極大陸全体にも異変が及ぶ。現在でも西南極の氷床は、科学者の想像を超えるスピードで減っているのだが、温暖化が加速すると、これまで安定的だと考えられてきた東南極の氷床が不安定化する可能性があるというのだ。これは、人類文明にとって、最大のリスクだ。

ちなみにグリーンランドの氷床はすべて溶けると海面を約7メートル上昇させ、西南極氷床はすべて溶けると、約3メートルの海面上昇につながると考えられている。だが、万が一にも東南極氷床がティッピングポイントを超え、不可逆的に溶け始めるとその氷の量は桁違いに大きい。実に、世界の海水面を60メートルも上昇させてしまうのだ。全部溶けるのは、おそらく千年単位のタイムスケールとはいえ、人類が築いてきた文明の多くは、永遠に失われてしまうだろう。ニューヨークもロンドンも、そして東京も大阪も名古屋も、みんな水底に沈む。水の都ベネチアは真っ先に地図から消えるだろう。ピラミッドがあるエジプト・ギザの標高は19メートル。5000年の時を刻んできたピラミッドは、上だけが水に浮いているのか、それとも土台が崩壊しているのか……。

最悪ペースで溶け続ける氷床

ここで、もう少し詳しく現在の氷床の状況を整理しておこう。

欧州地球科学連合（EGU）の研究によると、地球上の氷の融解速度は30年前に比べ、約6割も速くなっているという。1990年代半ば以降、世界の海氷や氷床、氷河から溶け出した氷の量は、推定28兆トンにも上る。

懸念されている西南極でも、2021年2月、氷の厚さが150メートルにも及ぶ「ブラント棚氷」がついに分離、巨大な氷山が誕生した。氷山の面積は1270平方キロメートルと、東京23区の約2倍、ニューヨーク市を超える面積だ。棚氷というのは、巨大な氷床から海にせり出している部分をいうが、海水の温度が上昇すると下からも温められ、溶けやすくなるとともに、陸地との隙間に海水が入り込むことで、滑りやすくなる。西南極の一部では、いったん融解が始まると次々と氷が海に滑り落ちていくような地形になっているのだ。

いまでは信じられない光景だが、地球の歴史の中では、南極に氷が全くない時代もあったという。最近の研究では、約9000万年前の白亜紀中期は、南極の年間平均気温が摂氏12度前後もあり、緑の森が生い茂る温帯雨林だった可能性がある。この時代、大気中のCO_2濃度は非常に高く1000ppmを超え、地球の平均気温も非常に高かった。極地の氷床は溶けてしまい、海面は現在より170メートルも上昇していた。無論そんな状況になるには、地球と太陽との距離など複雑なメカニズムが働いていたのだが、要は、最高で4000メートルもの厚さがある氷床であっても、いったん全面的な融解に向かうメカニズムに突入してしまえば、実際にすべて溶けてしまうということだ。

2016年に『サイエンス』誌に発表された南極氷床に関する研究では、掘削調査で得られたサンプルを分析した結果、大気のCO_2濃度が600ppmになると、東南極の氷床が一気に減少に転じる危険領域に入るリスクがあることが新たにわかった。60メートルもの海面上昇によって世界全体で、多くの地域が水没する事態につながりかねない、東南極氷床の不安定化が、思っていたよりもずっと低いCO_2濃度で引き起こされる可能性が出てきたのだ。氷が溶けるメカニズムはまだ十分に解明されていないため、600ppmよりも低い濃度で、危険領域に突入する恐れもあると指摘する研究者もいる。

いずれにせよ、2020年には、観測史上初めて北極圏で38度という最高気温が記録され、南極でも最高気温が20・75度とついに20度を上回った。科学者たちは、いずれも信じられないほど異常なものだとして、警戒感を強めている。すでに、ホッキョクグマやペンギンなど生きものたちの生態系や生存率に大きな影響が出ている。

止まらない山火事 CO_2を吸収するはずの森林がCO_2の放出源に

ティッピングポイントを考えていく上で、溶け続ける氷と並んでいま最も気がかりなのが、世界の森林を襲う山火事だ。この数年、世界各地で大規模かつ長期的な森林火災が相次いでいる。特にひどかったのは、2019年から2020年のアマゾンやオーストラリア、2020年のカリフォルニアなどだ。2021年6月には、北米でヒートドームと呼ばれる半球形の熱い空気に覆われる現象が起きて、カナダでは実に49・6度を記録し、山火事が多発している。

経済的損失も深刻で、オーストラリアの森林火災は700億USドル（約7・7兆円）、カリフォルニアの森林火災は200億ドル（約2・2兆円）に及ぶと見られる。この他にシベリアの北方林やインドネシアの泥炭地と呼ばれる湿地の森でも大火災が相次いでいる。

森林火災は、なぜ恐れられているのだろうか。もちろん、住宅地の焼失による巨大な経済被害や、コアラなど生きものたちが焼死するなど生態系への悪影響も深刻だが、極めて心配なのはCO_2を吸収するはずの森林がCO_2の放出源に変わってしまうことだ。世界中どこであれ、火災は森林や土壌に蓄えられている炭素を一気に放出させる。例えば、2020年のオーストラリアの森林火災では、8億トン以上のCO_2が放出され、オーストラリアの年間総排出量の約1・5倍に達した。

私は、フランスとの国際共同制作で2019年に『大火災　森林・都市を襲うメガファイアの脅威』という番組を制作したのだが、この時、世界を代表する科学者たちは口を揃えて、火災の増加と気候変動の関係について力説した。そもそも温暖化が進むと干ばつが増え、森が乾いた燃えやすい状況になる。雪解けの時期の変化や雪解け水の水量の低下といった要因に加え、キクイムシなどの害虫の発生も増え、森そのものの保水力が大幅に低下、状況をさらに悪化させている。カナダのアルバータ大学のマイク・フラニガン教授は、こう語る。

「カナダの森林では、焼失地域は、1970年代から倍増しました。私たちは、人為的な気候変動のせいだと考えています。ゆっくり溶けた雪は地面を潤しますが、いまは温暖化のために急激に溶けて、水分は急速に流出してしまう。だから木も成長期の植物も十分な水分を含むことができず、夏に干ばつが起きやすいのです。また、気温が上がると、葉から蒸散する水分が増えるため、木はより多くの水を吸い上げようとします。しかし、温暖化によって以前よりも土壌が乾燥し、水を吸い上げにくくなっています。こうなると木は、葉の表面にある気孔を閉じて自己防衛するため成長が止まり、病気や虫や火に弱くなるのです」

さらに懸念されているのが、落雷による発火だ。2021年4月に『ネイチャー・クライメート・チェンジ』に発表された別の論文によると、北極圏の雷は21世紀末までに2倍になると予測。これまで北極圏は、雷が発生する条件がさほど揃っていない地域だったが、今後は、森林火災の原因となる落雷が急速に増えると見られている。

今回の研究では、雷の増加により、北極圏での燃焼面積と放出される炭素量が、21世紀末までに1・5倍以上増加する可能性があると示唆された。さらに恐ろしいことに、火災によって永久凍土が露出し、融解するリスクが高まるのだ。

中でも懸念されているのは、消されたはずの火が、数か月後にゾンビのように息を吹き返して大規模火災に発展する「ゾンビ火災」だ。「残留火災(Holdover fires)」「スリーパー火(Sleeper fires)」とも呼ばれる。北極圏の土壌の一部は、腐敗した植物や有機物などの泥炭でできているため、このようなくすぶり現象が起きやすくなっていることが最近わかってきたのだ。

ロシア北部の森は、人間が住んでいない地域も多く、初期消火が極めて難しい。またあまりにも広大で、いったん燃え広がると鎮火するまで人間の力が及ばないケースもある。極めて憂うべき事態が密かに進行しているのである。

ヨハン・ロックストローム博士をはじめとする世界的な研究者たちが、垣根を越えて気候変動研究を行なっている「フューチャー・アース」という国際プロジェクトがある。このチームの研究では、取り返しのつかない変化を引き起こしかねないティッピングポイントが迫る中で、アマゾンの熱帯雨林と先に述べた北方林の二つの重要性を指摘している。特に、融解する永久凍土からの温室効果ガスの放出量については、最近、これまでの予想よりも多くなる恐れがあるという新しい知見が示された。

永久凍土が溶ける過程ではサーモカルストという湖沼がつくられるのだが、この複雑なプロセスはまだよくわかっていない。だが衛星による観測で、こうしたサーモカルスト地形がつくられていく動きが、この20年間で加速していることはわかっている。未解明な部分が多い永久凍土の突然の融解だが、温暖化が進めば、CO_2の25倍も強力なメタンなどの温室効果ガスが発生しやすい生態系へと変化するという。これらのプロセスを考慮すると、永久凍土の融解による2100年に予測される温室効果ガスの年間放出量は、これまでの推定値のほぼ2倍になるという。

瀬戸際の開発 アマゾンが直面するティッピングポイント

アマゾンも危機に直面している。前述の国際共同制作『大火災』で取材した東京大学の熊谷朝臣教授は、熱帯林の研究を行なっているが、いま懸念しているのが、膨大な面積を抱える森林独特のメカニズムの崩壊だ。森に降った雨は、枝や葉の表面に付着して蒸発する。また根が吸い上げた水は葉から蒸散され、結果として降った雨のおよそ半分は、再び大気に戻る。しかし火災によって森が焼けると、こうした働きが失われ、雨は直接地面に染み込み地下水となって流出してしまう。熱帯林の水循環メカニズムそのものが成り立たなくなり、大気は乾燥し、ほとんど雨を降らせることができなくなると熊谷教授は指摘する。

「いままでそこに適切な量の雨が降っていたからこそ森林が成立できたのに、その雨が失われて、森林が使うだけの水がなければ、そこに元の森林は成立することはできない。そうなってしまったら止められないのです」

ブラジルのボルソナロ大統領は、ミニトランプともいわれているが、開発を優先し、アマゾンの森林保護の規制を緩め、大豆畑などへの転換を進めている。このため野焼きを奨励し、その火種がさらなる森林火災を招くような事態も頻発している。

事実、2019年のアマゾンでは、日本の年間排出量のおよそ半分に相当するCO_2が火災によって放出されてしまった。2021年4月に『ネイチャー・クライメート・チェンジ』に発表された論文によれば、アマゾン熱帯雨林による過去10年間のCO_2放出量は、吸収量を20％近く上回ったという。つまり、アマゾンが、CO_2を吐き出す存在に変わってしまったという衝撃の研究結果である。

恐ろしい数字は、まだある。「フューチャー・アース」プロジェクトでは、アマゾン熱帯雨林のティッピングポイントは気温が3～4度上昇した地点ではないかと分析している。だが、気温の上昇がその数字に達しなくても、森林破壊が20～25％に達すれば、アマゾンの熱帯雨林は転換点を超え、格段に乾燥したサバンナになる可能性があるというのだ。1960年以降、森林破壊が進み、すでに2018年までにアマゾン流域のほぼ18％の森林が破壊されていることがわかっている。これは我々を不安にさせる数字だ。2021年の前半の開発はさらに加速し、最悪ペースだという。自然の発火を食い止め、健全な森林を保全することがいまこそ求められているにもかかわらず、反対に開発を促進している人類の愚かさを痛感せざるを得ない。

〝眠れる巨人〟を目覚めさせてはならない

万が一にもティッピングポイントを超えたら、地球の気候システム全体に取り返しのつかない悪影響を与えるものを、科学者たちは、〝眠れる巨人〟と呼んでいる。海氷、グリーンランドや南極の氷床、海洋や大気の循環の変化などだが、中でも懸念されているのが、アマゾンの熱帯雨林と極域近くの北方林という広大な森の人為的変化だ。

「フューチャー・アース」は学際的なプロジェクトであり、脱炭素経済についての考察も行なっているが、今回、社会科学分野の研究者たちが、この森林開発と金融機関や企業などビジネスセクターとの関わりを分析し、2018年にその結果を公表した。

それによると、金融セクターは、様々な形で土地利用方法を変えることで、気候変動に加担しているという。森林破壊や森林の劣化を促す要因である大豆、牛肉、木材などを製造する企業に対し、投資家は資本を提供したり、株式を保有したりしている。今回の研究で、実は、ごく少数の株主が、森林破壊に最も加担しているセクターの最大手企業の株式のうち、相当数を保有していることが明らかになった。中には、株式保有数の合計が10％を超えている機関投資家も少なくない。ブラックロックに代表される彼らは文字通り〝金融の巨人〟であり、本来、地球システムの〝眠れる巨人〟に対して大きな影響力を持っている。だから、この力を適切に発揮するならば、投資先企業に対し、森林破壊ゼロの推進や劣化した森林の再生、植林や森林管理の実施、生物多様性の維持などを実行するようプレッシャーをかけることができるはずなのだ。

だが残念ながら、いまの〝金融の巨人〟は、瀬戸際の状況をさらに悪化させることに加担する側にいるという。特にカナダの北方林への投資では、日本の金融機関は極めて大きな影響を及ぼす側にいる。科学者たちは、地球システムがティッピングポイントを超えることは、金融界の最大のリスクでもあるとして、金融関係者がもっと責任を担い、権限を行使し、リーダーシップを発揮するべきだと強く訴えている。

気がかりな海の異変 弱まる海洋大循環

科学者たちが懸念していることは、まだある。長い地球の歴史でほとんど変わることがなかった壮大な海の熱循環メカニズムへの影響だ。北大西洋熱塩循環という海流の動きがそれだ。学校で習った人もいるだろうが、地球の7割を覆う海には、目には見えないベルトコンベアのような海水の大循環システムがある。これは、海水の温度と塩分濃度の違いによって生じるものだ。

現在の気候では、メキシコ湾流のような表層の暖かい海流は、大西洋赤道付近から極域に向かって熱を運び、北大西洋のグリーンランド沖で深層へと沈み込む。そこから、長い旅をして1200年ほど後に再び北東太平洋で表層に戻ってくるという。沈み込むポイントはもう1か所あり、南極大陸の大陸棚周辺である。ところが、この大規模海流に異変が起きると気候システム全体に影響を与えるリスクが高まる。温暖化の悪循環を加速させるドミノ倒しの要因となる恐れも指摘されている。

とりわけ深刻な影響があるのは、西ヨーロッパだ。この地域の気候が緯度に比して温暖で湿潤なのは、この海のベルトコンベアがもたらす熱輸送によるところが大きい。もしこのシステムが弱まってしまうと寒冷化・乾燥化する危険性があると見られている。一方、南半球では北半球へ運ばれる熱が減るため、一層温暖化してしまう恐れがある。そんな重要な熱塩循環が、最新の研究では15％も弱まっていることが明らかになったのだ。その一つの理由は、グリーンランドや南極周辺で大量の氷が溶け、真水となって注ぎ込んでいるため、海流の沈み込みに欠かせない塩分濃度が薄まってしまったことにある。結果として、熱塩循環のベルトコンベアを駆動する力が弱まり始めているらしい。

2004年の映画『デイ・アフター・トゥモロー』で描かれていた大寒波による惨劇の描写は、氷床融解が引き金となったという設定だった。この熱塩循環の弱体化は、寒冷化・乾燥化に加え、嵐や洪水を頻発させるとの研究もあり、西ヨーロッパの人々にとっては、国の存亡に関わる重要な案件なのだ。近年の温暖化も深刻だが、ヨーロッパでは、氷の張ったテムズ川やブリューゲルが描いた雪景色などに代表される寒冷化の時代は、決して歓迎されるものではなかった。太陽活動の停滞などで一時的に寒冷化していた16世紀から17世紀にかけては、農産物の生育期が短くなり耕地は縮小、それに伴う食料不足や健康状態の悪化などでヨーロッパの人々の平均身長が2センチ縮んだという研究まである。

この他に、海水温との関わりが深い西アフリカモンスーンの変化も気がかりだ。ただでさえ脆弱なサヘル地域がどういう変化にさらされるのか。さらには、アメリカ南西部の乾燥や、エルニーニョ現象の振幅増加なども懸念として挙げられている。

地球温暖化というと単に暑くなるだけのイメージがあるが、実は「気候が極端化する、予測がつかない時代を迎える」というほうが現実に近い。雨の降り方について言えば、極端な干ばつと極端な洪水が増えるのだ。

アフリカだけではない。想定されている激変の中で、アジアモンスーンの不安定化は、日本にも大きな影響がある。四季のある私たちの稲作文明はモンスーンと密接に関わっているが、その重要なモンスーンがインド洋から大きく変われば、一体どんな変化が起きるのか、その全貌はまだわかっていない。

いずれにせよ、温暖化のドミノ倒しが怖いのは、絶妙なバランスで成り立っている地球の気候システムが崩れてしまうことだ。特に、目に見えずまだ解明が進んでいない海の中でどんな変化が起きるのかについては、科学者たちの研究が追いついていない状況だ。

海洋熱波と海洋酸性化、そして強力台風

日本を取り巻く海にも異変が起きている。２０１９年、ＩＰＣＣは「海洋と雪氷圏に関する特別報告書」を発表した。海は地球の面積の7割を占め、これまで地球の余った熱エネルギーの90％を取り込んできた。陸地に比べるとゆっくり温まってきたのだが、その昇温速度が従来の2倍を超えて加速していると見られている。すでに深海まで温暖化が進行しており、温まりすぎた海がいつの日か、熱の吸収から放出に向かう時の影響が危惧されるという。

こうした中、注目されているのが海洋熱波だ。海水温の高温異常が長期化する海洋熱波は、沿岸域の生態系にダメージを与えるとされ、１９８２年から発生頻度が2倍になった可能性が非常に高く、その強度は増大している。海洋の温度が上がると、表面が温かく軽い海水で覆われることにより鉛直循環が弱まり、海面から水深１０００メートルまで酸素不足（溶存酸素濃度の減少）が起きていることも報告された。

また、海洋は熱だけでなく、大気中で増加し続けるCO_2も吸収してきた。産業活動による年間のCO_2排出量の4分の1程度を海が吸収しているおかげで、温暖化の進行が抑えられているのだ。だが、過剰に吸収されたCO_2は、海洋の酸性化をもたらしている。小さなプランクトンやサンゴ、ウニ、カキ、カニなどカルシウムの殻を持つ生きものは、酸性化が進むと殻

を作れなくなってしまう。そのため、今後の生態系への影響が懸念されている。

日本の漁業への影響も大きい。すでに漁師たちが一番肌で感じているように、日本近海では獲れる魚の種類が変わってきており、スルメイカやサケなど漁獲高が減っているものもある。

そして、日本にとって最も大きい気候変動の影響が、雨の降り方の変化と強大な台風の来襲であろう。ＩＰＣＣの「海洋と雪氷圏特別報告書」では、今後、低地に位置している巨大都市や小島嶼国の多くで、２０５０年までに、これまで１００年に一度起こるような災害が、毎年起こるようになるという予想がされている。

このことは、２０１８年の西日本豪雨、２０１９年の、千葉が大停電に見舞われた台風15号や、千曲川をはじめ東日本の広範な地域で氾濫が起きた台風19号、２０２０年の熊本豪雨、そして２０２１年の熱海の土石流など、すでに毎年のように大水害に襲われている現実を突きつけられると、決して大袈裟な表現ではないように思われる。気温が１度上昇すると、水蒸気の量が７％増えることは物理法則のため、温暖化により雨の振り方が激しくなることは避けられない。また、世界の海面上昇も２１００年には最大１・１メートルに達するとされていることから、高潮被害も心配だ。日本でも東京都東部の海抜ゼロメートル地帯に代表されるように、地盤沈下もあって災害リスクが高い地域に海面上昇が追い討ちをかけることになり、いま真剣な対策を取らなければ、本当に手遅れになってしまう。

クライメート・クロックが示す〝タイムリミットまでの時間〟

残された時間は、どれくらいあるのか。

2020年9月、国連総会をターゲットにしたクライメート・ウイークが開催されていたニューヨークのユニオンスクエアに、巨大なデジタル時計が登場した。そこに表示されていたのは、人類がパリ協定の目標であるプラス1・5度を突破してしまうまでの残り時間。アーティストであり環境活動家のガン・ゴールデンとアンドリュー・ボイドが設置したものだ。

9月21日の表示は、7年と100日あまりだった。これは、ベルリンにあるMCCという研究所が試算したクライメート・クロック（気候時計）の数字を反映させたもので、現在のCO_2排出ペースを想定して残り時間を計算している。IPCCの「1・5度特別報告書」をもとに、あとどれくらいで、1・5度上昇に相当するカーボンバジェット、つまりのCO_2の累積排出量の上限を使い果たしてしまうかが示されている。化石燃料の燃焼、工業プロセス、土地利用の変化などによるCO_2の年間排出量は地球全体で約42ギガトンと推定されているが、IPCC「1・5度特別報告書」によれば、1・5度を下回るためには、2017年末から計算して、大気が吸収できるCO_2は残りわずか420ギガトンだという。そこから逆算すると、2021年8月現在ではすでに6年と4か月ほどになっている。ちなみにMCCのウェブサイト*にアクセスすれば、いま現在の〝残り時間〟をチェックすることもできる。

個人的には、早ければ2030年という数字でも驚いていたのに、さらに早まって2028

＊ https://www.mcc-berlin.net/en/research/co2-budget.html

年あたりにも到達する可能性があるといわれると、正直くじけそうになる。この計算には、プラス1・5度に何％の確率で到達するかという確率論も絡んでいるので解釈の余地はあるものの、いずれにせよ、刻一刻とプラス1・5度に迫っていることは間違いなさそうだ。世界気象機関（WMO）は2021年5月、地球の気温が今後5年以内に一時的に産業革命前より1・5度上昇する確率は40％で、確率は上昇しているとのリポートを発表した。しかも今後5年間は、ほぼ全地域で気温が上昇する公算が大きいという。

EUのコペルニクスプログラムの観測によれば、2020年の世界の平均気温は、産業革命前から1・25度上昇した。残りはわずかに0・25度なのだ。

CO_2濃度も、ついに観測史上初めて420ppmを超えた。2021年4月3日、ハワイ島のマウナロア観測所で行なわれた測定によると、この日の平均は421・21ppm。産業革命前は280ppmと推定されており、ちょうど1・5倍に達してしまったことになる。もちろんこれは年平均ではないのだが、420ppmという値は、IPCCが2100年に2度目標を達成するために、それ以内にする必要があると指摘した上限の数字でもある。科学者たちの悪夢を見るような憂鬱な気持ちが伝わってくるだろうか。

ちなみに400ppmを超える濃度は、測定可能な過去80万年までさかのぼっても最高レベルだ。あるレポートによると過去250万年で最も高いと見られる。人類の誕生以来、こんなに高いCO_2濃度のもとで暮らしていたことはなく、「人体実験」だという人もいるくらいだ。

まだ正確な数字はわかっていないが、330万年前から300万年前にかけての鮮新世中期の温暖期は、大気中のCO_2濃度が21世紀初頭と同程度に高く、世界全体の気温が1～2度程度高かったと考えられている。その時代の海面は、現在より18～24メートルも高かったとされる。なんだかSF風になってきたが、ティッピングポイントを超えて温暖化のドミノ倒しが起きれば、十分ありうる未来の姿なのである。

「そんな先のことはわからない」と考えて、やはり現世を謳歌するほうに重きを置く人もいるだろう。だが、知ってしまった以上「なんとしてもこの悪魔のスイッチが入ることを避けたい」と感じた人もいると思う。

問題は、そのタイムリミットが間近に迫っていることなのだ。ヨハン・ロックストローム博士は、一緒にホットハウス・アース理論を提唱しているティム・レントン博士、ウィル・ステファン博士、ハンス・シェルンフーバー博士らとともに、2019年の11月に、科学誌『ネイチャー』に一つの論文を発表した。そのタイトルは「気候変動のティッピングポイント 賭けをするには危険すぎる」というものだ。ロックストローム博士はNHKのインタビューに対し、これまで紹介してきたグリーンランドの氷床融解のように、将来の地球規模のティッピングポイント超えにつながりかねない〝前兆〟が、予想されている15の項目のうち、すでに九つで見られるとの懸念を示した。これは、科学者の想像を上回るスピードである。地球の歴史の中で6度目の大量絶滅を人類自らが引き起こすことになりかねない兆候であり、人類文明とこの

1万年もの間、私たちの暮らしを支えてきた安定した地球環境そのものの終焉を暗示するものである。科学者たちは、いますぐに前例のない規模の対策を取らないことには完全に手遅れになるという強い警告を、政治の世界、そして経済界に対して発した。2030年までの10年間が、全人類にとって決定的に重要だというのだ。

スウェーデンの環境活動家グレタ・トゥーンベリさんは、自らもIPCCの報告書などをしっかりと読み込み、「私の声は聞かなくてもいい。科学者の声を聞いてください」とひたすら訴えてきた。グレタさんが求めているのは、科学に基づく削減目標であり、その速やかな実行である。バイデン政権に代わり、トランプ政権に比べれば気候変動問題への関心はアメリカでも高まり、世界も脱炭素に向かおうとしているが、パリ協定で各国が約束している削減量をいまのまま積み上げても、1・5度目標を達成するには、残念ながら全く届かない。

足音もなく我々のすぐ後ろまで迫り来るティッピングポイント。私たち人類は、ドミノ倒しを食い止め、ティッピングポイントを超えてホットハウス・アースへと突き進むような「最悪の事態」を避けることができるのだろうか。2030年までの10年弱が勝負であると、繰り返し訴える科学者たちの声を、私たちはどれくらい真剣に受け止めているだろうか。

科学者からの警告を頭に入れた上で、次の章ではCO_2の総排出量の大半を占めている企業の活動、特に日本のビジネス界の脱炭素の動きに焦点を当て、現場での格闘をレポートしよう。

この章のポイント

◉後戻りできなくなる臨界点・転換点「ティッピングポイント」が、気候変動の分野で刻々と迫ってきている。

◉科学者たちは「地球の限界」は、産業革命前と比べプラス1.5度と指摘。さらに超えて2度前後になると、温暖化のドミノ倒しが始まり灼熱地球に陥るリスクがある。

◉すでにグリーンランドや西南極の氷床が史上最悪のスピードで溶け出し、海面を押し上げている。

◉森林火災や永久凍土からのメタン放出、ジェット気流への影響などが連鎖し悪循環に陥ると、アマゾンのサバンナ化懸念も。

◉本来CO_2の吸収源であった森林が、火災のために焼失し、また土壌炭素を一気に放出する効果と合わせて放出源に。

◉アマゾン熱帯雨林で、過去10年にわたり、CO_2の放出量が吸収量を上回っていたという衝撃の研究結果が発表された。

◉海洋大循環が弱まり始め、世界の気候を大きく変える懸念。

◉海洋熱波、海洋酸性化、強大台風の増加も、温暖化により深刻化すると見られ、日本にも大きな影響を与える。

◉1.5度上昇までの残り時間は、6年4か月という試算も（2021年8月時点）。

◉ハワイ島ではCO_2濃度420ppmという人類史上最高値を計測。

◉科学に基づく削減目標と2030年までの10年弱が全人類にとって決定的に重要。6度目の大量絶滅になりかねない。

第4章

日本は追いつけるのか？ ビジネスの現場を追う

流通最大手イオンの挑戦

日本最大の流通グループ、イオン。内外300あまりの企業で構成されるイオングループは、売上高8兆6000億円を超え、国内の小売業のトップを走っている。全国に1万9000店舗以上、グループ従業員数は約58万人という巨大企業だ。日本で暮らしていれば、スーパーマーケットからショッピングモール、コンビニまで、何らかのイオン関連の小売店で買い物をしたことのある人も多いに違いない。

私が初めてイオンを取材したのは、2017年放送のNHKスペシャル『激変する世界ビジネス〝脱炭素革命〟の衝撃』のロケで、ドイツのボンで開かれたCOP23を撮影した時だ。日本からは、JCLP（日本気候リーダーズ・パートナーシップ）に加盟している企業の中から、12社が参加してビジネス訪問団を結成していた。その一つが、イオンだったのだ。

現地でご一緒したのは、執行役の三宅香さん。2017年から環境・社会貢献・PR・IRを担当している。三宅さんは、初めて参加したCOP23で、ヨーロッパなどの各国政府や世界のビジネス界と日本とのあまりの温度差に衝撃を受けたという（口絵6ページ下）。当時、JCLPの密着取材で、ほぼすべての視察に同行していた私は、三宅さんをはじめとする日本企業の方々の、食い入るような真剣な眼差しと、時には彼我の差に顔を歪めたり、ため息をついたり、涙ぐむシーンまでも目撃した。そして一緒に「今すぐなんとかしなければ、日本は取り残されてしまう」という〝危機感〟を味わっていた。

中でもショックを受けたのは、石炭火力発電などの輸出を続ける日本に対する、激しい抗議運動だった。現地でも日本をターゲットにしたデモが行なわれ、国際環境NGOからは「化石賞」を授与され、徹底的に批判された。もともとJCLPの訪問団に入っている企業は、いずれも日本では環境問題に積極的に取り組んでいる先進企業の自負がある会社ばかりだ。だが現地に行くと、世界的な専門家をはじめ、ありとあらゆる人々から極めて厳しい言葉を投げかけられた。アメリカの共和党系のシンクタンクでグローバル企業に環境対策を助言しているクライメート・リーダーシップ・カウンシルのテッド・ハルステッド会長からも、日本のビジョンのなさを指摘された。

「日本が火力発電所に融資していることに正直、失望しています。これは21世紀に向かう代わりに、20世紀のテクノロジーに戻るということを意味します。あなたたちのライバルの中国もグリーンテクノロジーこそが未来への道だと理解しているのに」

こうした批判が、毎日、雨あられのように降ってくるのだ。現在、三宅さんとともにJCLPの共同代表を務めるLIXILの環境推進部リーダーの川上敏弘さんは、当時こう語った。

「炭素を出す会社には投資をしないと、はっきりおっしゃったんです。自分たちの事業を脱炭素にしないと資金が呼び込めない、事業ができないというところが本当に間近まで来ている」

当時のJCLP共同代表で現在、顧問を務める元積水ハウスの常務執行役員、石田建一さんはまさに、ぼやいていた。

「やっぱり厳しいですよね。日本は後進国だって言われているようなものじゃないですか。こういうところに来るとヒシヒシと感じるわけですよね。ぐうの音も出ないですよね」

イオンの三宅さんは、両親の仕事の関係でアメリカ生まれ。日本とアメリカを行き来して育ち、アメリカの大学を卒業しMBAも持っている。これまでのキャリアで子会社の社長を務めた経験もあったが、この時まで、ここまで世界の脱炭素の潮流が凄まじいとは、正直、思っていなかったという。英語が堪能な三宅さんは、COP23に来ていた世界最大のスーパーマーケットであるウォルマートの幹部にも積極的に声をかけ、真剣に話し込んでいた。当時、三宅さんはこう語っている。

「ちょっとうらやましいと思いました。多分、実行していくところが大変だと思うんですよ。いま話していて、やっぱり社内調整のところは難しかったと言っていました。社内調整イコール経済合理性です。そこがついてきたら全然問題ないんです。日本は特に再エネが高いので、そこをどうクリアするかっていう。まあうちだけの問題じゃないんですが……」

ウォルマートは当時から、気候変動を食い止めるのはビジネスの最優先事項だと考えていた。というのも、その頃、二つの巨大ハリケーンに見舞われ、顧客や店舗などに壊滅的な被害が生じていたのだ。テキサス州のヒューストン、フロリダ州やプエルトリコだけでも社員10万人が影響を受けたという。ただ、気候変動は甚大なダメージであり事業にとっても大きなコストだと分析すると同時に、チャンスでもあると考えた。損害を防ぐには、自ら率先して脱炭素化に取り組むしかない。ウォルマートは対策に乗り出した。店舗の屋上に太陽光パネルを設置。店で使う電気すべてをまかなう計画を立てた。この他、配送トラックのドライバー8000人にエコドライブを徹底、冷蔵設備を効率のよいものにするなど様々な対策を進めた。これらの取り組みは、驚くべき結果をもたらした。エネルギーコストが劇的に下がり、巨額の利益につながったのだ。ウォルマートの環境本部長はこう語った。

「ビジネスとしても非常に多くのチャンスがあります。私たちは65万トンのＣＯ$_2$を削減しました。その結果1000億円以上も節約できたんです。つまり、1000億円も儲かったんです」

他にも、様々なグローバル企業の環境部門の責任者たちと交流した三宅さん。帰国後の行動力は、目を見張るものだった。

日本の小売業で初となる「イオン脱炭素ビジョン2050」

ボンから帰国してわずか4か月後の2018年3月、イオンは日本の小売業で初めて「脱炭素ビジョン2050」を公表した。店舗で排出するＣＯ$_2$等を2050年までに総量でゼロにする目標を掲げるとともに、事業の過程で発生するＣＯ$_2$等をゼロにする努力を続けると宣言。中間目標として、店舗で排出するＣＯ$_2$を2030年までに総量で2010年比35％削減すると約束した。さらには、再生可能エネルギー100％での事業運営をめざす国際イニシアティブ「ＲＥ１００」に、日本の大手小売企業として初めて参加すると表明したのだ。

ボンでの屈辱的な日本叩きをともに体験していた私は、このビッグニュースに大いに勇気をもらった。そして何よりも、経営の中枢にいる人物が自らの肌感覚で変化を感じ、腹落ちして社内を動かすパワーとスピード感の大切さを痛感した。と同時に、日本の流通大手を代表するイオングループの挑戦を映像で記録し、発信したいという思いに強く駆られた。そこにはきっと日本独特の「乗り越えなければならない壁」も多く、後に続く日本企業にとっても有益で示唆に富む取り組みがあるに違いないと感じたからだ。

幸い、三宅さんたちイオングループは、私たちの取材を快諾してくださり、２０１９年のクローズアップ現代＋『16歳の少女が訴える温暖化非常事態』やその拡大版であるＢＳ１スペシャル『再エネ１００％をめざせ！ ビジネス界が挑む気候危機』、２０２０年１月のＮＨＫスペシャル『10 Years After 未来への分岐点』といった番組で、一部をご紹介することができた。では、２０５０年脱炭素をめざして、具体的にはどんな格闘を続けているのだろうか。いくつかご紹介しよう。

イオンが加盟したＲＥ１００は、The Climate GroupとＣＤＰによって運営される、企業の自然エネルギー１００％を推進する国際ビジネスイニシアティブだ。企業による「自然エネルギー１００％宣言」を可視化するとともに、自然エネルギーの普及・促進政策を求めるもので、世界の影響力のある大企業が約３００社参加している。２０２１年7月現在、日本企業の参加は58社だ。

実は、イオンのRE100への加盟は強烈なインパクトを与えた。というのも、イオンがグループ全体で使用する電力は日本の総電力の約1%。実に原発1基分にも相当するのだ。この日本最大規模の需要家が再エネ100%をめざすということは、供給側である電力会社への一大プレッシャーとなる。

イオンがまず取り組んだのは、店舗自体への太陽光パネルの設置だ。神奈川県座間市の日産座間工場の跡地に建てられたイオンモール座間は、非常に印象的な外観をしている。建物の屋上や壁面は、太陽光パネルでほぼ埋め尽くされている。発電量は1メガワット。一般家庭約300世帯分をまかなえるクリーンな電力を生み出している。こうした外観は、買い物に来る消費者に脱炭素社会のイメージを伝えるシンボリックな意味も持っている。しかしながら、ショッピングモールの電力使用量は極めて大きいため、座間店がこれだけで再エネ100%を達成することはできない。イオンでは、電力会社からもっと再エネを買いたいと思っているが、課題はやはりコストだという。気候変動問題の重要性を痛いほどわかっている三宅さんも、株式会社の経営陣の一人としては、頭を抱えていた。

「我々企業も、利益を出すことがやっぱり目的ですので、利益を削ってでも再エネにしなきゃいけないかっていったら、多分そうじゃないんだと思うんですね……」

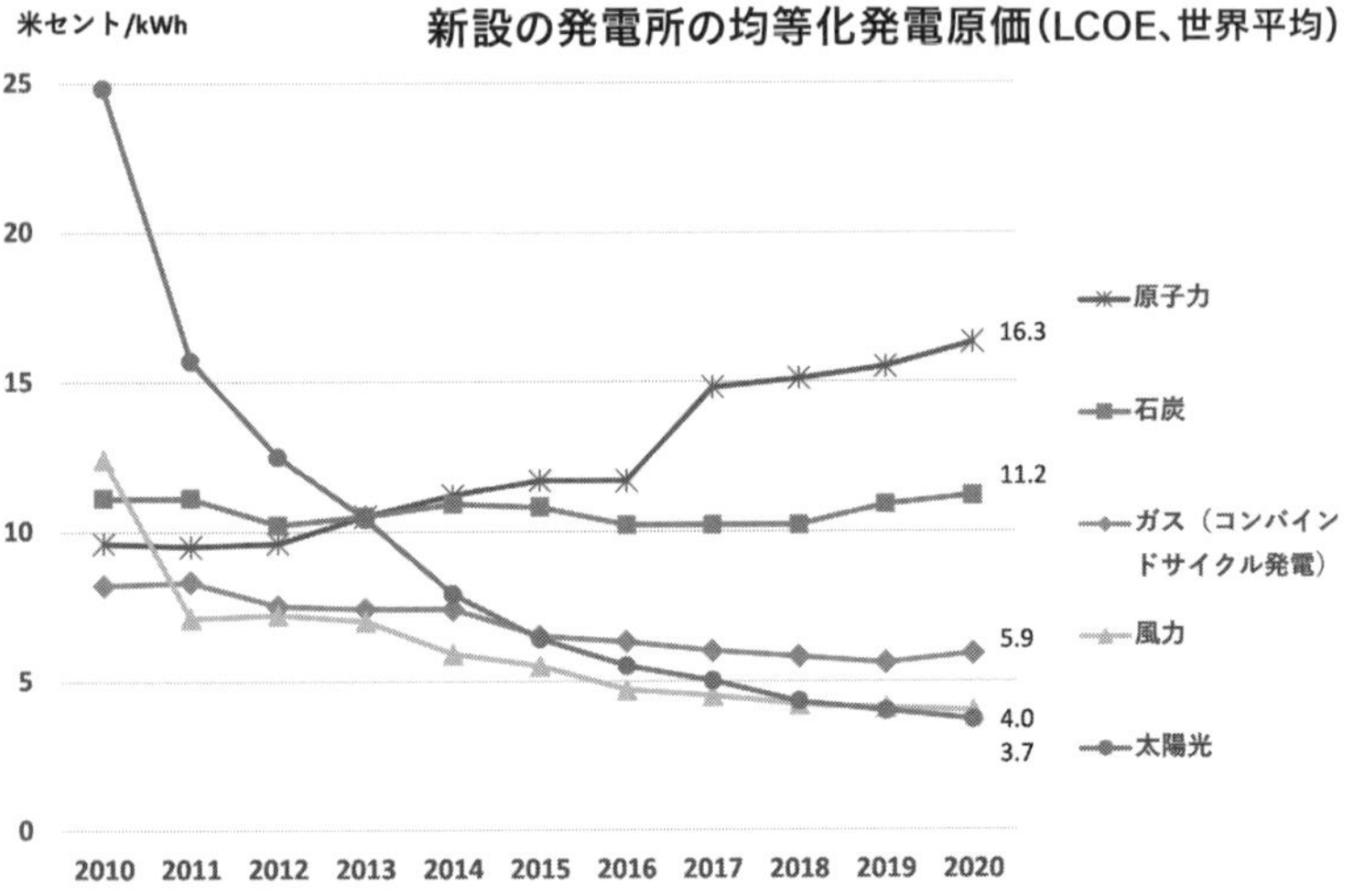

いま世界では、太陽光、風力などの再エネが全電源の中で最も安い。そのため、2020年、EUでは再エネの発電量が化石燃料の発電量を上回った（Lazardのデータをもとに自然エネルギー財団が作成）

日本でも欧米並みに、石炭火力よりも再エネを安くできるのだろうか

日本の新設の再エネは既設の火力発電と比べてまだ4割程度高いのが実情だ。だが、いま世界的に見れば、再エネは一番安い電気になっている。砂漠地帯のUAEでは、私たちも取材したアブダビ水電力省や丸紅、中国のジンコソーラーが運営するギガソーラー「スワイハン太陽光発電プロジェクト」（口絵4ページ下）が稼働。1キロワットアワーあたり2・42米セント（約2・6円）という安値を実現している。最近はサウジアラビアの別のギガソーラーで1・04米セント（約1・1円）という化石燃料の6分の1程度の安さにまで下落する価格破壊も起きている。こうした潮流の中、ついに2020年、EUの再エネ発電量は、初めて化石燃料由来の発電量を上

回った。

この10年あまりの世界の再エネ価格の下がり方を見てほしい。原子力、石炭、ガスといった従来型の発電は、いまや太陽光や風力の急速な値下がりに全く太刀打ちできない。ところが、残念なことに日本では、状況が大きく違っている。太陽光発電の価格が下がってきたとはいうものの、欧米の再エネ価格より2倍ほど高く、石炭火力よりも高いのだ。

国内外で再エネ発電事業を行なっている新電力の一つ「自然電力」では、急速に再エネの導入が進んでいるドイツと日本のコストの差を分析している。

太陽光発電の場合、パネルの価格は大きくは変わらない。しかし、機器の設置コストなど他の項目は倍以上のコストがかかっている。中でも差が大きいのが、「開発コスト」。自治体からの許可や、住民との合意を得るのに時間がかかるからだ。さらに日本独特の制度や規制が、高い価格の原因となっているという。自然電力の磯野謙社長は、こう指摘する。

「まず世界のスタンダードをきちんと把握して、日本に導入していく。例えば、発電設備から送電線につなぐための設備ですけれども、この工法や部材を世界のスタンダードに合わせることでコストを3分の1にした事例もあります」

あの手この手で再エネをかき集める

イオンはＲＥ１００に加盟している日本企業とともに、国に対してもっと再エネを増やせる仕組みを整備してほしいと声を上げ続けている。２０１８年当時、三宅さんはこう語っていた。

「できることはもう全部やる。買いますから作ってくださいっていうメッセージを言い続ける。焦りがある分、苛立ちも大きいという状態なのが今なのかなっていう感じはします」

どうやったら、再エネをかき集めることができるか。２０１８年11月には、中部電力と協力。個人の住宅で発電された電気を買い取り、電力量に応じて買い物に使えるＷＡＯＮポイントで還元する仕組みを作った。背景には、卒ＦＩＴと呼ばれる初期に太陽光パネルを設置した家庭の電力が、固定価格買取制度の期間満了に伴い売り先がなくなり、余剰電力として持て余しかねない状況があった。価格設定にメリットがあれば、お客としても普段買い物で使うポイントでの還元は望むところだ。中部電力は、膨大なイオンのネットワークを利用して新規の顧客を獲得できるし、もちろんイオンは電力会社から再エネ電力の提供を受けることでCO_2排出量の削減につながる。三方よしというアイデアだ。

さらには、関西電力と連携して、ショッピングセンターにＥＶ（電気自動車）でやってきたお客さまに、買い物の時間を利用してＥＶにためた余った電気を店舗で放電してもらい、電力量に応じてポイントを進呈する仕組みまで開発した。２０２２年度より、関西エリアから順次拡大する予定だ。イオンモールは国際イニシアティブ「ＥＶ１００」にも参加していて、２０２１年２月時点で国内外の１５３施設に２４１８基の充放電ステーションを設置しており、こうした仕組みでエネルギーの「地産地消」に貢献していきたいという。

様々な知恵と工夫を積み重ね、2021年3月には、ついにイオン初の再エネ100%達成の店舗が誕生した。大阪にあるイオンスタイル海老江とイオン藤井寺ショッピングセンターだ。2019年9月にオープンした藤井寺の店舗は、最新鋭の省エネ技術を導入した新型で、タブレット端末によって照明や空調を細かく調整できる。イオンでは他の店舗にもこのシステムを導入し、大量のデータを蓄積。AIで分析することで、照明や空調を自動で調整する「効率的な節電」をめざしている。

藤井寺の店舗で再エネ100%を達成する決め手となったのが、欧米で主流となっている「PPA」という仕組みだ。企業は、自社では発電設備を持たず、発電事業者と直接、固定価格で長期間にわたり電気を購入する契約を結ぶ。建設費やメンテナンス費用が不要となるため、比較的安く再エネを手に入れられるのだ。このやり方なら発電事業者も、あらかじめ売り先が決まっていて収入が見込め、低いリスクで発電所を建設できるというメリットがある。

イオン藤井寺では、ショッピングモールの屋上のスペースを関西電力に無償で貸し出し、太陽光パネルを設置してもらうPPA契約を結んだ。この太陽光発電は、ショッピングセンターで自己消費し、不足する電力は、関西電力の「再エネECOプラン」により再エネを調達することで、100%を実現した。イオンでは今後、このPPA方式を全国200店舗に拡大することを検討している。

PPAは、日本の再エネ導入の鍵を握ると考えられている。中でも注目されているのが、アメリカでは2019年度に締結されたPPA契約の約80%を占めている「バーチャルPPA（V－PPA／オフサイトPPA）」といわれるやり方だ。藤井寺のPPAでは、店舗の屋上に太陽光パネルを設置するが、バーチャルPPAの場合は、実際に電力をやりとりするわけではない。つまり、はるか遠方にある再エネ発電事業者と契約し、そこにある太陽光パネルや風力で発電した電気が再エネであることを示した証書を、企業側が固定価格で長期にわたって買い取る契約をする仕組みだ。長期契約のため、実際の市場価格との差額分は、企業がリスクを取ることになるが、企業としては、地球環境への貢献という価値を入手できる。

ところが、欧米では主流のこのやり方にも、日本独自の規制という分厚い壁がある。現在の日本では、需要家である企業が発電事業者から直接、非化石証書と呼ばれるグリーン電力証書を購入することができないのだ。世界各国ですでに実績があり、気候変動を食い止める再エネの普及に役立つなら、スピーディに仕組みを整えればいいだけではないかと思うのだが、このちょっとした規制改革ができないのが、日本の課題だった。

幸い、この非化石証書の企業の直接購入については、2021年3月、ようやく解禁される見通しとなった。経済産業省は、太陽光や風力などの再エネによる電気を調達しやすくするため、新たに専用の取引市場をつくり、11月にも試験運用を始める見込みだ。再エネで発電したことの「証明書」を公的機関が発行し、それをこれまでは直接買うことのできなかった一般の企業が買えるようになる。再エネの需要家たちの要望が認められた形で、一歩前進である。

複雑怪奇な電力の規制

電力の規制は専門的かつ複雑で、新たに業界に入ってくる事業者にとっては理解するのが極めて難しい。ＲＥ１００の日本事務局を務めているＪＣＬＰでは、２０２１年5月、バーチャルＰＰＡ実現策の早期導入を求める意見書を発表した。こうした提言は、一見、業界向けのように思われるかもしれないが、実は、再エネの価格を安くできるかどうかは、私たち一人一人の電力料金にも大きく関わってくる重要な問題なのだ。需要家が声を上げるだけにとどまらず、もっと再エネを普及できるアイデアがないか、不要な規制をしらみつぶしにチェックする必要がある。すでにテクノロジーやマンパワーがあるのに、規制のせいで実現できないというのは、一番残念なことだ。再エネ普及に象徴される気候変動対策のスピードとスケールが求められている現在では、なおさらである。

いいニュースもある。ソーラーシェアリングの規制緩和だ。ソーラーシェアリングとは、ソーラーパネルの下で農作物を作るやり方で、日本にも膨大にある耕作放棄地など荒廃農地の活用につながる。この土地をうまく利用できれば、太陽光発電のために無闇に貴重な自然や森林を破壊しなくて済むため、地域の活性化との一石二鳥が見込まれる。

しかし、実際には、ここにものすごい規制の壁があって、これまでなかなか導入が進んでこなかった。そこが、ほんの少しだが変わり始めたのだ。例えば、従来、荒廃農地を再生利用する場合は、概ね平年収量の8割以上を確保するという要件がついていたため、なかなか条件に合うものがなかった。今回、8割という規制が緩和され、農地が適正かつ効率的に利用されているか否かが基準になるとのこと。また、これまでは一時転用という形でソーラーシェアリングにいったん申請しても、許可期間の終了時に再許可を受けられるかどうかが懸念となって金融機関が融資に消極的になるケースが数多く見られた。このため、営農に支障が生じていない限り、原則的に再許可による期間更新がなされることとなった。

このように、ちょっとしたことなのだが、実際に再エネをビジネスにしようとしている人々にとっては、死活問題の条項が日本には山のようにあるのだ。一つ一つつぶしていくだけで〝正念場の10年〟が終わってしまいそうな雲行きでは困る。どうしたら、もっと導入をスピーディに、かつ環境負荷を増すことがないよう、最適かつ合理的に解決していけるのか、関係官庁は腕まくりをしてほしいと思う。

イオングループ 気候変動への危機感

話をイオングループの挑戦に戻そう。

イオンがそもそも「脱炭素ビジョン2050」を掲げたのは、決してCOP23での刺激があったからだけではない。

そもそも「イオン（AEON）」とは、ラテン語で「永遠」を意味し、お客さまへの貢献を永遠の使命とし、その使命を果たす中でグループ自身が永遠に発展と繁栄を続けていくとの願いが込められている。「ジャスコグループ」から「イオングループ」に変わったのは1989年。ベルリンの壁崩壊直前のことだった。1990年12月にはイオン環境財団を設立、1991年から植樹活動を続け、これまでに世界各地で植えた木の数は、1200万本以上に上る。

1992年には、イオンの社長を務めていた岡田卓也氏自ら、ブラジルのリオで開かれた地球サミットに参加。三重県四日市市で公害問題とその克服の歴史を体感していた岡田氏は、発展途上にあったリオの汚れた空と川を目の当たりにし、これからの地球にとって環境問題が重要なテーマとなって主流化していくことを強く感じたという。

とはいえ、当初は「社会貢献」として始まった環境活動が、背に腹は変えられない企業存亡の問題と直結してきたのは、ここ数年のことだ。特に異常気象の頻発によって、店舗が水に浸かり営業できないといった被害が相次ぐようになっていた。2018年度、イオングループはこうした災害で約72億円の損失を受けた。中でも福岡県の小郡店は、台風などで2年連続浸水する深刻な事態だった。今後、温暖化の進行で豪雨や強力な台風など異常気象が増加していくことには、執行役の三宅さんも強い危機感を抱いていると、当時語っている。

「正直言って、この数年の災害の多さは私たちを直撃しているので身に染みています。今年も去年も大型台風が来て、大雨が来て、浸水被害を受けています。北海道や千葉で停電がこれだけ続いて、お店がオープンできないような事態も想定外です。私たちのお店は社会のインフラの一つですから、その社会的使命を考えると、ここはきっちり考えて対応をしていかなきゃいけない。企業に求められているのは、最悪シナリオにならないように行動することです」

三宅さんは、2019年の9月にニューヨークで開かれたクライメート・ウイークにも参加。ボンでの体験からこの間に、スウェーデンの少女グレタ・トゥーンベリさんが始めた若者たちの「気候のための学校ストライキ」が世界中に広がっていた。若者たちは、科学者の声を聞いて、2度目標よりもさらに厳しい1・5度目標への変更を叫んでいた。グレタさんたちのニューヨークのデモを目の当たりにした三宅さんは、いまこの気候危機を止めるためにできることは何なのか一緒に考えていきたいと強く思うようになったという。

イオンでは、2021年4月、コロナ禍のさなかに2025年までの中期経営計画を発表した。地域全体の脱炭素化に取り組む決意が示され、サーキュラーエコノミーの構築にも力を入れている。プライベートブランドの商品に環境配慮素材を使用するとともに、店舗で廃プラスチックを集めるリサイクルステーションも強化、再生利用をめざす取り組みを進めている。繰り返し使えるリユース容器を利用する世界的なプラットフォーム「Loop」にもいち早く参画。世界資源研究所（WRI）が呼びかけた、2030年までにサプライチェーン全体で食品廃棄物を半減するイニシアティブにも加わった。世界の小売11社のうちアジア唯一の参画小売業として、約20社の取引先と連携して目標達成をめざす。

2021年7月には、脱炭素化に向けた新たなロードマップを発表。2025年までに、まず155のイオンモールをすべて100％再エネに転換、その他の国内441のショッピングセンターと総合スーパーも2030年の100%をめざす。さらに、それ以外の店舗についても2030年までに50%の再エネ率を目標に掲げた。

再エネ100%の切り札 洋上風力発電

ここからは、再エネ100%をめざすイオンも関心を持つ洋上風力発電について、多角的に見ていこう。四方を海に囲まれた日本。再エネ導入の切り札として、多くの企業がいま熱い眼差しを注いでいる。

2018年秋、イオンの三宅さんたちは、JCLPの視察で、長崎県五島列島にある洋上風力発電の現場を船で視察した。浮体式洋上風力発電と呼ばれる海に浮かべるタイプだ。五島市の崎山漁港の沖合約5キロメートル。青い海原に屹立する白い風車が勢いよく回っている。海面上に浮いて見える部分の高さは96メートル。円筒部の最大直径は7・8メートル、総重量は約3400トン。最大出力は2メガワットだ。近づくと、その巨大さに圧倒される。

五島市とともにこの洋上風力発電を行なっているのは、JCLPのメンバーでもある戸田建設の子会社だ。現在は、戸田建設の浮体式洋上風力発電事業部長を務めている佐藤郁さんが案内してくれた。実は佐藤さんは、三宅さんと一緒にJCLPの訪問団として、COP23を体験していた仲間だ。当時の状況は、2016年に日本初の商用運転を開始したものの、まだ社内では事業部にもなっていない段階で、佐藤さんは孤軍奮闘していた。

戸田建設は、将来のビジネスの柱の一つに育てようと、土木事業の技術を活かして、2007年から洋上風力発電に取り組んできた。浮体式と呼ばれる海に浮かべるタイプは、日本のような水深の深い海でも設置できるのが特徴だ。浮体式であれば、設置できるエリアが非常に広くなる。さらに、風の強い沖合にも設置できるため、大きな発電量が期待できる。エンジニアの佐藤さんはプロジェクトの立ち上げメンバーの一人として、環境省や大学と実証事業を行なってきた。五島列島を襲う台風でも倒れない高い技術力が売り物で、当時、実用化に成功したのは世界でも2社しかなかった。

しかし、稼働しているのは1基だけ。利益が出るには程遠い状況だった。佐藤さんは、こうつぶやいていた。

「もう10年たっているんですよね。開発を始めてから……。でもまだ実用化にやっとたどりついたばかりで、正直なところ一円も儲かっていない状況なわけです」

Nスペをご覧になった方の中には、この後の佐藤さんの印象深い場面を覚えている人もいるだろう。この日、JCLPのCOP23訪問団は、企業の環境対策を評価し投資家にアドバイスしているシンクタンクであるカーボン・トラッカーのアンソニー・ホブリーCEOを招いていた。ホブリー氏は、日本には生き残れるだけの高い技術力がある、ないのは変わる勇気だとして、石炭に固執する日本に対して強烈な言葉を投げかけた。

「日本はどうして19世紀のテクノジーに、時間と努力と頭脳をつぎ込むのですか？ 21世紀のテクノロジーを作り上げて世界に売り、最高のビジネスをしたらどうでしょうか。変わらなければ、取り残されます。これは新しい産業革命です。新しいテクノロジーに舵を切って先進国になるか。それとも、背を向けて途上国として取り残されてしまうのか。私たちは、いま、新しい世界への転換を目の当たりにしているのです」

一人のエンジニアとして日本の技術に誇りを持ってきた戸田建設の佐藤さん。質疑応答に入った時、会場でカメラを回していた私は、佐藤さんの表情が変化しているのに気がついた。何度も何度も天井を見上げ、涙をこらえようとしているかのようだった。大の男が、会議を聴きながら泣くなんて気のせいに違いない……。そう思っていたのだが、最後に思い切って手を挙げた佐藤さんの口からほとばしったのは、自分にはどうすることもできない国の方針によって、新しいテクノロジーに舵を切りきれずにいる日本のエンジニアたちが共通に抱えている悔しさだった。

「ちょっと、すみません。思いが強くて申し訳ないんですが、今日、お話を聞いて、まさに技術の変革点にいま来ていて、そこに日本のトップエンジニアが、再生可能エネルギーの推進に関われていないということに気づきました。先ほど言われたように、世の中を変えるだけの技術を生み出すポテンシャルは、本来日本にあるんじゃないかなと」

いつの間にか、佐藤さんの目から、涙がこぼれ落ちた。私は、カメラを回しながら手が震えていた。一緒に聴いているＪＣＬＰのメンバーには、もらい泣きしている人もいた。放送では一部しかお伝えできなかったが、あの時の佐藤さんは、技術者として抑えがたい感情に突き動かされていた。世界からは批判されている高効率の石炭火力発電の分野であっても、その1％の効率を上げるために死に物狂いでやっている技術者がいる。技術者というのは、国の方針であればなおのこと、命を削ってでも最先端技術を開発する気概を持って仕事をしている。なのに、今回、世界からバッシングされているのは、その優秀な技術が向かう先が、実は間違っているのではないか、という批判だ。

悔しい——。自分が孤軍奮闘していた洋上風力発電の分野でも、もっと早く追い風が吹いていたら、もっと仲間が増えて、スピードアップして開発が進んだのかもしれない。しかし、この10年、日本で起きたことはといえばどうだ。シャープや京セラが世界トップを走っていた太陽光パネルのシェアがあっという間に中国に抜かれ、風力発電でも三菱重工や日立が欧米や中国が打ち出す価格とデジタル化した巨大風車などの新技術に太刀打ちできず、撤退を迫られていった。様々な想いが一挙に去来しての男泣きだったのかもしれない。

そんな佐藤さんだが、COP23では、巨額のマネーが再エネに流れ込んでいる潮流を実感し、思い切ってある大物投資家に会いに行った。すると、日本の反応とは全く異なる大歓迎の反応だったとのことで、佐藤さんには満面の笑みがあった。

「浮体式の洋上風力のパンフレット見せたら、これ100％グリーンボンドで行けるから、どんどんやれ、お金が足りなかったらいつでも相談に来い、って。だから本当に会う人会う人、石炭火力の話で色々言われるわけですけど、日本に対する技術の期待ってすごくあるんですよ。なんで日本はこれだけの技術があるのに、やってくれないんだと。もっと売っていかなきゃ、いけないですよね」

帰国した佐藤さんたちは、帰国翌月の2017年12月に洋上風力事業のためのグリーンボンドを発行。事業本部に格上げとなり、現在は、新規に2メガワット級8基、5メガワット級1基を加える合計10基のウインドファーム（風力発電所）をめざして準備を進めている。風車を海に運ぶ専用の船も造り、量産体制を整えた。そして2021年6月、経済産業省と国土交通省は、洋上風力発電の整備促進区域に指定した長崎県五島市沖を対象に公募した発電事業者について、戸田建設やENEOSなど6社で構成する企業体（JV）に決めたと発表。8年以内に運転を開始することがようやく正式に決まったのだ。佐藤さんの今の夢は、2030年までに10メガワット級の風車1000基を建設することだという。

動き始めた日本の洋上風力戦略

日本もいま、洋上風力の大量導入に向けて戦略を強化し始めている。これまで海の占有に関する統一的なルールがなかったため、なかなか中長期的な事業が進まず、海運や漁業関係者との調整にも膨大な時間を要していたのだが、「海洋再生可能エネルギー発電設備の整備に係る海域の利用の促進に関する法律」（再エネ海域利用法）が2018年に定められ2019年に施行されてからは、急ピッチで動きが加速している。最新状況をまとめておこう。

日本風力発電協会の齋藤薫理事によると、日本の洋上風力発電は先進地であるヨーロッパに比べると、15年は遅れているという。イギリスではすでに2200基以上、ドイツではおよそ1500基が稼働しており、圧倒的な差がある。

実は、ヨーロッパには、洋上風力の開発で優位なポイントがたくさんあった。いまは洋上風力の一大ウインドファームになっている北海などでは、石油やガスの掘削が産業として成り立っており、そこから移行してくる技術者たちの高いエンジニアリング力がすでにあったのだ。産業として成立するには、港、船、海洋土木とそのマネジメント力、さらには保険まで総合的に整えなければならないのだが、その素地があったというわけだ。しかも、地勢的に浅い水深に加え、風況がよく、洋上風力に向いていた。何よりも、EUやイギリスは、国を挙げての官民連携体制を取っている。電力系統や送電システムも日本より整っているし、さらにスピード感を持って増強しようとしている。

この遅れを取り戻すには、洋上風力をエネルギー自給率の向上と気候変動対策の切り札として本気で導入する覚悟を決め、新たな日本の成長戦略に位置づけることが肝要だ。ついに、日本政府も動き出した。2030年には10ギガワットの洋上風力の導入をめざし、2040年には30～45ギガワット、最大では1ギガワット相当の原発45基分の洋上風力を導入したい考えだ。

では、洋上風力のポテンシャルは、実際にどれくらいあるのだろうか。日本風力発電協会の試算では、着床式の洋上風力発電が約128ギガワット。浮体式洋上風力発電が約424ギガワットあるという。現在、一定の準備段階に進んでいる11の区域を整理し、このうち四つを有望な区域としてさらなる調査を進めている。2020年に公募が行なわれた長崎県五島市沖を皮切りに、秋田県の能代市・三種町・男鹿市沖、由利本荘市沖、千葉県銚子市沖で洋上風力発電事業を行なう事業者を選定するプロセスが始まっている。これに伴い、拠点港といわれるコアになる港の整備も進められようとしている。風況のよい地域に近く陸路の便もよい秋田港や能代港、鹿島港や北九州港が候補地だ。

最大の課題は、コストだ。先日の公募で設定された洋上風力発電の買取価格はキロワットアワーあたり29円。現状では採算が取れるかどうかさえわからない数字で関係者には衝撃が走ったというが、概ね10円前後となっている他の電源に比べればかなり高額だ。一方、世界の洋上風力はキロワットアワーあたりすでに14円程度にまで下落し、2030年には5円台のものも登場、2050年には3~7円台になると予測されている。

世界に追いつくためには、どうしたらいいのか。条件は違っているが、いつまでもそれを理由にしていては、産業競争力は得られない。すべてのコストを削減していく必要がある。電力系統や送電システムの改善も課題だ。さらに、本格的な産業に育てていくためには、技術者の確保や養成もいまから始めておかなければ間に合わない。風力発電の部品は2万~3万点にも及ぶといわれ、裾野が広い。特にメンテナンスは、これから主流となる10メガワット級の風車の場合、その高さは150メートルを超え、40階建てのビルに相当するため、難度が高い。2030年頃までには、高さが250メートルを超える15メガワット超のさらに巨大な風車も開発されようとしている。海上で、しかも高い場所でメンテナンス業務を行なえる人材を訓練するのは大変なことだ。

もちろん、課題は高さだけではない。これからのメンテナンスにはデジタル技術も欠かせず、AIを駆使した保守点検も想定され、あらゆる分野の高度な技術を持つ人材の集積が求められる。日本特有の台風や地震、雷への対応も必要だ。しかし見方を変えれば、これは新たな雇用創出であり、地域の活性化につながる分野。火力発電や老朽化した原発などからのトランジション人材の受け皿としても有望だ。さらに、今後スケール感が出てくると、高電圧の送電網や浮体式洋上変電所の開発も必要になってくる。そうした未来を見据えて、いつまでに、どんな技術とどんな体制を整えるか、具体的なロードマップが求められている。

IRENA（国際再生可能エネルギー機関）の予測によれば、洋上風力は2050年までに世界全体で1000ギガワット、アジアで613ギガワットに達するという。矢野経済研究所の試算では、国内の洋上風力発電の市場規模は2025年度に3970億円、30年度には9200億円に成長。さらに拡大する可能性もあるという。今後、日本も独自技術を磨けば、アジアの海という広大なマーケットにインフラ輸出できる立場になることも夢ではないはずだ。

続々と洋上風力に参入する大手企業

将来の成長を見込んで、いま様々な企業が洋上風力への参入を表明している。東京電力や東北電力、中部電力、九州電力、北海道電力、JERAなどの大手電力会社はもとより、レノバや自然電力、日本風力開発などの再エネ専門の電力会社、丸紅や住友商事、三菱商事といった大手商社、鉄道大手のJRや先述の戸田建設、大林組などの建設会社、さらにはジャパンマリンユナイテッドのような造船会社、ENEOSやコスモエコパワーといった石油グループからの参入もある。また、秋田のウェンティ・ジャパンなど地域の会社も公募に加わっている。2021年に入って、JFEホールディングスのような製鉄会社も参戦。アメリカのGEと東芝が洋上風力発電システム分野で連携したというニュースも飛び込んできた。

ヨーロッパで経験豊富なドイツのエネルギー大手RWEや洋上風力世界最大手のオーステッドなど百戦錬磨の海外企業も、日本市場に目を向けている。風車の分野の2020年の世界シェアは、ブルームバーグの速報値によれば、新規導入量では、GEが1位に躍り出た。2位は中国のゴールドウインド、3位がデンマークのヴェスタス、4位が中国のエンビジョンエナジー、5位がドイツ・スペインのシーメンスガメサだ。中国勢も着実に食い込んでいる。残念ながら、日本メーカーの姿はない。かつては、日立製作所も風車製造分野にいたが2019年に撤退、ドイツの風力発電メーカーのエネルコンとの連携を強化する方針に転換した。三菱重工もヴェスタスに出資していたが2020年に合弁を解消、代わりにヴェスタスとの間で風力発電設備販売の新会社ＭＨＩベスタスジャパンを設立、営業を開始した。
こうした中、大手建設会社の清水建設も洋上風力発電所を造る時に使用する特殊な船、ＳＥＰ船（Self-Elevating Platform）の分野に参入した。呉のドックで建造が始まり、２０２２年秋の完成をめざしている。世界最大級のこの船は、長さ１４２メートル、幅50メートル。建設業界で培ってきた高度な技術が活かされている。12メガワット級の風車を、洋上で揺れを感じることなく組み立てることができる巨大な船は、まさにウルトラ重機だ。（口絵7ページ上）
清水建設は、「道徳と経済の両立」を唱えた渋沢栄一ゆかりの企業で、栄一の考え「論語と算盤」を社是にしている。２０２１年2月、『渋沢栄一に学ぶＳＤＧｓ』という番組で取材したのだが、井上和幸社長は、洋上風力の分野に乗り出した狙いをこう語った。
「いまは気候変動ですとか、いろんなことがおかしくなってきている転換点だと思います。もともと我々はどちらかというと陸の仕事が専門ですから、海洋の仕事は本業ではなかったのですが、船を造って洋上風力を作ろうと決断したのは、再生可能エネルギーを増やさなければという強い気持ちからです。正直、コスト面では片目をつぶったところもあります。けれども、やり切るんだという強い意志で、社内の関係者も心を一つに洋上風力事業に取り組んでいきます。これは未来への投資です」

日本製造業の苦悩 ソニーの挑戦

さて、ここからは、再エネの拡大に取り組んでいる企業の中でも、日本のものづくりを支える製造業の挑戦を見ていこう。

まずは、ソニーグループ。最初にお断りしておくと、ソニーは「テクノロジーに裏打ちされたクリエイティブエンタテインメントカンパニー」を標榜しており、いまや純粋な製造業ではない。ソニーグループの2020年の決算によれば、過去最高となった9兆円近い売り上げの3割を稼ぎ出したのは、巣ごもり需要に沸くゲーム事業だ。音楽や映画や医療、金融など多様な事業分野にも進出している。しかし、ウォークマン®からエンタテインメントロボット〝aibo（アイボ）〟、そしてオリジナルのEVの試作機まで、世界にインパクトを与えるソニーのものづくりは、いまも中核に生き続けている。売り上げの3割を占めるエレクトロニクスや半導体の事業分野では突出した技術を持ち、グローバルで闘える日本製造業の期待の星であることは間違いない。特に会社としての脱炭素対策の鍵を握るのは、大量の電力を使う製造業の現場だ。

ソニーは、2010年の段階でいち早く「Road to Zero」という2050年を達成年に置いた環境負荷ゼロ計画を打ち出し、四つのゼロを謳っている。

一つ目が気候変動の分野で、CO_2排出ゼロ。事業所での活動だけでなく、製品のライフサイクル全般での温室効果ガスの排出量削減をめざしている。製造委託先や部品サプライヤーにも温室効果ガス排出量削減を働きかける戦略だ。二つ目は、ソニーが重視する資源の新規材料の利用ゼロ。世界各地で回収した使用済み製品の再資源化をリサイクラーと協業、循環資源として製品に活かしていく。三つ目は、化学物質で、原材料からの徹底管理をめざす。サプライチェーンの製造プロセスに対してもソニー指定の物質の使用禁止を求めるという。そして四つ目が、生物多様性、自然環境との共生だ。自らの事業活動と地域貢献活動の両面から、生物多様性の保全に取り組むとしている。

私たちは、気候変動分野での対策を取材させてほしいと申込み、2018年の秋から取材を開始した。ソニーも2018年にRE100に加盟し、2040年までの再エネ100%を宣言している。だが悩みはやはり、安い再エネを大量に採用することが日本では極めて難しいことだった。実は、当時でも安い再エネが大量に手に入るヨーロッパでは、すでに100%を達成していた。アメリカでもおよそ30%まで増加、2030年には、100%を達成する予定だ。

しかし日本では、再エネ100%への道のりは、極めて険しい。中でも大きな課題は、イメージセンサーの生産だ。デジタルカメラやスマートフォンなどに欠かせないCMOSイメージセンサー。需要が爆発的に増え続けている半導体だ。皆さんも、スマホに付いているカメラが、このところ二つから三つ、さらに四つへと、搭載数が増えているのに気がついているだろう。この市場における売り上げで約50%と世界シェア1位にあるのがソニーだ。

その生産を担っている国内生産拠点は、熊本、長崎、山形、大分の4か所。2018年の秋、熊本工場の広い屋上を利用して、およそ6000枚の太陽光パネルを設置することになった。ドローンで撮影された映像は象徴的だった。屋上に描かれていたSONYの文字の上を、どんどん太陽光パネルが埋め尽くしていく（口絵6ページ上）。約1・1メガワットの太陽光発電設備が導入され、2019年に稼働。約1240メガワットアワーの電力が太陽光発電で生み出された。だが、この屋上のパネルでまかなえるのは工場で使用する電気のわずか1％ほどだという。イメージセンサーは需要が多く、生産量も大幅に増加している。クリーンルームでの24時間操業には膨大な電力が必要で、とても屋根の上のパネルからの電気だけでは足りないのだ。

生産拠点への再エネ供給量を増やすためにソニーが考え出したのが、グループ内で再エネを融通する新たな取り組みだ。撮影に訪れたのは、静岡県焼津市にある関連会社ソニー・ミュージックソリューションズJARED大井川センターだ。ここは倉庫で、休日は特に電気の使用量が少ない。

この日、この倉庫の屋上に太陽光パネル7000枚を設置するための現地調査が行なわれた。しかし、太陽光パネルを設置することは、いまや珍しいことでもなんでもない。一体どこが、画期的なのか。担当者は、大井川の向こうを指さした。

「こちら（JARED大井川センター）で発電した電気で余った分を、中部電力の電力線に乗せて、あちらの工場に送電する計画です」

川向こうには、同じ関連会社の静岡プロダクションセンターがある。ここはディスクのプレス工場で、倉庫に比べると多くの電力を使用する。ソニーでは、企業が自ら発電した再エネ電力を、既存の送電網を使って別の事業所などに送り届けることで、有効に活用したいと考えたのだ。「自己託送」と呼ばれるこの仕組み。大量の再エネを送るのは日本初の試みだ。「え、そんなこともできなかったの?」と思われた人もいるかもしれない。だが、これまで再エネを既存の送電網につなぐには、様々な制約があった。発電する量と消費する量が同じでなければ、送電網は不安定になり、最悪の場合、停電につながってしまうからだ。太陽光などの再エネは、発電量が天気に大きく左右されるため、事前に発電と需要の間における計画値同時同量を管理するシステムが不可欠となる。今回は、東京電力が開発した予測技術を利用することで、この制約を乗り越えた。東京電力エナジーパートナーの福田健司さんは、こう胸を張った。

「いまは予測技術がだんだん発達してきました。今回は気象データを使って発電量を予測し、同時にこちらの倉庫の電気の使用量も予測して電気の需要と供給のバランスを取っています」

電気の需給を30分単位で予測した計画値と実際の値を合致させていく運用の精度には、自信を持っていると語る福田さん。東京電力グループとしても、再エネのマネジメントサービスの分野には伸び代があると感じて、こうした実証の現場に積極的に参画しているという。わざわざ中部電力管内にまで出向いてくる姿に、東電の本気度が垣間見えた。

今回、中部電力の送電網を使うための使用料は払うが、工場で電力会社から再エネを購入するよりも全体として安価で済むという。2020年2月、大井川の倉庫の屋上には、約1・7

メガワット分の太陽光パネルが敷き詰められ、日本初のメガワット級の太陽光発電設備からの自己託送が始まった。発電設備は、倉庫の約6割、工場の5％程度の消費電力をまかない、年間で約1000トンのCO_2削減効果があると見られる。

ソニーでは今後、この取り組みを全国のグループ会社の拠点や事業所へと広げていく予定だ。自己託送の第2弾として2021年4月から運用を開始するのは、愛知県東海市での取り組み。しかも今度は、太陽光発電の設備を置くのは自社の敷地ではなく全く別の場所、牛舎の屋根だ。ここに約400キロワットの太陽光発電設備を設置、発電された電気は電力会社の送配電網を使い、約30キロメートル離れた愛知県幸田町にあるソニーグローバルマニュファクチャリング&オペレーションズの幸田サイトに供給（自己託送）する。

参加しているのは、牛舎を所有する株式会社FDと電気の需給管理を担当する会社デジタルグリッドだ。年間約192トンのCO_2削減を見込んでいる。

今回、ソニーは自社の敷地ではないところに設置された発電設備を活用できたことで、再エネの調達手段が広がったという。また、牛舎の屋根に設置された既存の発電設備を利用したことで、大きな投資を抑えながら再エネを調達することができた。

この他にも、ソニーでは、再エネ100％をめざす挑戦を続けている。イメージセンサーを製造する長崎テクノロジーセンターでは、クリーンルーム内の状態を一定に保つために必要なエネルギーの一部に、工場内で発生した熱を活用する「廃熱リサイクル」により、エネルギー消費量を抑えている。さらに、新しく増設した棟では、最新の省エネ技術を取り入れ、AIを活用したシステムを使って、必要な電力を最小限にしている。

こうした中、ついに2021年、東南アジアで初めて再エネ100％を達成する工場が誕生する。その工場はタイにある。

2011年にタイで起きた大洪水を覚えているだろうか。首都バンコクの北西約35キロメートルに位置する工業団地でも浸水があり、ソニーのイメージセンサーの後工程などを担う生産拠点も甚大な被害を受けた。操業再開に向けた数か月にわたる必死の復旧活動の中、社員の多くが気候変動による事業や日々の暮らしへの影響の大きさを身に染みて感じる出来事だったという。

それから10年がたった2021年、この拠点の約5万平方メートルの屋根のほぼ全面に太陽光パネルを設置。その面積は東京ドームのグラウンドの約2・5倍という広さでソニーグループでは最大規模のパネルとなる。すでに一部は発電を開始しており、年度内にこの巨大なパネル全体が電気を生み出し、工場に供給する予定だ。すべての電力をまかなうことはできないが、「再生可能エネルギー証書」を購入することで、2021年度中に再エネ100％での稼働を達成する見込みだという。

これくらいのことなら、日本でもすぐにできるのではないかと思われるかもしれないが、それがそう簡単にはいかないのが、いまの日本の実情だ。ソニーの再エネ導入率は、2019年度はグループ全体では5％にすぎなかった。2021年度から5年間の環境対策の中期計画では2025年に再エネ15％以上とし、2040年に100％をめざす。

タイの工場を再エネ100％にするように対策を急ぐのには、気候危機の進行を懸念することに加えて、グローバル企業特有の理由がある。私たちが2018年に取材していた際も、当時の環境担当の執行役員であった佐藤裕之氏は、こうインタビューに答えていた。

「CMOSイメージセンサーの納入先からは、一部、そこに納入するイメージャーは再生可能エネルギーで作ってくれといったような要求も、最近は来ています」

その後、2020年7月のアップルの発表では、ソニーセミコンダクタソリューションズも、今後アップル向けの製品・部品・原材料を再エネ100％で生産することをめざすサプライヤーとして表明されている。実は、アップルのバリューチェーン全体のCO_2排出量のうち、最大の数値を占めるのは「サプライヤーによる製品の生産工程」での発生で、76％にも上る。アップルとて、サプライヤーの協力なしに目標を達成することは難しいのである。

2020年9月、ソニーはSBT（サイエンス・ベースド・ターゲット）と呼ばれる科学的根拠に基づいてCO_2排出量の削減計画を立てるイニシアティブに対し、パリ協定の1・5度目標に整合する計画を提出、認定を受けた。ソニーは、このSBTで2015年に日本企業で初めて2度目標の認定を受けた企業だが、リーディングカンパニーとしてさらに牽引していく決意が感じられる。グローバルで闘う以上、この分野でのブランドイメージの観点からも、1・5

度を意識しない企業は淘汰されていく。たとえ険しくとも、もはや避けては通れない道なのだ。

声を上げ始めた電力の需要家たち

2020年1月末、ソニーなど、再生可能エネルギーを使っている企業20社が国に対し、政策提言を行なった。自然エネルギー財団が主催した「RE-Usersサミット2020」と名づけられたこの会合では、再エネ普及のボトルネックとなっている九つのポイントの改善を求めた。

パネルに登壇したRE100のメンバーで大和ハウス工業環境部の小山勝弘部長は、遅々として進まない日本の現状にしびれを切らし、切実な声を上げた。

「2030年、自然エネルギー44%をめざしてほしい。政府としてそういうコミットをぜひ出していただきたい。明確なビジョンがないと、できない理

めざす姿を実現するための9の施策

1	自然エネルギーの開発に関する規制緩和(環境に配慮したうえで)
2	FIT(固定価格買取制度)に依存しない自然エネルギーの導入促進
3	優先給電ルールの改定(自然エネルギーを最優先に供給)
4	日本版コネクト&マネージの早期実施
5	送電網の強化に予算を重点配分
6	配電レベルの電力融通を促進(送電事業と配電事業の分離も検討)
7	需要家と発電事業者でPPA(電力購入契約)を可能に
8	環境価値のトラッキングシステムを整備
9	FIT非化石証書の入札最低価格を引き下げ

(出典:RE-Users サミット 2020 資料)

由を探しがちです。どうしたらできるか、みんなで考えていく、そういう大きな流れをぜひつくっていただきたい」

2021年8月4日、経済産業省は、新たなエネルギー基本計画案を取りまとめた。2030年度の電源構成では、再エネの比率をいまの22〜24%から36〜38%に引き上げる。しかし、電力の需要家たちが訴えていた2030年の再エネ44%以上には、全く届かないものだった。EUの2030年の再エネ目標は65%、雲泥の差だ。この間の議論を見ていると、依然として「再エネは不安定だ」とか、「再エネを導入すると電気料金がめちゃくちゃ高くなる」といったネガティブ情報ばかりが目立ち、気候危機を食い止めるためのすでにある技術としての再エネのポテンシャルや便益についての理解が、日本では進んでいないことに驚かされる。

だが、これまで見てきた通り、世界的には再エネで作った製品しか認められない時代も迫り来るなかで、はたして、いまのままのエネルギー基本計画で本当にいいのだろうか？

もちろん再エネにも、立地のゾーニングや素材となるレアメタルの資源問題、廃棄物の処理など課題もある。だからこそ明確なビジョンを示し、適切な再エネをほしいと願う需要家たちの声に本気で向き合う必要があるのではないだろうか。

コンデンサメーカー 太陽誘電の挑戦

ここまでイオンとソニーの脱炭素社会への挑戦を中心に見てきた。だが両社は、売り上げが

8兆円を超える日本屈指の巨大企業だ。サプライチェーンの裾野も広く苦労もあるが、先行投資をしていく資金や供給側への影響力も含め、規模の経済において優位性がある。

2021年1月に放送した『グリーンリカバリーをめざせ!』で製造業の現場として紹介したのは、電子部品大手の太陽誘電。2020年度の決算発表によれば、売上高は3009億円と、中期経営計画の目標を増収増益で達成した。だが1兆円を超える売り上げを誇るライバル企業に比べれば、資金力には限界があり、どのように脱炭素革命に挑むのか、苦闘を続けている。

太陽誘電は、世界的なスマートフォンメーカーや、自動車メーカーに数多くの電子部品を納入しているサプライヤーだ。特に電気を蓄えて安定させる働きを持つセラミックコンデンサと呼ばれる部品では世界シェア3位だ。スマートフォンを開けてみると、様々な種類のコンデンサが数多く使われている。特にハイスペックなスマートフォンには1000個以上のセラミックコンデンサが入っている。いま注目されているEVもコンデンサなしには動くことができない。デジタル化が加速する中で、今後も需要の大きな伸びが期待されている。

事前取材のために、群馬県高崎市にある太陽誘電のR&Dセンターを訪ねた。1950年に創業した佐藤彦八氏の出身地が群馬県榛名町（現高崎市）で、県内にいくつも生産拠点を持っている。R&Dセンターの敷地内には佐藤彦八記念館があり、覗いてみた。佐藤彦八氏は戦前からセラミック素材の研究に取り組み、現代の言葉でいえばスタートアップとして町工場からスタート。世界有数のメーカーに育て上げた経営者だけに、なかなか独創的な人物のようだ。

ちなみに、太陽誘電は、日本女子ソフトボールリーグ1部に所属する「太陽誘電ソルフィーユ」でも知られ、金メダルに輝いた東京オリンピックの日本代表チームにも選手やコーチを送り出している。

「誘電」とはセラミックコンデンサに関わる技術用語で、電極と電極の間に挿入して制御する絶縁体が誘電体だ。電子部品のあるところ、コンデンサあり。これからデジタル化が進めば進むほど、必要になってくる部品なのだ。

R&Dセンターを案内してくれた担当者は、名刺サイズの中に、大きさごとに様々な種類のコンデンサが入っているサンプルを見せてくれた。初めて見るコンデンサは、大きいもので1×0・5ミリメートル。小さいものは0・25×0・125ミリメートル。砂粒のような小ささで、同行したカメラマン泣かせの部品だ。担当者は、コンデンサで作った「砂時計」を手にして、いたずらっぽく言った。

「細かいでしょう。これ、全部コンデンサなんです。サラサラ落ちていくけど、いいお値段になりますよ。ざっと100万円くらいですかね」

工場も見学させていただいたが、これほどまでに小さく繊細な部品を正確に作り上げていく日本の技術力に唸らされた。地道に着実に〝産業のコメ〟を作っている日本のものづくりパワーは、まさに宝物だ。この20年で半導体も含め、かつて日本がトップランナーだった多くの技術がその地位を失い、海外のほうが隆盛を極めるようになった分野も少なくない。いま世界のトップランナーであり続けるこのコンデンサ技術は、なんとしても守り育てていきたいという強い思いに駆られた。

その日本の製造業にとっての新たな課題が、これまで見てきたようなサプライヤーにも再エネ100%での事業運営を求める動きだ。梅澤一也常務（当時）は、突きつけられている状況の重さを十分わかった上で、こう語った。

「私どもは、非常に大きなクリーンルームを備えております。そのクリーンルームの維持にどうしても電力を食う。我々としても、再生可能エネルギーを採用したいのは山々なんですけれども、やはりまだまだエネルギーコストが高いというのは、やっぱり日本の弱みで、どうやって工夫していくか、そこは製造業の一番難しいところだと思うんです」

2020年11月、太陽誘電ではサステナビリティ本部と社長を交えた議論が行なわれた。気候変動や脱炭素への対応には、投資家からも厳しい目が注がれている。日本の製造業の核心を担う企業として、どうやって世界と闘っていくのか。2021年5月に発表予定の新しい中期経営計画にどういう方針で臨むのか、意見交換が続いた。

サステナビリティ推進部の廣鰭伸行部長が格付け機関のCDPの評価や、TCFDの動向について報告する。

「気候変動に関して4度に上昇してしまうのか、2度未満に抑えられるのか、1・5度のシナリオになるのか。投資家は何を見るのかというと、まずは気候変動が当社の経営マターになっているかということと、気候変動の有無にかかわらず安定的に長期的に成長していくことができるかというサステナビリティですね。そして当社の活動に与えるリスクと当社のチャンス。それを確認するということがポイントになっています」

パワーポイントに映し出されているのは、ライバル企業の脱炭素分野への取り組みだ。CDPなどの評価も含めて、冷静に分析している。

中でもハードルが高いのが、製品を納入しているグローバル企業が、サプライヤーにも再エネ100％での部品の製造を求めている点だ。

「サプライヤーに対してネットゼロ達成に向けての対応を求めてくることは確実です。彼らが求めているのは、電力の部分。じゃあ、当社はどういう状況にあるかというと、まだこれだけです。再エネ発電量としては0・11％。子会社のELNAを入れても0・35％です」

太陽誘電でも、すでに4か所で太陽光発電所を稼働させている。だが、海外とは状況が大きく異なっている。もしすべての電気を再エネに変えようとすると、身の丈に合わない出費をしないと乗り越えられない。その金額は膨大だ。

じっと聴いている太陽誘電の登坂正一社長。その表情は厳しい。データに目を通しながら、絞り出した重い言葉……。

「いままでね、我々自身というのは、どちらかというとずっと経済価値を主体的にやってきたと。これからは社会的価値もやらないと、会社が存在できないというところに我々が来たんだなという印象をやっぱり強く受ける。ただ、やる道は厳しい……」

登坂社長は、会議室に掲げられたピラミッド型の図を時折見つめていた。そこに書かれていたのは、太陽誘電のビジョン。「すべてのステークホルダーから信頼され感動を与えるエクセレントカンパニーへ」というものだ。ピラミッドの頂点にあるのは、スマート商品という文字。低消費電力で、エネルギー効率を高め、排出量を最小化しながら、高品質なものづくりを顧客に届けたい。再エネの導入に現時点では限界がある中で、いまできることは何か。

太陽誘電の予測では、主力の積層型セラミックコンデンサの需要は、2025年には2020年の1.6倍に拡大する。なりゆきのままでは、2030年には生産量の増加により温室効果ガスの排出量は3倍に増えてしまう。自らもエンジニアである登坂社長が戦略として打ち出したのは、技術力を磨くことでこの問題を解決していく道だった。

「我々の電子部品の特徴は、デジタル化社会のすべての機器に使われているということです。デジタルの性能、例えば容量を上げていくとか、スピードを速くするとかには半導体が必要です。半導体はそれだけでは動かなくて、我々の部品がそこにくっついてサポートすることで初めて機能を発揮できる。当社は、素材・材料から開発をしているのが強みです。それによって電子部品を極限まで小型化できると。我々はですね、やっぱり部品を小さくすることで、数は増えてもエネルギーの増大は抑えられると考えています。それに、いっぱいまだ無駄がありま す。その無駄を見える化することによって、我々自身は脱炭素という目標に向かっていけると私は信じています」

工場で使う電力を再エネにしてほしいというグローバル企業からの要望については、どう対処していくつもりなのか。

「我々は、それを真摯に受け止めて前向きに向かっていかないと、長期的には存在できないだろうと認識しています。基本的には、そこに向かって努力することが一番です」

２０５０年カーボンニュートラルという日本の目標の達成に太陽誘電も貢献したい。登坂社長は、２０２１年5月に発表した中期経営計画で、脱炭素思想に基づくものづくりを推進するという強い決意を示した。２０２０年を基準年にして生産・事業活動における温室効果ガスの排出量を絶対量で25％減らす。２０２０年を基準年にして生産量が1・6倍に拡大するシナリオから見れば実質75％という野心的な削減を意味している。これを、徹底した省エネ・創エネ・再エネの三本柱で実現しようというのだ。

太陽誘電では、部品を究極に小型化することによって、エネルギー使用量を減らす戦略に向けて、動き出した。

「こちらが世界最先端の透過型電子顕微鏡になりまして、原子レベルまでの観察ができます」

R&Dセンターの中にある専用の部屋。研究員たちが覗き込んでいるのは、巨大な電子顕微鏡につながっているモニターだ。太陽誘電では、２０２０年、巨額を投じて、日本に数台しかない原子まで見える顕微鏡を導入した。画面に映っているのは、コンデンサの原料となる物質の原子。一個の大きさは、なんと1ミリメートルの1000万分の1だ。今後、桁違いに小さなコンデンサや部品を開発することで、脱炭素という目標を実現したいという。

砂時計レベルのコンデンサの小ささに驚いていた私だが、もはや原子レベルとなると全く想像がつかない。これが部品となってありとあらゆるコンピュータ周りに組み込まれる世界が、そう遠くない将来にやってくるのだ。そして、この究極の小型化を実現する道は、カーボンニュートラルを実現する道につながっている。

地道な基礎研究を積み重ねて、極限的な新製品の開発に挑む現場を目の当たりにして、私はかえってある思いを強くしていた。それは、COP23の現場で、戸田建設の佐藤さんが涙した時のような不思議な感覚だった。これほどの高い技術力を持つ日本が、なぜ、すでに確立された技術である再エネの導入でこんなに苦労をしなければならないのか。一刻も早く、彼らがもっと苦しまずに安い再エネを存分に使える時代にしなければならない。その上で、日本発のスマートなテクノロジーとしてこの超小型化が実現できれば、1・5度目標達成の夢にも近づくのではないか……。

おそらく太陽誘電のような会社が、災害など何らかの事情でコンデンサを納品できないような事態になれば、世界中のデジタル分野の生産が滞り、とてつもない経済ダメージが生じることだろう。意識しなければ通り過ぎてしまうような群馬の工場から生み出される小さな小さな〝産業のコメ〟は、本当は日本の宝物なのだ。もしかしたら将来、グローバル企業からの圧力が強まり、再エネ以外で作った部品は納入できない時代が訪れるかもしれない。そんな悪夢は考えたくないが、こうした産業が、再エネが調達できないというだけの理由で海外に移転しなくてもいい体制を一刻も早く日本に作り上げる必要があると、改めて感じる現場だった。

脱炭素社会につながる新規事業

太陽誘電では、ＳＤＧｓや脱炭素社会の実現に向けて、独自技術と社外のリソースを融合した社会課題解決型のソリューションを新規事業として創出することにも力を入れている。キーパーソンになっているのが、新事業推進室の髙木亨統括室長だ。髙木さんは、ＮＡＳＡで働いた経験もあるエンジニアだが、太陽誘電に入社以来、次々と新規事業を開発している。

２０２０年12月、私は髙木さんたちが開発した防災用の電波水位計の設置工事に同行した。この日、太陽誘電のチームが向かったのは、広島県内の河川。気候変動による大型台風の発生や記録的な豪雨による水害が増えているが、この川も近年、浸水被害が起きた河川の一つだ。被害を最小限に抑えるために、注目が高まっているのが、河川の水位変化をいち早く、かつ精緻に把握する技術。危険水位までの到達時間をより正確にシミュレーションできれば、住民の避難誘導に役立てることができる。

太陽誘電では、広島県と連携して水害時に備えて河川の水位を測るセンサーと、現場の川面を撮影して画像を送るシステムの実証実験を行なっている。橋の中ほどには、太陽光パネルとバッテリーで作動しているポールがある。高木さんが水位を測る仕組みを説明してくれた。

「こちらが電波式水位計です。非常に小型で軽量になっています。下の面から電波を出して、川の水面までの距離を測っています」

今回新たに取り付けたカメラは、従来型に比べて川面が広い範囲で鮮明に映る。日が暮れて暗くなってからの画像でも、はっきりと河川の様子が映っている。

鍵を握るのは、太陽誘電の独自技術だ。おもしろい歴史がある。水位計測は、ミリ波と呼ばれる電波を水面に照射し、跳ね返ってくるまでの時間で水面の高さを測る。だが、水面の反射電波を正確に捉えて水位を計測することは、技術的なハードルが高いという。水面は風や雨の影響を受けるため、常に波が立っており、水位計から照射した電波を乱反射させてしまうからだ。この乱反射した電波はノイズとなって測定誤差の原因になりかねない。ここに活かされているのが、太陽誘電がかつて培った「CD-R」の技術だった。

実は、世界で初めてCD-Rを開発したのが太陽誘電だ。かつて「That's」というブランド名のCD-Rにお世話になった人も多いのではないだろうか。CD-Rは、記録面のわずかな歪みによって生じるレーザー光の乱反射ノイズを除去しながら情報を読み取っている。一世を風靡した技術だが、クラウドで記録する時代を迎え、会社は思い切って事業から撤退してしまった。技術そのものを、他分野に応用できないかと模索していたところ、水位の計測に有効だとわかったのだ。

しかも、会社が推進する小型化の発想も大事にした。最新の水位計は、手のひらサイズまでの小型化を実現、約400グラムの軽量化に成功した。日本で監視が必要な川は、中小河川も含めると1万9000もあるのだが、実際に監視できているのは2000河川ほどしかない。小型化すれば、狭い用水路など小さな河川にも取り付けが可能で何より安価になるため、限られた予算の中でより多くの場所に設置できるようになるという。

変わらなければ生き残れない、とはよく言うが、世界初の開発者としてのプライドもあるCD−Rから撤退し、その技術を防災に活かしているのは、とても象徴的だ。激甚化する気候変動への適応策としても注目されている新事業である。

脱炭素時代の新ビジネス〝夢の自転車〟を開発せよ！

番組ディレクター　橋本直樹

「バッテリー切れの心配のない、電動アシスト自転車を開発しています」

撮影前の打ち合わせで、そう告げられた時、これはおもしろそうだと心の中でガッツポーズした。しかし次の瞬間、疑問が次々と湧いてきた。一体、どんな技術なのか？

「外に準備してあるので、ぜひ試乗してください」

胸躍らせながら待っていると、現れたのは、ごく普通の電動アシスト自転車。ちょっと、拍子抜けだ。いわゆるママチャリよりも一回り小さく、ちょっとした移動に適したサイズだ。太陽光パネルが付いているわけでもない。サドルの下に、2リットルのペットボトルほどの大きさのバッテリーが付いていたが、取り外して充電できるという。

「なんだ、結局、充電するんじゃないか。性能のいいバッテリーってことか」

少しテンションが下がりかけたところで、開発者から、耳を疑う言葉が出た。

「最初に充電してから、一度も充電せずに1000キロ走れました」

「1000キロ!?」

1000キロといったら、東京から西に行けば九州の玄関口である門司港まで、北なら函館を越えて、札幌まではちょっと足りないが、洞爺湖まで行ける距離だ。市販の電動アシスト自転車の満充電時の走行距離は80〜100キロ程度なので、実に10倍近い性能だ。

充電せずに1000キロ走れる秘訣とは

場所は、R&Dセンターの敷地内にある坂。高低差10メートル以上、3〜4階建てのビルぐらいはあるだろうか。乗ってみると、乗り心地は上々。一度、坂を下ってから上るのだが、開発者から思わぬ指示をされた。

「坂を下る時、一度ブレーキをかけたら、あとは手を離してください」

「え？　ブレーキをかけ続けないと、危なくて、とても下りられない坂なんですが……」

「大丈夫です」

ブレーキを強く握っていた手の力を恐る恐る緩めると、あり得ないことが起こった。加速していくはずの自転車が、一定のスピードで、ゆっくりと下りていく。安全のための仕組みなのだろうか？　不思議な感覚のまま、坂の下にたどり着いた。上りは、他の電動アシスト自転車と変わらず、座ったままで楽に上ることができた。すると、開発者がハンドルに付いている箱を確認しに来た。

「回生電力３４７、駆動電力３１１」と表示されている。

「いい結果が出ました。３１１は坂を上る時に使った電力、３４７は下る時に回収した電力です。使った電力より回収した電力のほうが大きいので、バッテリー切れの心配がありません」

実は、走行中に発電してバッテリーに充電することで、充電回数を限りなく減らしていたのだ。発電の原理はこうだ。自転車のライト（ダイナモライト）を思い出してほしい。光をつけるとペダルが重くなって、少しブレーキをかけたような感じになる。車輪を回転させるエネルギーの一部が、電気エネルギーに変換されているからだ。同じように、このアシスト自転車は、ブレーキをかける時に、いままでは無駄になっていた回転エネルギーを、電気エネルギーに変えて充電する。坂を下るときにスピードが出なかったのは、発電していたから。ハイブリッドカーと同じ仕組みだ。

原理は簡単だが、高い発電・充電効率と、安全な走行を両立するのは難しいという。ベースとなっている技術は、もともと、電化製品の省エネのために開発されていた。しかしビジネス化には失敗、追い込まれていたところ、発想を大きく転換。会社としては全く専門外だったが、国内外で急速に市場が拡大していた電動アシスト自転車の開発に挑んだ。

まずは、シェアサイクル市場に狙いを定めているという。これまでは、業者が充電する回数が多く、コストが大きな課題だった。2021年7月からは、前橋市のシェアサイクル事業に約100台を提供、普及を図っていく。

「まだまだ進化の余地があると思います。地球温暖化は待ったなしですが、必ず役に立つ技術です」と力強く語る開発担当者。

欧米のグリーンリカバリー政策では、自転車専用道路を整備したり、シェア型の自転車を普及させたりすることで、温暖化対策を徹底しようと巨額を投じている。もし、この夢の自電車で実績を出せれば、きっと大きなビジネスチャンスが広がるに違いない。脱炭素の風に乗って大逆転をめざそうとする開発担当者の力強い言葉が印象的な現場だった。

修羅の世界から人間の世界へ

取材から5か月、中期経営計画の発表と同時に、太陽誘電はSBTに準じた目標の策定と、

ＴＣＦＤへの賛同を表明。気候変動への対応強化や資源の有効活用、循環型社会構築への貢献を打ち出した。「経済価値と社会価値を両輪とした企業価値向上をめざす」と書かれた真新しい計画を眺めながら、私は、あの日、登坂社長が一人の経営者として、天を仰ぎながらじっと思いをめぐらせていた表情と、静かに絞り出した言葉を思い返した。

「我々の会社は、〝修羅の世界〟で生きています。いままで当社も経済的価値に主眼が置かれていました。やっぱり、お金を儲けるということです。だけどこれからは、我々の会社も〝人間界〟に入ってきつつあるのだと私は言っています。これからは社会的価値が加わって、どんどん重くなってきたと。逆にその価値を無視すると会社そのものの存在を疑われてしまう、そんな社会になってきたんだと。

こういった社会的価値をどう皆が理解して、心からそれに向けて努力できるのか。そこに関心を持たせ行動させることが私の責任であり、一番重要なことだと思っています。

地球にやさしい、人間にやさしいものを新事業として捉えています。強いものが残るわけでもなく、結局、適応したものだけが生き残ってきた地球の歴史ですから、そういう会社になりたいと私は思っています」

この章のポイント

◉流通大手イオンはRE100を宣言。この国際イニシアティブには日本から58社が加盟(2021年7月現在)。再エネ100%の事業運営に挑むも、世界に比べ再エネが高いため格闘が続く。

◉イオンでは、脱炭素目標の達成に向け、再エネ拡大、PPA契約、省エネ（AI節電)、再資源化、食品廃棄削減などに注力。再エネ100%の店舗も誕生。

◉今後の再エネの主力と目される洋上風力発電は、イギリス2200基、ドイツ1500基、中国でも大規模な導入が進む。

◉日本でも洋上風力の大量導入に向けて戦略を強化。世界からの遅れを取り戻す計画がようやく動き出した。

◉国内外の多数の企業が洋上風力に参画。高コスト、技術面の遅れ、人材育成、港湾や送電網の未整備などの課題がある中、2040年に最大で原発45基分の導入をめざす。

◉ソニーでは、「Road to Zero」を打ち出し、多様な分野で脱炭素をめざすが、国内工場では再エネの導入が難しく、「自己託送」の仕組みで再エネ普及に取り組む。

◉再エネ導入のボトルネック解消には、規制緩和と野心的な目標が必須。グリーン電力証書、ソーラーシェアリング、V-PPAも。

◉太陽誘電など日本の製造業では、海外からのサプライヤーへの再エネ要求に苦慮。小型化など技術開発で脱炭素に挑む。

第5章

重厚長大も変化
産業界が挑むカーボンニュートラル

クライメート・アクション100＋という、世界の大手年金基金や保険会社、運用会社が総計575団体加盟するイニシアティブがある。運用資産額は、5900兆円にも上り、現在、排出量の多い世界的な企業167社に狙いを定めて脱炭素化を迫っている。この167社が排出するCO_2は実に、世界の排出量の80%を占めているという。もちろん日本企業も名を連ね、トヨタ、ホンダ、日産、スズキ、日立、パナソニック、東レ、ダイキン工業、日本製鉄、ENEOSの10社が含まれている。いずれも重厚長大、そして日本を代表する企業ばかりだ。この10社に限らず、歴史的に見て大量のCO_2を排出してきたこうした基幹産業には、より大きな責任があると言える。

産業界はいま、必死にカーボンニュートラルに挑んでいる。だが、高いハードルが待ち受けているのも事実だ。この章では、特に重厚長大産業の脱炭素への取り組みについて見ていこう。

どうやって脱炭素を実現するのか 製鉄業界の苦悩

国内のCO_2排出量の約14%、製造業の中でも約4割を占める〝排出の巨人〟鉄鋼業界。年間約1・6億トンの排出量は、産業界2位の化学業界の約5700万トンの倍以上だ。

古来、人類は、鉄の力で文明を築き上げてきた。「鉄は国家なり」という言葉は、19世紀にドイツを統一したビスマルクの演説に由来する。武力の源泉となる大砲にも鉄が使われ、文字通り輸送の要となる鉄道にも鉄は欠かせない。鉄を治める者は、国をも治めるほどのパワーを持つ。実際に、日本でも鉄鋼業界の雄が経団連のトップを度々務めてきた。

その業界に、2020年10月、激震が走った。国の2050年カーボンニュートラル宣言である。実は、鉄鋼連盟は2018年に「ゼロカーボンスチールへの挑戦」という長期ビジョンを示し、2100年に鉄鋼業からのCO_2排出量をゼロにするロードマップを発表していた。2050年ゼロという数字は、実に50年の前倒しである。はたして、可能なのだろうか。

特に、製鉄の基幹設備である高炉は石炭を原料としたコークスを使っている。天然資源である鉄鉱石はそのままでは鉄にはならない。鉄鉱石は酸素と結びついた酸化鉄として存在するため、これをコークスが持っている炭素Cと高温下で反応させることで酸素O_2を効率よく取り除く〝還元〟というプロセスがどうしても必要なのだ。その過程でCとO_2がくっつくため、CO_2を発生させてしまう宿命にある。

だが、2021年2月、鉄鋼連盟は2050年にCO_2排出量を実質ゼロとする目標を発表。3月には、業界トップの日本製鉄も2050年のカーボンニュートラルを宣言した。

日本製鉄のルーツは、明治政府がいまの北九州市に建設した官営八幡製鉄所だ。その流れを汲む八幡製鉄が富士製鉄と合併し新日本製鉄となり、住友金属工業をはじめとする企業と合併するなどして現在に至り、巨大なコンビナートを展開している。千葉県君津市の製鉄所は、端から端までの距離が6キロメートルもある。地域の雇用にも大きく関わる基幹産業だ。だが、近年、広島県の呉製鉄所の閉鎖や和歌山製鉄所の高炉休止が決まるなど、鉄鋼業界には逆風が吹いていた。そこに追い討ちをかけるのが「寝耳に水」の2050脱炭素である。

日本製鉄では、２０３０年ターゲットとしてCO_2総排出量の30％削減（２０１３年比）の実現をめざしている。既存プロセスの低CO_2化、効率生産体制の構築等も重要だが、鍵を握るのは、「水素還元鉄」の技術。２０５０年ゼロを実現するには、実装が必須だ。

水素還元とは、世界の鉄鋼業界が開発を試みている夢の技術だ。鉄鉱石から酸素を取り除くためにコークスを使う代わりに水素（H_2）を使えば、発生するのは二酸化炭素（CO_2）ではなく、水（H_2O）となる。つまり、地球温暖化を引き起こさないわけだ。日本製鉄の君津の製鉄所には水素還元鉄の試験高炉があるが、技術的にはまだ確立できていない。しかも、水素には、コストという大きなハードルも待ち構えている。これをいかに量産可能な技術にまで持っていけるかが課題なのだ。

ヨーロッパや中国でも、新技術の開発競争が始まっている。世界最大の鉄鋼メーカーであるアルセロール・ミタルは天然ガスや水素を使う技術に最大４００億ユーロ（約5・2兆円）を投じる。ドイツの製鉄大手ティッセン・クルップも水素還元方式に参入するという。さらにミタルは、天然ガスを使って鉄鉱石を還元し鉄を作る「ＤＲＩ（直接還元鉄）」のプラントにも乗り出した。ＤＲＩは製鉄工程のCO_2排出量を、現行に比べ2～4割減らせる可能性がある。

中国勢も国の絶大な支援を得て、こうした新技術の開発に挑んでいる。現在、中国は世界の粗鋼の6割を作り出す鉄鋼大国。かつてＮＨＫドラマ『大地の子』で描かれた、日本の製鉄技術をお手本に必死に追いつこうとしていた時代の面影はどこにもない。もちろん、高級材の分野では日本の技術が上回っているのだが、もし環境技術で先を越されれば中国の優位は確定的になってしまうだろう。

もう一つ大切なのが、電炉への転換だ。電炉での製鉄は、ビルなどで使われた後に不要になった鉄スクラップを原料とする。これを電気炉で溶解し、不純物を取り除いて精錬し、新しい鉄鋼にしていくやり方だ。資源を循環させるサーキュラーエコノミーの観点から大きく注目されているが、この時使う電気が化石燃料による火力発電では、電炉の環境効果は得られない。つまり、再エネの利用が肝要なのだ。このこともあり、日本では、東京製鐵など電炉メーカーはまだ限られ、コークスを使う高炉が76％と主流となっている。だが、海外では事情が異なる。アメリカでは逆に電炉が70％、ＥＵでも41％がすでに電炉である。今後もさらに安い再エネが普及していくため、電炉転換はますます進むと見込まれている。

日本でも新技術だけでは、カーボンニュートラルを達成できず、この電炉転換は鉄鋼業界の命運を左右する重大な案件だ。そもそも高炉は約20年ごとに1基あたり数百億円を投じて改修を行なわなければならない。そのため、高炉を存続させるか否かは、20年先まで見据えて決定していく必要があるのだ。これまでは、高炉で作る自動車向けなど高級鋼のクオリティを担保したいという思いや、再エネの未普及、鉄スクラップの調達コストがかかることなどから、電炉への転換は本気で進められてはこなかった。だが今後、ＥＵの国境炭素税など、CO_2を排出して作った鉄に高額の関税がかけられるような事態となれば、背に腹は変えられない。

実際に、鉄の需要家たちは、2020年12月、CO_2排出がゼロの鋼材の利用を促進する団体「スチールゼロ」を立ち上げた。これは、英国のNGOでRE100などを展開するThe Climate Groupなどによるイニシアティブで、洋上風力発電世界最大手のオーステッドなどが参加し、2050年までにCO_2ゼロの鋼材を100%使うことをめざしている。

こうなってくると、高炉を使う場合は、火力発電所と同じでCO_2の回収・貯留装置付きのものでなければならなくなる。だが、こちらも技術はあるものの、コストや安全性の観点から課題が多く、すぐに普及できる技術では決してない。

はたして、今後、日本で鉄鋼生産を続けていけるのかどうか。日本製鉄だけでなく、第2位のJFEスチールはじめ、続々と2050年カーボンニュートラルを宣言し始めた鉄鋼業界だが、進む道は茨の道、まさに前門の虎、後門の狼といった状況だ。だが、日本最大級のCO_2排出源だけに、その責任は極めて重く、スピード感を持って前進していくしかない。製鉄の過程で出る鉄鋼スラグを土台に使った魚礁や藻場づくりや、CO_2を吸収する森を増やし、生物多様性を守る取り組みなど、環境活動に取り組んでいる姿も知っているだけに、なんとかしてこの難局を打開し、真に持続可能な産業として生まれ変わってほしいと強く願っている。

脱プラスチックへの道 化学産業の挑戦

産業界2位のCO_2を排出している化学業界にも変革が迫られている。プラスチック問題については、前著『脱プラスチックへの挑戦　持続可能な地球と世界ビジネスの潮流』で、なぜいま、サーキュラーエコノミーへの転換が求められているのか詳細に記した。本質は変わっていないので、関心のある方は、ぜひお読みいただきたい。だが、この本を執筆してからわずか1年半あまりの間にも、化学業界には大きな変化があった。ここでは、最前線で何が起きているのか、簡単にまとめておこう。

そもそも、温暖化とプラスチックの関係について、ピンと来ていない人もいるだろう。通常のプラスチックは化石燃料である石油から作られ、生産する際も、輸送する際も、廃棄する際にもCO_2を排出している。このため、EUでは、プラスチック循環戦略などを取ることで、CO_2の排出量を2～4％削減できるとして、脱炭素化の大きな柱の一つと捉えているのだ。

特に海洋に流れ出したプラスチックが、海の生態系に大きな影響を与え、このままでは2050年に海洋プラスチックごみの量が魚の量を超えると予測されている。トロント大学の最新の研究では、これまで年間900万トンレベルと見られていた海へのプラごみ流出量が、実はプラスチック年間消費量の1割に達していて、年間推定3000万トンと見られることがわかった。このままでは、10年後、海のプラごみは急速に増え、いまの3倍の9000万トンに達すると予測されている。

しかもハワイ大学の2018年の研究では、海や陸の廃棄プラスチックからは、強い温室効果を持つメタンガスやエチレンガスが自然に発生していることも判明した。量的にどれくらい発生しているのかは、まだ科学的に明らかになっておらず、気候変動への悪影響も精密には計算されていないが、戦々恐々とする情報である。

また、5ミリメートル以下に砕けたマイクロプラスチックや、1ミリメートルりもはるかに小さいナノプラスチックが、海中の有害物質を吸着する〝運び屋〟となっていることも懸念されている。有害物質は食物連鎖によって魚や海鳥などに生物濃縮し、最終的には人間に悪影響を及ぼすリスクがある。恐ろしいことに日本近海などでは、魚介類に悪影響が出ると見られる濃度に達している可能性のあるエリアがいくつも浮かび上がっている。もし、いまのペースでプラスチックを使い続けると、魚介類に影響が出るとされる濃度のエリアの面積が、2050年には、3・2倍に拡大するという。

マイクロプラスチックは、すでに大気や水を通して人体にも取り込まれているが、これまでは排泄されていると考えられてきた。だが2020年12月、イタリアの病院の産婦人科チームの研究で、ヒトの胎盤からマイクロプラスチックが検出され、衝撃が走った。ヒトの体内、特に胎児に近い部分までプラスチック汚染が忍び寄っていることが明らかになったのだ。今回はあくまで胎盤からの検出で、胎児への影響はわかっていない。だが、マイクロプラスチック粒子は、胎盤によるフィルター効果でブロックされるのかもしれない。だが、一緒に運ばれてきた添加剤などの有害物質が胎盤を通過して、胎児に影響を与える可能性も否定できないという。

さらに小さなナノプラスチックでは、どんなリスクがあるのだろうか。実は、80ナノメートルという細菌並みの小ささになると体内から排泄されず、小腸などを通じて血液の中へ入ると考えられている。スイス連邦材料試験研究所では、50ナノメートルという極めて小さいプラスチックを用いて、人体への影響を調べる実験を行なった。出産後、取り出されたばかりの胎盤に、母親の同意を得て、ナノプラスチックを流し込む。すると、胎盤組織の外側の細胞に取り込まれていることが新たにわかり、こちらも胎児への影響が懸念されている。

このように温暖化促進と生態系への影響の観点から、いまプラスチック産業は、大きな転換を求められている。ＥＵやアメリカ、中国やインドでも続々と、使い捨てプラスチックを禁止する規制が強化され、プラスチック包囲網は狭まってきている。日本でも「プラスチックに係る資源循環の促進等に関する法律案」通称プラスチック新法が２０２１年6月に成立した。レジ袋に続く、使い捨てストローやスプーンなどへの規制に注目が高まっているが、この法律は製品の設計からプラスチック廃棄物の処理までに関わるあらゆる分野に及ぶもので、２０２２年春に施行される見通しだ。中でも、環境配慮設計に関する指針を策定し、適合した製品であることを認定する制度を新設。また、家庭から排出されるペットボトル以外のプラスチック製品を市町村が分別収集・再商品化する仕組みなども設ける。

こうした動きを受け、化学業界もカーボンニュートラルに本気で取り組まざるを得なくなっている。特に原油由来のナフサを水蒸気とともに高温で分解する工程で大量のCO_2を出す石油化学コンビナートでは、課題が山積だ。日本の石油化学産業は設備の老朽化や低収益性が課題になっていた。そこに脱炭素が重くのしかかっている状況だ。

日本の化学大手で最初にカーボンニュートラルへの道筋を語ったのは、業界4位の三井化学。2020年11月、燃料や原料の転換や再エネの活用、環境配慮製品へのシフト、CO_2そのものを利用する技術の開発などで達成をめざすとした。もともと「廃棄プラスチックを無くす国際アライアンス」の創設メンバーにも入るなど、グローバル動向への関心が高く、条件が厳しい化学業界にあって、いち早く打ち出した。

業界最大手で先述のアライアンスのエグゼクティブコミッティメンバーでもある三菱ケミカルも、2021年2月の中期経営計画で、前年に発表した「KAITEKI Vision 30」に基づき、2050年のカーボンニュートラル達成をめざすと表明した。カーボンプライシングを社内に導入することや、植物由来のバイオプラスチックの開発、ケミカルリサイクル・マテリアルリサイクルをベースとしたプラスチックの循環に一層力を入れるという。

ちなみにマテリアルリサイクルといわれる通常のリサイクルでは、数回リサイクルすると劣化して廃棄せざるを得なくなる。一方、ケミカルリサイクルは、物質の原子レベルにまで分解する新技術で、劣化を防いでリサイクルができる特殊な工程の開発で世界がしのぎを削る。

脱炭素に向けた一番の改善ポイントは、自家発電・ボイラーの燃料を石炭から天然ガスへ転換することだという。化学産業では、自家発電所を所有している企業もあり、このエネルギー転換が難題となっている。しかし、化学業界もまたグローバルで闘うことが求められている産業だ。三菱ケミカルも日本での売り上げは1位だが、時価総額を比べると世界大手とは大きく差をつけられている。三菱ケミカルでは、2021年4月、新社長にベルギー出身でロケット社CEOの56歳、ジョンマーク・ギルソン氏を迎えた。社長指名委員会は、社長候補者をグローバル視点で選び、結果として日本人ではなく、もともとダウ・コーニング社（当時）出身で化学業界に明るく、サステナビリティへの造詣も深い人材を指名したのだ。

ドイツの化学最大手BASFの戦略「見える化」

実際、世界の化学業界では、2025年をターゲットイヤーとして脱プラスチックへの急速な転換をめざし、生き馬の目を抜く競争が繰り広げられている。

ドイツに本拠を置く世界最大の総合化学メーカーBASF。2018年にChem Cyclingプロジェクトを立ち上げるなど、サステナビリティ分野で世界をリードする存在だ。その巨人は、同じくドイツで化学業界で時価総額トップのリンデやサウジアラビアのサウジ基礎産業公社と組んで、2021年3月、世界で初めて再エネの電気で加熱して原料のナフサを分解する実証実験をスタートすると発表。早ければ23年にも実証設備を立ち上げる予定だ。大規模プラントに適用できればCO_2排出量を最大90％削減できる可能性がある。

さらにBASFは、ノルウェーの廃棄プラスチックの熱分解を行なう企業やドイツのリサイクル世界大手と、ケミカルリサイクル技術で提携。こうした新技術も活かして、電気や蒸気の使用によるスコープ2（企業が外部から購入する電力・蒸気・熱に関する温室効果ガス排出量）での間接排出も含む2050年カーボンニュートラルを宣言した。生産量を増加させながら、CO_2排出量を削減するデカップリングをめざす。この他にも、シーメンスと組んでグリーン水素生産に乗り出し、ベルギー北海周辺での最大規模のCCS（炭素回収・貯留）プロジェクトも計画中だ。

サーキュラーエコノミーの分野でも、バッテリーとプラスチックのリサイクルに力を入れている。廃タイヤをケミカルリサイクルして繊維を生産したり、ケミカルリサイクル素材で生産した発泡スチロールで梱包用素材を作る他、バイオ素材の分野でも、植物由来の素材から幅広い用途の高性能素材を開発する。BASFの「サーキュラー・エコノミー・プログラム」によれば、この分野の売上を2030年までに現在の2倍の170億ユーロ（約2・2兆円）にまで伸ばす計画だという。

中でも、脱炭素への本気度を強く感じたのは、2020年7月に世界で初めて自社製品約4万5000品目すべてについて製品のカーボンフットプリント（CO_2排出量）を算出し、顧客への開示を開始したことだ。サプライチェーンの全体をカバーし、独自にシステム管理するためのデジタルツールを開発、2021年末までには全製品での提供を可能にする計画だ。

2021年3月、BASFなどのリーダーシップもあって、WBCSD（持続可能な開発のための世界経済人会議）は、製品単位のカーボンフットプリントを算出するためのフレームワークを策定するプロジェクト「Value Chain Carbon Transparency Pathfinder」を発足したと発表。ネスレやＩＢＭ、ユニリーバなども加わっているという。

「透明化」と「アライアンス」が鍵を握る

このように、企業の情報公開と透明性確保の流れも止まらない。サーキュラーエコノミーを推進しているイギリスのエレン・マッカーサー財団もサーキュラーエコノミーのパフォーマンス測定ツールをリリース、ＬＣＡ（ライフサイクルアセスメント）と呼ばれる、サプライチェーン全体での環境負荷を踏まえた共通のものさし作りに取り組んでいる。こうしたものがなければ、見かけ上の脱炭素化と本物の脱炭素化の区別がつきにくく、「グリーンウォッシュ」の温床になりかねない。企業は、グローバルスタンダードでの透明性が求められる時代に突入しているのだ。

CO_2排出量が多い重工業全体の脱炭素化を加速させようという動きは、新たなイニシアティブも誕生させている。２０２１年１月、世界経済フォーラムとサステナビリティ企業の国際イニシアティブWe Mean Business、アメリカのロッキーマウンテン研究所、イギリスのＮＧＯのEnergy Transitions Commissionは「ミッション・ポッシブル・パートナーシップ（ＭＰＰ）」を発足した。ＢＡＳＦ、ボーイング、エアバス、ロイヤル・ダッチ・シェル、シティグループなどが参加し、鉄鋼、アルミニウム、セメント・コンクリート、化学、航空機製造、造船、トラック製造の七つに、金融を含めた八つの分野がターゲットだ。

日本企業がこうした世界の動きに乗り遅れることなく、カーボンニュートラルを達成していくには、1社だけのパワーではなく、企業同士の連携「アライアンス」が欠かせない。経団連の新たな会長となった十倉雅和会長のお膝元である住友化学でも、先述のプラスチック関連の国際アライアンスに最初から参画しているが、いまや、世界のトレンドをいち早くつかみ、国内外に仲間を増やしていく戦略こそが求められている。

住友化学は2021年2月、「カーボンニュートラル戦略審議会」と「カーボンニュートラル戦略クロスファンクショナルチーム」を設置した。脱炭素の実現には、様々な技術開発が不可欠であり、化学産業にはイノベーションを生み出し、事業を通じた社会全体のカーボンニュートラル達成への貢献が強く求められているとの認識からだという。

ライバル企業同士の花王とライオンが、共同でプラスチック容器の開発に取り組むニュースも象徴的だ。他にも、サントリーや東洋紡が中心となって設立した使用済みプラスチックの再資源化事業を行なう新会社「アールプラスジャパン」は、アメリカのバイオ化学ベンチャー企業アネロテック社と組んで、新素材の実用化に挑戦。12社でスタートしたアライアンスは、29社に拡大した。川上から川下まで異業種約30社が集まる「アライアンス・フォー・ザ・ブルー」でも、廃棄魚網からリサイクルした生地で製品開発に取り組んでいる。

ペットボトル業界では、キリンも三菱ケミカルと組んで、新たなケミカルリサイクルの研究に着手している。また、アサヒグループは、前著で紹介したケミカルリサイクルの特許を持つ日本環境設計と連携。日本環境設計は、川崎にある世界最大の再生樹脂製造工場を2021年

5月に再稼働、年間222万2000トンのリサイクルPET樹脂の商用生産を開始した。

また、バイオベンチャー企業ちとせグループは、ENEOSや花王、三菱ケミカルなどと組んで、藻類の光合成を活用した代替燃料の生産プロジェクト「MATSURI」を始動した。20社以上が参加し、今後、カーボンニュートラル実現を推進すると同時に、パートナー企業間で連携して事業開発を行ない、燃料をはじめプラスチックや食品、化粧品など人々の生活を支える藻類製品を社会に普及させていきたいという。ここでも注目されているのは、透明性だ。真の産業創出をめざすには、情報公開が欠かせないとして〝正直祭〟を掲げ、燃料における藻類混合の割合や、LCAの数値も包み隠さず公開していくという。

BASFの全製品のカーボンフットプリント公開でも感じたことだが、これからの時代、ますます環境負荷の「見える化」が大事になってくる。各企業も、いきなり百点を取れないのはわかっている。それぞれの産業に、コストや雇用の維持も含め、厳しい現実もある。だが、カーボンニュートラルという志を同じくする仲間として、むしろ「ここが課題なんだ、ここまではできているけど、ここからはまだできていない。一緒に解決しよう！」という姿勢を明らかにすることこそ、変革を加速することにつながるのではないだろうか。

変革に挑む運輸業界　国際海運の脱炭素戦略

さて、CO_2排出源としてもう一つ大きな分野が、運輸だ。グローバル化が進むいま、国際海運や航空産業などは世界の貿易を支える欠かせない存在になっているが、そこから排出されるCO$_2$も膨大だ。2020年11月に公表された国連IMO（国際海事機関）の調査によれば、貨物船やタンカーなど国際的な物流を担う船を中心とした2018年の国際海運からのCO$_2$排出量は約9・19億トン。ドイツ1国分のCO$_2$排出量にほぼ相当し、2012年の8・48億トンから8・4％増加している。

今後、海上輸送量の増加も見込まれる中で、どうやってCO$_2$を減らしていけばいいのか。燃費を改善するだけでは到底カーボンニュートラルは達成できない。これまでIMOは、温室効果ガスの排出量を2050年までに半分に減らし、今世紀中のできるだけ早い時期に排出ゼロにすることを盛り込んだ戦略を採択している。2019年9月には、「Getting to Zero Coalition」という企業連合が発足。ゼロエミッション燃料で運航する船舶を2030年までに商業ベースで導入することを目標とし、160を超える企業・機関・港湾が参画している。

ポイントとなるのは、燃料転換だ。海運大手の川崎汽船は、従来の重油に比べ温室効果ガスの排出が少ないLNG（液化天然ガス）で航行する大型貨物船を2021年3月に就航させた。日本郵船は、温室効果ガスの排出をゼロとする大型貨物船のコンセプトを発表。水素エネルギーを使い、太陽光も併用する。船の底に空気を送り込んで、船底と海水の摩擦による抵抗を低減させる「空気循環システム」なども搭載するという。

海運業界における実質ゼロの達成は、極めてハードルが高い。陸上輸送は鉄道の活用やEV

への転換で急速な脱炭素化が可能だ。一方、長距離の海上輸送を担う大型船ではCO_2を排出しない水素や太陽光や風力などのエネルギーだけで運航するのは、技術的にもコストの面でも難題なのだ。こうした中、デンマークに本社を置く世界海運大手のAPモラー・マースクは2018年、2050年までにCO_2の排出を実質ゼロとする目標をいち早く掲げた。

日本の商船三井も、2021年6月、世界で2番目となる実質ゼロ目標を掲げた。2022年には、LNGで航行する大型フェリーを導入する予定に加え、新燃料の開発にも力を注ぐ。鍵を握るのは、CO_2と水素からメタンを生成する「メタネーション」という技術だ。メタネーションは、1911年にフランスの化学者でノーベル化学賞受賞者のポール・サバティエが発見した古い技術だが、これを現代に応用する。風力や太陽光など再エネを利用し、水を分解して水素を得る。次に水素と回収したCO_2を反応させ、メタンを生成する。作り出されたメタンは、天然ガスの主成分で化学的にも安定しているため、船舶燃料だけでなく、都市ガスの原料にも使える。都市ガスのパイプラインなどの設備をそのまま利用できるため、巨額のインフラ投資をしなくても導入できる。また、CO_2が原料のため、燃焼による排出分を相殺し実質ゼロに近づけることができる。大阪ガスなども実用化をめざしている注目の技術だ。

商船三井が主幹事を務める「船舶カーボンリサイクル ワーキング・グループ」には、日本製鉄やJFEスチールなど計9社が参加。メタネーションを船舶燃料に使えないか検討を開始した。課題はコストだ。産官学の連携で、より効率的にメタネーションが行なえるようにならなければ、LNGなどの化石燃料には対抗できない。

日立造船も大手石油開発企業のINPEX(国際石油開発帝石)とNEDO(新エネルギー・産業技術総合開発機構)とともに、メタネーションの試験設備を新潟に完成、さらに2021年4月には、研究開発拠点を大阪に新設すると発表した。いまや、この分野のイノベーションには、化石燃料の主流派も熱い眼差しを注いでいるのだ。

留意する必要があるのは、代替燃料にも課題があることだ。ヨーロッパのNGOなどは、天然ガスでは代替効果に限界があると指摘、メタネーションも再エネからのグリーン水素から作る必要があるという。バイオ燃料の場合は、食料や森林などへの環境負荷も懸念されるため、慎重な検討が必要になる。

そういう点では、今後のイノベーションの主流となるべきなのは、やはり太陽光などのエネルギーで走るグリーンな船だ。ZERI(ゼロエミッション研究イニシアティブ)ジャパン財団では、ブルー・エコノミーの提唱者として知られるグンター・パウリ氏とともに、かつてレース・フォー・ウォーター号として世界を航行した実績のある世界最大のソーラー船を改装し、新たにポリマ号と名づけ、ブルー・オデッセイというプロジェクトを開始した。ポリマとは古代ローマの「未来を司る女神」だ。ポリマ号は、2025年の大阪万博の会期中に戻ってくることをめざして大阪を出港する予定で、世界を一周しながら、海の豊かさやプラスチック汚染など海が抱える課題について発信を続ける。実は、このポリマ号そのものが未来型の船のモデルになっている。船上に張り巡らせた太陽光パネルとカイト（凧）による風力、そして水素だけで航行できるのだ。航海をしながら、さらなるイノベーションにも挑戦する。

大型船でも再エネの利用が始まっている。２０２１年５月、福岡のエコマリンパワー社は、タンカーにも設置できる硬帆アレイと呼ばれるコンピュータ制御の帆を使って、太陽光や風力を最大限活かして走行する「Aquarius Marine Renewable Energy with Energy Sail」が、日本海事協会の基本承認を取得したと発表。この新しい船舶用再エネシステムは、タンカーから太陽光パネル付きの帆がニョキニョキ出ている未来を感じさせるスタイルだが、貨物の積み降ろしや暴風雨の際にはこの帆を下ろして収納できるという。

将来、多くの船がこのようなモデルに生まれ変われば、モーリシャスなどで起きた重油流出事故のような悲劇も防ぐことができるし、脱炭素に大いに貢献する。

太陽光パネルと風力、水素エネルギーだけで走る船ポリマ号は「ブルー・オデッセイ」プロジェクトとして世界一周を予定　© Race for Water Foundation/ Images Peter Charaf

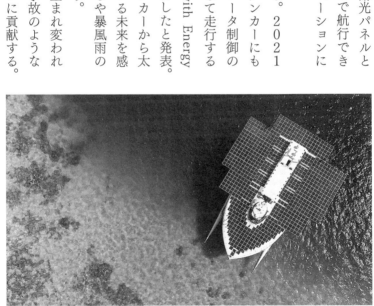

四方を海に囲まれた日本、ぜひ海運の分野でもリーダーシップを発揮してほしいと思う。

航空業界の苦闘 ゼロエミッションは可能なのか

海運とほぼ同じく世界の排出量の2〜3％を占めている航空業界。鉄道などと比べCO_2の排出量が多く、厳しい目が向けられている。グレタ・トゥーンベリさんのように飛行機での移動を拒否する動きも若者たちの間で加速。〝飛び恥〟という言葉まで生まれたほどだ。民間航空機の運航ルールを定めるＩＣＡＯ（国際民間航空機関）は、国際線を対象に排出量を規制する取り組みを始めた。２０２１年から２０２６年は、19年比でCO_2の排出量を増加させない制度を導入、２０２７年からは大半の国で航空各社にCO_2排出の削減が義務化される予定だ。

こうした中、世界の航空会社や航空機メーカーは、新しい燃料の開発にしのぎを削る。エアバスは、液体水素燃料エンジンを搭載する次世代型の旅客機の構想をまとめ、２０２０年9月に3機種の案を公表、２０３５年の就航をめざしている。エアバスのギョーム・フォーリーＣＥＯは「水素は燃料として最も優れたものの一つで、多くの可能性を秘めている」と語っているが、実用化には時間がかかるのも事実だ。

ブランドイメージ向上の観点もあり、足りない分をCO_2排出枠の購入などのカーボンオフセットと組み合わせる方法も含め、多少割高でも代替燃料を確保したいという動きも進んでいる。ユナイテッド航空やブリティッシュ・エアウェイズも２０５０年カーボンニュートラルを宣言。アジアのキャセイ・パシフィックグループやシンガポール航空、そして日本航空（ＪＡＬ）や全日空（ＡＮＡ）も２０５０脱炭素に向けて動き出した。

その際、生命線となるのが温室効果ガスの排出量を大幅に削減できる再生燃料ＳＡＦ（Sustainable Aviation Fuel：持続可能な航空燃料）だ。主に植物や有機廃棄物など生物素材に由来するジェット燃料で、食料との競合を避けるために、藻類や廃食用油、生ごみなどからエネルギーを作り出す点に期待が高まっている。ＳＡＦは、持続可能なバイオマテリアル円卓会議などの信頼できる独立した第三者認証を受けることでクオリティが担保される。現状では、まだすべての燃料を置き換えるだけのボリュームには全く届かないが、ＳＡＦの一種であるバイオ燃料を一部混ぜた飛行機はすでに世界の空を飛んでいる。ユナイテッド航空は２０１６年にバイオ燃料を定期便に使用、ボーイングは２０３０年までに自社製の航空機をバイオ燃料１００％で飛行可能にするとの目標を掲げている。コスト高が課題だが、炭素税などのカーボンプライシングが強化されれば、顧客のニーズと合わせてメリットのほうが上回る可能性がある。

ＡＮＡは２０２０年11月に、商業規模のＳＡＦを用いた初のフライトを実施した。羽田からヒューストンに向かう便である。今回ＡＮＡは、フィンランドのエネルギー企業ネステから食品廃棄物などを原料とする燃料のＳＡＦを調達。食肉加工の過程で捨てられる脂身などの廃棄物が原料で、従来の燃料と比べて排出されるCO_2の量は、製造過程も含めると約９割削減できるという。ネステは、世界初の貨物定期便でのＳＡＦ運航を始めたルフトハンザにも燃料を供給している成長著しい企業だ。ANAは、ネステとの中長期的な提携に踏み切り、2023年以降はネステがシンガポールで生産するSAFを調達する。だが、将来的には国産でのSAFの入手が大事になってくる。SAFは通常のジェット燃料に比べて価格は2〜4倍とコストがかかり、大量に生産して調達するインフラ整備が欠かせない。ANAは、提携しているアメリカのランザテックなどにも働きかけ、日本で製造できる道を探っている。さらに東芝が開発した新技術を使って、カーボンリサイクルといわれるCO_2の再利用を行ない、この原料から作られるSAFの開発にも乗り出した。ANAでは東芝、東洋エンジニアリング、出光興産などと提携、工場などから排出されたCO_2を原料として、これを再エネを用いてCO（一酸化炭素）に電気分解し、さらにCO_2フリー水素を用いてSAFに変換する。2020年代後半の実用化をめざしている。

JALもこれまでヨーロッパ航路などで実験的にバイオ燃料での飛行を実施してきたが、2021年2月には、古着25万着の綿から製造した国産バイオジェット燃料を羽田発福岡行きの便で初めて使用した。こちらは、採算度外視の記念イベント的な意味合いが強いが、JALも中長期的な脱炭素戦略を進めている。2018年には丸紅などと共同で、通常は埋め立てて廃棄されるプラスチックなどの一般廃棄物を原料としてバイオジェット燃料を製造するカリフォルニア州のフルクラム・バイオエナジー社に出資。同社のネバダ州の年産3万3000トンのSAFプラントの稼働により、早ければ2023年度から北米定期便に導入する計画だ。

まずは2030年までにSAFの使用比率を10％まで引き上げ、2040年以降には、国内線全路線の使用量に相当するジェット燃料をSAFに切り替える考えだ。

注目される藻類由来のバイオジェット燃料

世界のSAFの生産量は全世界の燃料使用量のまだ1％以下だ。このうち、研究面で日本が世界をリードできる可能性のある分野が、藻類から作るバイオジェット燃料だ。政府が2020年12月に発表したグリーン成長戦略にも含まれている。経済産業省によると、同燃料の2030年の市場規模は、国内航空会社の国際線だけで1900億円程度。大量生産に成功した企業は世界的にもまだなく、日本勢にもチャンスがある。このため、多くの日本企業が参入を開始した。先述のバイオベンチャーちとせグループは、マレーシアで2025年に世界最大となる2000ヘクタールの藻類培養設備を建設。キログラムあたり300円以下の生産コストで年間14万トン（乾燥重量）をめざす。

ちとせグループによると、藻類が有益なのは、光合成による物質生産効率が最も高いからだ。陸上植物で最もオイル生産効率が高いパーム油と比べても2倍以上で、農業や畜産よりずっと少ない水の使用量で培養できる。しかも砂漠や荒地、耕作放棄地など生産に必要な土地を選ばないという。総合重工業メーカーのIHIは、こうした藻類パワーに着目して、タイで藻類の培養を開始。電源開発も独自の施設で藻類の大量培養を確立させてコストの低減をめざし、発電用の燃料など幅広い分野で活用していく予定だ。

ＳＡＦ導入の課題もやはりコストだ。既存の燃料が1リットル１００円程度なのに対し、現在バイオジェット燃料は１６００円程度と差が著しい。このため普及には、官民の連携による支援も欠かせない。先行しているＫＬＭオランダ航空やルフトハンザなどでは、乗客の側や公的機関などがＳＡＦと通常燃料の価格差額分を追加料金として支払い、持続可能な航空輸送に貢献できるように工夫されたプログラムも登場している。

また、エアバスやボーイングなど海外の航空機メーカーは、水素や電動で動く次世代の航空機の開発に挑戦。国土交通省でも、国内の航空部品メーカーの技術開発を後押しする予定だ。ちなみに電動旅客機は環境面では優れているが、軽量の蓄電池の開発なくしては実用化できない。小型機を中心に短時間の飛行には成功、今後が注目される。

いずれにせよ、世界にはいま、この分野のスタートアップがひしめき、コーヒーかすや農業廃棄物を原材料にしたジェット燃料や、新しい合成燃料の開発も進んでいる。一攫千金を夢見る若手起業家のアイデアに、投資家や巨大航空産業が飛びつくチャンスにも満ちあふれている。島国日本の住民としては、飛行機に乗ることが永遠に〝飛び恥〟のままでは、海外の人々とのリアルな交流や旅行を楽しむことがはばかられるようになってしまう。必要な移動が堂々とできるような世の中にするためにも、航空業界の脱炭素化は必須となっている。

脱炭素の本丸 変貌する自動車業界

さて、日本の産業の屋台骨を支えているのは、やはり自動車産業だ。運輸関連の雇用を入れれば、550万人がこの分野に関わっているという。もともと自動車は、ガソリンやディーゼルなどの化石燃料を燃やす内燃機関であるエンジンの力で走る装置だった。最近になって水素エンジンなども登場しているが、いま世界の流れを俯瞰すれば、そのキーワードはやはり〝電動化〟、つまりEV（電気自動車）や、PHV（プラグインハイブリッド車）、HV（ハイブリッド車）、FCV（燃料電池車）に転換していく動きである。

中でも世界中がしのぎを削るのがEVだ。欧米をはじめとする世界の主要な国々が、グリーンリカバリー政策の中心にEV転換を据え、充電ステーションなどの整備と合わせて巨額を投じようとしていることについては、第1章で紹介した。国際エネルギー機関（IEA）は2021年5月に、2050年までにエネルギー関連のCO_2排出をネットゼロにするためのロードマップを発表。この中では、2030年に新車販売の6割をEVやPHVにするとした。現状は5％程度であり、野心的な目標だ。そして、2035年に内燃機関車の新車販売の禁止という道筋を提示した。禁止の中にはHVも含まれているため、日本では衝撃が走った。

EV競争の詳細については、経済専門誌などでも度々紹介されているので、ここでは、世界的な自動車メーカーの脱炭素のトレンドと、独特のポジションを取り続ける日本の戦略やその背景について概観しよう。

加速するEV化 ヨーロッパメーカーの挑戦

まずは世界の潮流から。トヨタと新車販売世界一の座を争っているドイツのフォルクスワーゲンも2050年のカーボンニュートラルを宣言している。2021年4月「Way to Zero」（ゼロへの道）というデジタルイベントを開催、2030年までにヨーロッパにおける自動車1台あたりのCO_2排出量を平均17トン削減し、2018年比で40％削減するという目標を掲げた。実現のため2025年までに140億ユーロ（約1・8兆円）を投資、風力発電と太陽光発電の発電施設の広範な拡張を行なう他、2030年までにヨーロッパ、北米、南米にある自社工場に再エネ発電所を設置する。使用済みのEVから高電圧バッテリーを回収し、リサイクルを徹底するなど、循環経済への転換も強調した。気になる電動化の目標については、2030年までにヨーロッパでの販売台数の少なくとも70％（約100万台）をEVにするとして、北米や中国でも50％をめざす。また傘下のアウディは2026年から原則、EV専業にするという。

実は、フォルクスワーゲンに代表されるドイツのメーカーは、EVの分野で先行してきたわけでは決してない。ドイツのユーザーは内燃機関好きとして知られ、そのため燃費向上で乗り切ろうとしていたふしがある。しかもハイブリッド技術の開発でも日本勢に引き離されていた。こうした中、ディーゼルエンジン車の排ガス規制の不正問題なども発覚。ちょうどパリ協定が締結され、その後EUのタクソノミー（分類）などグリーンと認定される投資の分野がどんどん狭まってくると、巨象も動かざるを得なくなった。その間に、テスラなどの新興企業にEV

の分野で大きく差をつけられていただけに必死である。しかも最近は、ドイツでは環境政党「緑の党」が勢力を増し、党首が首相候補に取り沙汰され、与党と競り合っている。緑の党はマニフェストの中で「2030年までに温室効果ガスを排出する新車の販売を禁止すべきだ」「ゼロエミッションカーのステッカーを付けていない車の市街地中心部への乗り入れ禁止」といった主張を展開している。こうした長期的トレンドを冷静に分析し、自動車関連労組の強いドイツでも電動化への方針転換が進んでいる。フォルクスワーゲンは、2021年5月、新型EVの「ID.」シリーズの一部に、最大522キロメートルという長い航続距離と急速充電を可能にする新世代バッテリーを搭載したと発表した。

ダイムラーも2039年に乗用車からのCO_2排出をゼロにする計画を2019年に発表、EV戦略を強化している。ダイムラートラックはグローバル規模での次世代EVトラックに向けて、中国にある世界最大手のEV用の電池メーカー、寧徳時代新能源科技との間の提携を強化すると発表。メルセデス・ベンツの新車販売を2030年にもすべてEVにする。

BMWも、脱炭素を新しいビジネスモデルに転換する好機と捉えている。私たちのクルーがシリーズ『脱炭素革命』の撮影に訪れたのは2017年だったが、その当時から、RE100に加盟し、世界中のグループ会社も含めた再エネ100%での事業運営も模索しながら、EVシフトへの道を探っていた。

当時、EVを生産するライプチヒ工場では4基の風車を導入、自らの発電ですでに必要なすべての電気をまかなっていた。さらに、使用電力の削減に、Intelligent Energy Management Data Systemと呼ばれるエネルギー管理システムを導入。ＢＭＷの各工場の使用電力を1分単位で知ることができるモニタリングルームで、どうすれば電力を効率的に使えるか研究を行なっていた。

「このデータはライプチヒの工場の生産ラインに設置された約６０００個のセンサーが集めたものです。このような計測器や設置されている機械から直接データが送られ、それらをＢＭＷエネルギー・クラウドのシステムがまとめ、グラフにします」

詳細なデータからは、これまで見えなかった課題が見つかる。生産工程の改善やデザインの変更で電力消費を抑えられる可能性があり、さらに蓄積されたビッグデータを分析することで、消費電力の予測もできるという。当時でも誤差は３％以内だと、担当者は胸を張った。

「エネルギー消費の予測と製品の生産計画をリンクさせることができます。来週の何日の何時にどれだけのエネルギーを消費するか予測できますので、この電力消費のピークに、一般電力網からの電力利用を抑え、その代わり自家発電の電力を主に利用します」

ＢＭＷでは、このノウハウをビジネスチャンスにつなげようと考えていた。あれから4年、ＢＭＷグループは２０２1年5月の株主総会で、２０３０年までにCO_2排出量を2億トン削減する目標を発表した。目標達成にはさらなるＥＶ化の加速が必要と考え、２０２３年までに全世界のフルＥＶ車のラインナップを約12車種に拡大する計画だ。２０３０年には、全世界の新車販売台数の少なくとも50％を完全なＥＶにし、累計１０００万台の達成をめざす。

こうした流れは止まらない。ヨーロッパでは、スウェーデンのボルボは、２０３０年に新型車をすべてＥＶにし、ＥＶ専業メーカーに転じる方針を決めている。イギリスのジャガーも、２０２５年からＥＶ販売に特化したラグジュアリーブランドをめざすという。

アメ車もＥＶへ！ 激変するＧＭ・フォード

一方、アメリカ勢も急速な転換では負けていない。ゼネラル・モーターズ（ＧＭ）は、テスラを追撃しようと２０２５年までに30種類のＥＶを展開し、その開発と自動化運転の技術に約３兆円を投じる。そして２０３５年までに乗用車を全面的に電動化する方針を盛り込んだ経営目標を発表した。ガソリン車やディーゼル車の販売を取りやめ、ＥＶなどCO_2を排出しないゼロエミッション車への全面移行をめざす。グローバルの製品と事業活動のカーボンニュートラル目標も２０４０年だ。韓国ＬＧエナジーソリューションと組んで車載電池を開発中だという。さらにＧＭは、ガソリン車の車台やエンジンをホンダと共通化すると発表している。当面必要なガソリン車の開発をホンダに委ね、自社はＥＶの開発に特化するという。

バイデン政権の誕生で、フォード・モーターも電動化に舵を切った。２０２１年5月、バイデン大統領は、ミシガン州にあるフォードのＥＶ工場を視察。車好きだというバイデン大統領は、サングラス姿で主力のピックアップトラック「Ｆ－１５０」の新型ＥＶモデルに試乗、自らハンドルを握った。工場内で演説したバイデン大統領は、中国にＥＶ分野で遅れていると強い危機感を表明した。

「我々は未来への競争をリードするか、後れを取るかの岐路に立っている。ＥＶとそれに搭載するバッテリーを米国内で製造するか、他国に依存するかという選択だ」

フォードは、２０２５年までにＥＶ・自動運転車の開発に約3・2兆円を投資すると発表。２０３０年までに世界で販売する車両の4割をＥＶにする計画だ。特に車載電池を強化する。液体の代わりに固体の電解質を使い、安全性が高く充電速度も速い全固体電池の開発にも取り組む。韓国ＳＫイノベーションとの合弁会社がアメリカ国内で電池を生産するという。

２０２１年8月、バイデン大統領は、２０３０年に新車販売の半分を「排ガスゼロ車」にする大統領令に署名した。「排ガスゼロ車」にＨＶは含まれていない。

安いＥＶが当たり前に！　中国の衝撃

さて、ＥＶ大国中国である。中国も２０３５年に新車販売のうち50％以上をＥＶやＰＨＶ、ＦＣＶに限定する方針だ。２０２１年4月の上海国際モーターショーでは各社が新型ＥＶを展示。中国メーカーでＧＭも出資している上汽通用五菱が発表した1台約48万円の格安モデルも登場。爆発的に売れているという。中国製のＥＶは、高級路線とは一線を画し、シンプルな機能でテスラとは違う需要を掘り起こしている。航続距離の短さも、用途が限定されていれば気にならない。佐川急便は宅配事業で使用する軽自動車７２００台を２０３０年度までにすべて中国製ＥＶに切り替えると発表している。街の配達には、手頃な価格のほうがありがたいのだ。

充電ではなくバッテリーごと交換するタイプのＥＶも登場。バッテリー交換のスピードはわずか20秒ほどでＥＶが20センチほど持ち上げられると、平らな台車のような装置がスライドして車の下に潜り込む。すると瞬く間に車の底部からバッテリーが外される。この技術を開発したのは、中国の「奥動（オールトン）」。自動車メーカーではなく、バッテリー交換をサービスとして手がける会社だ。特許を持つ手法で、強力な磁石とホックのような部品でバッテリーをＥＶに取り付ける。ＮＨＫの国際報道で私も交換する映像を見たが、驚きの速さ。まだ充電より高いが、スピード重視のタクシー運転手などに人気だ。

この他にも様々な産業がＥＶと自動運転の世界に参入している。中国最大のプラットフォーマー百度の自動運転車も、もちろんＥＶだ。上海市に本拠を置く新興ＥＶメーカーのニーオは、中国のＩＴ巨大企業であるテンセントが出資。「中国版テスラ」とも呼ばれる。

実は、米中対立が深刻化するなかで、ＥＶと自動運転技術をめぐる水面下の攻防も激しさを増している。自動運転ＥＶを開発しているテスラ。数多くのカメラやセンサーを搭載しているＥＶは、それ自体がビッグデータを蓄積していくが、このデータこそ安全な自動運転の技術開発には欠かせないものだ。だが中国は、交通量や車両の位置情報などの国外移転を制限する規制を発表。自動運転技術のグローバルスタンダードを握る上で、先手を打ってきた。するとテスラは、2021年5月、データを保存するための拠点を中国国内に設置したと表明。データを持ち出していないとアピールしてみせた。

アップルも将来の自動運転EVの開発をしていると見られるが、米中をめぐるデータ戦争は、今後の覇権争いの重要な鍵を握るファクターになると考えられている。

どうなる自動車王国・日本 ホンダ内燃機関との訣別宣言

さて、こうしたトレンドの中での日本である。

ホンダは、日本の車メーカーの中で初めて、内燃機関との決別を宣言した。本田技研工業の三部敏宏代表取締役社長は2021年4月に記者会見し、こう語った。

「先進国全体でのEV、FCVの販売比率を2030年に40%、2035年には80%、そして2040年には、グローバルで100%を目指します。これはチャレンジングな目標であり、バリューチェーン全体での対応が必要ですが、全員で目指す姿を共有し、実現に向けて高い目標を掲げることにしました」

2040年にはエンジンを搭載するハイブリッド車も造らないという強い決意表明だ。かつてF1でも世界に輝きを放った「エンジンのホンダ」のサヨナラ宣言に衝撃が走った。ホンダの2020年の世界販売台数は445万台だが、EVとFCV合計で1%未満にすぎず、険しい道のりだ。同じく電動化を進める提携先のGMとの歩調を合わせる狙いもあるのだろうが、四輪自動車事業の業績が低迷を続ける中で、脱炭素革命への賭けに出たとも言える。かつて1970年代、マスキー法により排出ガス規制が急激に厳しくなり、達成は無理だという声すら上がっていた時、世界に先駆けてクリアしたのが、ホンダだった。はたして、そのDNAが再び蘇ってきたのか。三部社長はこう結んだ。

「〝Hondaらしさ〟とは、〝本質を考え抜いた末にたどり着く価値〟、そして〝独創性〟だと考えます。変化する事業環境に対してレジリエントな体質を作ると共に、スケールの大きなアクションを迅速に実行していく。アグレッシブに取り組んでいきます」

2021年7月、ホンダは、EUが2035年にガソリン車の販売を事実上禁止する政策を打ち出したことを受け、目標の前倒しの検討を行なうとしている。

EVの先駆者 日産のチャレンジ

ルノー・三菱自動車とのアライアンスで新車販売世界第3位の日産自動車。2010年10月に、100％EVの日産リーフを発表以来、この分野では〝先行者〟だった。これまでに世界で累計50万台以上が走行し一定の成果を上げている。だが、テスラの2020年の年間販売台数は約50万台。日産がこの10年でEVの爆発的ブームを起こしたとは言い難い。

私が2009年に、NHKの環境キャンペーン『SAVE THE FUTURE ようこそ低炭素社会へ！』という番組を制作していた頃は、三菱自動車の「i-MiEV」が100％EVとしては世界で初めて量産され注目されていた。当時は、まだ脱炭素社会という言葉すらなかった時代だが、先駆的な取り組みだった。だが、「i-MiEV」は2021年3月に生産終了。様々な課題が相まっているので、何が理由とは言い切れない。しかし結果としてこの10年で現実に起きたことは、日本ではEVの普及は遅々として進まず、いつの間にかテスラと中国勢が台頭し、このところの欧米のEV化の加速で、気がつけばトップランナーではなくなっていたという状況だ。

この構図には、既視感がある。当時、太陽光パネルの分野でも、京セラやシャープが高いシェアを誇りながら、あっという間に中国勢に追い抜かれ、風力発電の分野でも三菱重工や日立製作所が撤退に追い込まれた、あのなんともやるせない風景である。

いま、菅首相のカーボンニュートラル宣言やバイデン政権の誕生により、突如、世界中で巻き起こっているEV決戦。はたして日産は、どんな戦略で臨むのか。2021年1月、日産の内田誠社長兼CEOは、力強く宣言した。

「日産は、気候変動に対するグローバルな課題解決に貢献していくため、覚悟をもって取り組んでいきます。これをチャンスとして捉え、私たちの強みである電動化車両を主要市場へ積極的に投入し、カーボンニュートラルの実現へ大きく貢献していきます。日産は、人とクルマと自然の共生を追求しながら、人々の生活を豊かにする、そのためにイノベーションをドライブし続けます」

2050年までに事業活動を含むクルマのライフサイクル全体におけるカーボンニュートラ

ルを実現するという新たな目標を掲げた日産。その目標の達成に向け、2030年代早期より、主要市場に投入する新型車をすべて電動車両とするという。だが、その戦略はホンダとは大きく異なっている。日産のいう電動車には、ハイブリッドも含まれる。むしろ「e-POWER」という新たなエンジンの性能向上に注力することで、脱炭素に貢献しようという考え方だ。

日産が開発した「e-POWER」は発電専用エンジンで、エンジンによる発電とバッテリー蓄電量を適切にマネジメントすることで、エンジンの使用領域を最も効率のよいポイントに限定できる。次世代の「e-POWER」は、世界最高レベルの熱効率50％をすでに実現している。これを使ってハイブリッドの性能を向上させ、100％ＥＶと並ぶ柱に育てようとしている。規制が厳しい欧州ではＥＶへの移行が急速に進むが、日本はＨＶ、ＥＶ、内燃機関車がバランスよくミックスされる未来だと分析した上での戦略だ。

この他、全固体電池など新しい電池の開発やリチウムイオン電池の低コスト化にも取り組む。ルノーや三菱との間でＥＶ専用車台や主要部品を共同開発するなどアライアンスも強化。ルノーとは中国の東風汽車と現地でＥＶの共同開発合弁会社を設立、コストの削減にも取り組み、車を保有している期間の総コストでガソリン車よりも安いＥＶの開発をめざす。

日本経済の要・トヨタ 自動車業界への思い

では、2020年の自動車販売で世界一に返り咲いたトヨタ自動車の戦略は、どうなっているのだろうか。

トヨタの環境貢献といえば、1997年に発売した世界初の量産ハイブリッド車、プリウスの印象が極めて強い。熱心な環境保護主義者で知られる俳優のレオナルド・ディカプリオや、ハリソン・フォードは、プリウスを愛車として公表。地球を守るクルマとしてのイメージを強くした。だが、その後イーロン・マスクが2008年にテスラのCEOに就任、2009年にEVであるロードスター、2012年にモデルSなどを投入し始めると、ハリウッドセレブの間ではテスラに乗り換える人も出てきた。2020年7月には、時価総額でテスラがトヨタを上回る大逆転状況が発生。新興メーカーのトヨタ超えは、世界に衝撃を与えた。もちろん、これは〝投資家の期待〟を表している数値である。実際には、2020年の車の販売台数ではトヨタが950万台を超えて首位なのに対し、テスラは前年比プラス36%だが、販売台数は全部で約50万台にすぎない。だが〝脱炭素革命〟の担い手としての期待値が、これほどの価値を生み出す時代に私たちは生きているのだ。

トヨタは言わずもがな日本経済の要であり、トヨタがどちらの進路に進むかによって、日本産業界の命運が決まるほどの大きな影響力がある存在だ。しかも豊田章男社長は、日本自動車工業会会長も務めている。菅首相の脱炭素宣言の後、はたして自動車工業会がカーボンニュートラルに対してどんなメッセージを出すのか、2021年4月、メディアが注目する記者会見があった。その際の自動車工業会としての豊田章男会長の発言の一部を、少し長くなるが抜粋してお伝えしよう。

「私自身が感じておりますのは、日本らしいカーボンニュートラル実現の道筋があるのではないか、ということです。日本には、優れた環境技術、省エネ技術がたくさんあります。何よりも個々の優れた技術を組み合わせる〝複合技術〟こそが日本独自の強みであると思っております。

今、エネルギー業界では水素から作る〝e-fuel〟やバイオ燃料など、〝カーボンニュートラル燃料〟という技術革新に取り組まれております。日本の自動車産業がもつ高効率エンジンとモーターの複合技術に、この新しい燃料を組み合わせることができれば大幅なCO_2低減というまったく新しい世界が見えてまいります。そうなれば、既存のインフラが使えるだけでなく、中古車や既販車も含めた、すべてのクルマで、CO_2削減を図れるようになります。そして、この考え方は、船や飛行機など、自動車以外の様々な産業にも応用できます。船舶を中心に、輸送のカーボンニュートラル化が進めば、輸出入に支えられている日本のビジネスモデルのグリーン化にもつながります。

私が〝自動車産業をど真ん中においてほしい〟と申し上げているのは〝自分たちの産業を守りたい〟からではありません。母国である日本がカーボンニュートラルを実現するために、そのペースメーカーとしてお役に立ちたいからです。

先日の日米首脳会談では、菅総理が〝2030年〟というマイルストーンを置いて、カーボンニュートラルに向けた取り組みを加速するという強い意志を示されました。今、日本がやるべきことは技術の選択肢を増やしていくことであり、規制・法制化はその次だと思います。最初からガソリン車やディーゼル車を禁止するような政策は、その選択肢を自らせばめ、日本の強みを失うことにもなりかねません。政策決定におかれましては、この順番が逆にならないようお願い申し上げます。

自動車業界としてはこれまで同様EV技術にも着実に投資をしてまいります。

私たちは、これからも〝サステイナブル&プラクティカル（実用的）〟をキーワードに、日本ならではの道を切りひらいてまいりたいと思っております」

強調されているのは、世界で加速する電動車への転換に際し、最初からガソリン車やディーゼル車を禁止しないでほしいという切実な気持ちだ。長年、培ってきたハイブリッド技術を捨て去るような政策は取らないでほしい、という強いメッセージであろう。

自動車工業会やトヨタでは、正しくカーボンニュートラルを知ろうということで、わかりやすいイメージ図を展開しているのだが、そこでも再エネの普及が進んでいない状況での過剰なEV化に対する懸念の一端が示されている。

「クルマをつくる工場も多くの電気を使っています。その工場がどんな電気を使っているかで、生産時のCO_2排出量が変わってきます。フランス製は〝CO_2の排出の少ない電力〟で生産、日本製は〝CO_2排出量の多い電力〟で生産、再エネによる電気が増えている欧州では、クルマをつくるとき、走るときなどライフサイクル全体でもCO_2排出量が少なくなります。走行時にはまったく同じ量の電気を使うクルマでも、日本のように火力発電が多いとライフサイクル全体でのCO_2排出量が多くなる。ライフサイクル全体でカーボンニュートラルを考えなければいけません」

EVも造る際の電気によってCO_2排出が変わり、エコかどうかはわからないということの指摘は、確かにその通りだ。だが、EUの国境炭素税やタクソノミーなどが稼働すると、将来、CO_2排出量の多い電力で生産した車にペナルティを課されて、いずれは生産できなくなってしまうリスクも同時に示しているのは皮肉だ。

豊田章男会長の会見には、様々な反応があった。よくぞ言ってくれたという声がある一方で、環境アクティビストのグループや産業転換の遅れを懸念する人々からは、内燃機関にこだわる姿勢に疑問を呈する声も聞かれた。自動車工業会のいうサステイナブル&プラクティカル路線が正しい道なのか、それとも一足飛びにEV化に舵を切るリープフロッグ（カエル跳び＝最先端技術が一気に普及すること）あるいは破壊的イノベーションとでもいうラジカルな改革路線が正しい道なのか……。おそらくこの会見は、クルマに関わる550万人の雇用をしっかり守りたい、という強い思いがあってのことなのだろう。この荒波が打ちつける時代に、公正で次世代につながるトランジションをどうやって成し遂げていくのか「もう少しだけ時間をください」という必死の思いも込められているように思う。

ただ私の脳裏には、ある光景がよぎったのも事実だ。かつてビデオテープ業界で「ベータ対VHS」戦争が勃発した時、性能では極めて優れていたベータが時代の趨勢でVHSに席捲されてしまったこと、そしてカメラ業界でフィルムからデジタルに変わる際に、新たなビジネスモデルに変わり切れなかったコダック社が破綻にまで追い込まれてしまったこと……。

2021年6月、ヨーロッパ24か国でクリーン輸送に関係する63の非営利団体で構成する連合組織「Transport & Environment」が、欧州における将来の自動車生産に関する調査結果を公表した。各メーカーのEV化への備えを分析しスコア化していたのだが、トップは、ボルボとフォルクスワーゲンでスコアは70、そしてトヨタのスコアは35で最後尾だった。あくまでガソリン車規制が進む欧州市場での採点だが、厳しい評価だ。

100年に一度のあらがい難い時代の風が吹くいま、置かれている立場によってそれぞれ優先すべきものも戦略も異なるだろう。ここ数年に起きるであろうイノベーションや電池の価格破壊といったファクターも大きい。守るべきか、攻めるべきか。幕藩体制崩壊に匹敵するこの激動の時代には、個々がそれぞれにアンテナを張り巡らせて戦略を練り、信念と直観で決断していくしか道はないのかもしれない。

トヨタイムズが語る「ウーブン・シティ」の未来

2021年2月、トヨタは、電動化されたクルマを中心にした未来の実証都市「Woven

City（ウーブン・シティ）」の建設を静岡県裾野市で開始した。ウーブンとは織り込まれたという意味。人々の暮らしを支えるあらゆるモノやサービスがつながるイメージと、トヨタの原点である織機から生み出される織物のイメージも重ね合わせている。

トヨタイムズというトヨタが自ら発信しているサイトの記事によると、豊田自動織機製作所を創業したトヨタグループの創始者である豊田佐吉は大工の息子で、何をしたらこの世の中のためになるんだろうかと、日々いろんな本を読んで勉強していたという。その中で佐吉少年は、毎晩、夜なべをしていた母の機織り仕事をなんとかして楽にできないかと考えた。母を想い、最初に作った織機は、片手で操作ができるものだった。織機は、縦糸・横糸それぞれ両手を使って作業することが常識だった時代、その発明は作業性を画期的に向上させた。

それから130年あまり、豊田章男社長は、カイゼンで知られるトヨタ方式の真の目的は、効率化というよりあくまでも「誰かの仕事を楽にしたい」という佐吉の思いに通じるのだと語っている。今回のウーブン・シティという名前にも、その佐吉の原点が刻まれている。

実際のウーブン・シティプロジェクトとは、どのようなものなのだろうか。

街がつくられるのは富士山の裾野、2020年末に閉鎖した東富士工場の跡地だ。将来的に約70ヘクタールのエリアになる。今後、様々なパートナー企業や研究者と連携していく予定だが、その狙いは、人々が生活を送るリアルな環境のもとで、自動運転、MaaS（モビリティ・アズ・ア・サービス）、パーソナルモビリティ、ロボット、スマートホーム技術、AI技術などを導入・検証できる実証都市を新たにつくることだ。初期には、トヨタの従業員やプロジェクトの関係者など2000人程度の住民が暮らすことを想定している。着工式典で豊田社長は、こう語っている。

「これから50年の〝未来の自動車づくり〟に貢献できる聖地、自動運転などの〝大実証実験コネクティッドシティ〟に変革させていこうと考えています。まだ構想段階ではありますが、意志があれば必ずできると思います」

都市設計を担当したのは、デンマーク出身の建築家、ビャルケ・インゲルス氏だ。ニューヨークの第2ワールドトレードセンターやグーグルの新しい本社屋など、これまで数多くの著名なプロジェクトを手がけている。

インゲルスさんには、ハリケーン・サンディに見舞われたニューヨークの復興プランを取材した国際共同制作『大水害』という番組でインタビューを行なったが、実に柔軟な発想で、防災と地元の人々の快適さを軽やかに両立させる姿勢に驚かされたことがある。そういう世界的な才能とともに、はたしてどんな街が生み出されるのか。

トヨタイムズの記事によると、街を通る道を三つに分類し、それらの道が網の目のように織り込まれた街をつくるという。スピードが速い車両専用の道として「e-Palette」などの完全自動運転かつゼロエミッションのモビリティのみが走行する道。歩行者とスピードが遅いパーソナルモビリティが共存するプロムナードのような道。歩行者専用の公園内歩道のような道だ。

街の建物は主にカーボンニュートラルな木材で造り、屋根には太陽光パネルを設置。暮らしを支える燃料電池発電も含めて、この街のインフラはすべて地下にある。住民は、室内用ロボットなどの新技術を検証する他、センサーのデータを活用するAIにより、健康状態をチェックしたり、日々の暮らしに役立てたりするなど、生活の質を向上させることができるという。こうしたスマートシティの開発は、まさに脱炭素ビジネスの最前線である。この実証実験では、ENEOSとの間で、水素エネルギーの利活用について具体的な検討を進めることについての基本合意が交わされた。トヨタは20年以上の研究開発を経て、2014年に初の量産型FCVであるMIRAIを開発。水素には、強い思い入れがある。現状、世界の水素ステーションは、EV充電ステーション拡大のボリュームに追いつけない状況だが、ウーブン・シティのような限定空間や港湾都市、トラック輸送などでは、強みを発揮できる可能性がある。

トヨタも中国のEVメーカーBYDと合弁会社を設立するなどEVに力を入れ始め、グローバルで2025年までにEV15車種を発売、EVとFCVの2030年の目標販売数を200万台へと倍増させた。EVを街の蓄電池のように捉えて、送電網と電気をやりとりするVtoG（ビークル・トゥ・グリッド＝クルマから送電網へ）がこのウーブン・シティでどれくらい実証されるのかはまだ定かではないが、EVと水素のどんなミックスで街をつくり上げるのか世界が注目している。

「Race to Zero」ゼロカーボンへの競争が始まった!

2021年6月11日、トヨタは新しい目標を発表した。

「2035年にCO_2の排出量を実質ゼロにするカーボンニュートラルを実現する」

2050年としていた当初の目標を大幅に前倒しした大胆な宣言だ。自社工場でCO_2の排出量を実質ゼロにするため、水素や再エネの利用を増やす他、CO_2の排出が多い塗装の工程を見直すなど技術革新を進めて達成するという。トヨタの〝本気〟は、裾野に広がるサプライヤーにも多大な影響を与える。日本を代表する企業の挑戦に、大いに期待したいと思う。

削減目標を上方修正する企業は、どんどん増えている。パナソニックは、2021年5月、楠見雄規CEOが、会社全体でCO_2排出量を2030年までに実質ゼロにする計画を明らかにした。再エネや省エネに加え、排出量取引を活用することで目標を実現するという。

国連気候変動枠組条約は、2020年6月5日の世界環境デーに、「Race to Zero（ゼロへのレース）」という国際キャンペーンを始めた。世界中の企業や自治体、投資家、大学などに呼びかけたこのアクション。すでに世界700以上の都市、20以上の地域、2000以上の企業、160以上の大投資家、600以上の高等教育機関が参加していて、世界のCO_2排出量の25%近く、GDPの50%以上を占めている。

2021年6月、長野県も意欲的な削減目標を掲げた。日本政府の目標の46%削減を大きく上回り、2030年までに6割減をめざす。再エネ生産量も2030年までに2倍増、

2050年までに3倍増を打ち出した。今回の「長野県ゼロカーボン戦略」では、県民を持続可能な脱炭素型ライフスタイルに着実に転換していくとともに、産業界のゼロカーボン社会への挑戦を徹底支援すると宣言している。

Race to Zeroについて考える時、私が心に刻んでいる言葉がある。国立環境研究所で長年ゼロカーボン社会への転換を訴え続け、現在、IGES参与を務めている科学者、西岡秀三さんの「脱炭素社会転換要諦」という10か条の冒頭の言葉だ。

「やるしかないとの覚悟をもつ。やれる・やれないではない。
自然のことわりであり、脱炭素社会はいつか必ず実現する。
自然は待ってくれない。時間は限られている。
いますぐ踏み出そう。脱炭素社会の骨格はほぼ見えている」

脱炭素競争は、すでに始まっている。何をすべきかも、めざす方向もわかっている。大切なのは、スピードとスケールだ。野心的な目標を打ち立てるトップランナーに刺激を受けて、削減目標を高め合う。こんな競争なら大歓迎だ。

この章のポイント

◉“排出の巨人”鉄鋼業界でも「ゼロカーボンスチール」を掲げ、水素還元鉄の導入実験や電炉転換が進む。

◉化学産業では、EUプラスチック循環戦略が先行。マイクロプラスチック、温暖化抑制のため規制が強化。日本でもプラスチック新法が成立。設計から廃棄まで、より厳しい規制へ。

◉カーボンフットプリント、LCAなど情報の透明化と、垣根を越えたアライアンスが課題解決の鍵となる。

◉海運・航空業界では、サステナブルな燃料への転換や次世代型の船舶・航空機の開発でしのぎを削る。

◉自動車業界ではEV市場が拡大。EUの2035年ガソリン車販売禁止などを受け、競争が激化。EV専業メーカーも登場。

◉ヨーロッパやアメリカでは、戦略的なEV投入によりゼロエミッションへの全面移行をめざす動きが活発化。中国、韓国メーカーも交え、車体、電池、自動運転技術の開発競争が激化。

◉自動車販売台数世界一のトヨタは、HV、燃料電池車（FCV）などを中心に据え独自の戦略。スマートシティの開発も。

◉一方、ホンダはガソリン車との決別宣言。

◉国連気候変動枠組条約のキャンペーン「Race to Zero」に企業、自治体、投資家、大学などが多数参加。世界のCO_2排出の25%、GDPの50%以上を占めるほどに。

第6章

ファッション・食料システム・建築　〝衣食住〟の挑戦

ファッション業界の最前線

この章では、私たちの衣食住に関わりの深い産業の取り組みに目を向けよう。私は、世界経済フォーラムのGlobal Future Council on Japanという分科会のメンバーとして、どうしたらもっと消費者に脱炭素の問題を自分事として捉えてもらい、行動変容につなげられるか、専門家や経営者の方々とともに議論を続けている。

その中で、特にサーキュラーエコノミーを通して脱炭素につながる大きな鍵を握っているとメンバーが感じているのが、ファッション業界だ。世界では、2013年のバングラデシュのラナプラザという縫製工場が入ったビルの崩壊事故以来、気候変動だけでなく人権の観点からもファッション産業への批判が強まっていた。パリ協定ができてからは、航空産業よりも多いCO_2を排出しているファッション業界は、一層の変革を求められてきた。2019年8月にフランス・ビアリッツで開催されたG7サミットでは、ファッションの国を自負するマクロン仏大統領が「ファッション協定（The Fashion Pact）」を誇らしげに紹介した。

その中心になったのは、サンローランやグッチなどラグジュアリーブランドを束ねるケリング・グループのフランソワ・アンリ・ピノー会長だ。アディダスやバーバリー、シャネル、ステラ・マッカートニー、ファストファッションのZARAやH&Mを擁する企業なども参加。創設メンバー32社が、環境負荷削減に向けて誓約を行なった。1.5度目標を達成するため、2050年までに温室効果ガス排出量ゼロを達成するアクションプランを作成し実践することや、生物多様性の保全、使い捨てプラスチックの使用を段階的に廃止して海洋を守ることなど、高い目標が掲げられている。

小泉進次郎環境大臣は、2020年8月に開かれた国内のファッション業界との情報交換会で、なぜ日本からこうした国際アライアンスに参加する企業がないのかと挑戦を呼びかけた。12月には、アシックスが日本企業として初めて参加、加盟は世界全体で70社を超えている。この他、ユニクロを擁するファーストリテイリングやYKKなども署名した「ファッション業界気候行動憲章」など様々な誓約が行なわれ、2021年8月には「ジャパン・サステナブルファッション・アライアンス」が誕生した。

環境省は2020年12月〜2021年3月に、日本で消費される衣服と環境負荷に関する調査を初めて実施し、その結果を報告書としてまとめ、ビジュアル的にもわかりやすいウェブサイト*で紹介している。詳しくはサイトを見ていただきたいが、日本のファッション産業が抱える問題は深刻だ。

服一着を作るのに排出される平均的なCO_2は、約25キログラム。500ミリリットルのペットボトル250本分を作るのと同じだ。水の消費量は約2300リットル、浴槽11杯分にも及ぶ。私たちが手放した服のうち再利用・再資源化される割合は3割ほどとごくわずか。可燃ごみや不燃ごみとして、焼却や埋め立てに回されるものが大半だ。

こうした問題を解決するには、生産者側も消費者側も、地球への負荷低減や人権への配慮を

＊ https://www.env.go.jp/policy/sustainable_fashion/

行なっているサステナブルファッションの割合を増やしていく必要がある。そのためには、どの洋服がライフサイクル全体でどれだけのCO_2を排出しているのかという「カーボンフットプリント」の表示など、洋服を選ぶための情報の「見える化」が欠かせない。こうした情報満載のタグや、サステナブル衣料品であることを示す統一の認証マークなどが付いていれば消費者も選びやすいのだが、大きな課題がある。実際には、日本の小売市場で売られている衣料品の98％は海外からの輸入品で、海外での生産は数多くの工場や企業が分業しているため、環境負荷の実態や全容の把握が困難だ。さらに衣服は色々な素材が混合されており、一つ一つの分析には膨大な手間がかかるため、コスト面でも課題が生じてくる。

「ファッション協定」を主導したケリング・グループでは、「ＥＰ&Ｌ（環境損益計算）」という独自の「見える化」技術を開発。製品の環境負荷を、デザインや調達方法、原材料の種類と産地、製品の製造地域などに応じてグラフで表示するようにした。CO_2排出量、水消費量、水質汚染、大気汚染、廃棄物量、土地利用に関連する影響を計算。最終製品の総合的な影響を評価するために、５０００以上の指標を考慮しているという。ケリングでは、消費者やデザイナーなど関係者が手軽に使えるアプリも作った。まずはシューズ、コート、リング、ハンドバッグという四つの代表的なラグジュアリー製品に対応し、直感的に環境負荷がわかるよう工夫。生産の初期段階からサステナビリティを念頭において生産できるようにしたいという。

透明性を何より重視するこの動きは、化学製品におけるＢＡＳＦの「見える化」と同じく、脱炭素社会の構築に欠かせないものだ。だが、ラグジュアリーファッションでは、意識の高い消費者が、割高であってもこうした環境にやさしい洋服を選ぶ動きがトレンドになっているものの、実際には「環境にいいものは高い」という壁にぶつかり、安いものを選んでしまう消費者が多いのも事実だ。そういう消費者が多い限り、企業は結局、安くて売れるものを大量生産し、シーズンが終われば売れ残りを大量に廃棄するという悪いスパイラルを繰り返してしまう。

どうすれば、この悪循環から抜け出せるのか。それには、衣食住の他の分野にも共通することだが、CO_2の排出が多いなど「環境に負荷をかけている」製品は製造コストが高くなり、逆に「環境負荷の少ない」製品は、製造コストが安くなるような公正な仕組みを作る必要がある。つまり、カーボンプライシングの導入だ。まずは、経済用語で「外部化」といわれる環境負荷などの「隠れたコスト」を明らかにし、それに適切にペナルティを課していく必要がある。その大元が整わない限り、消費者の選択や企業努力だけでこの問題を解決することはできない。その上で、地球環境や人権を守っているという「隠れた価値」が明らかになれば、消費者もより積極的にサステナブルな商品を選び、適正な価格で購入できるようになるのではないだろうか。

この他、ファッション産業が持続可能になるためには、「いいものを長く着る」ということや、役割を終えた洋服を「どのように集めて、リユース、リサイクルするか」という点も重要だ。その仕組みづくりには、店頭の回収ボックスはもちろん、ブロックチェーンといった最新技術や、使い勝手のいいアプリなどのデジタル化されたツールも役に立つはずだ。メルカリのようなシェアリングエコノミーや、サブスクリプション（定額制）など、これまでのやり方とは異なる買い物の仕方も大事になってくる。ぜひ、あらゆる知恵を結集して、日本のファッション産業も本気で脱炭素革命に加わってほしいと思う。

食料システムと農業 EUの「Farm to Fork 戦略」

さて第1章でも触れた通り、海外では、食料システムと農業の変革は、脱炭素の最前線だ。食料・農業分野から排出されるCO$_2$は、全体の4分の1にも上ると見られる。加えて、食料生産のために土地利用が変化し、森林だったところが農地になれば、これまで吸収していたCO$_2$を吐き出す側に変わってしまうわけだから、責任は重大だ。飼料作物の栽培や水の使用においても環境負荷が大きく、ゲップとしてメタンガスを吐き出す肉牛などの飼育には、ことのほか厳しい目が向けられている。動物の細胞を培養するなどした人工肉や大豆ミートなどの植物肉、昆虫食といった代替食品の開発も急ピッチで進み、手がけるスタートアップ企業の株価が上昇するなど、ここ数年で大きな変化を見せている。

ＥＵでは、２０２０年5月20日、グリーンディール政策の中核をなす重要な戦略として「Farm to Fork（農場から食卓まで）」を打ち出した。これは、持続可能な社会への移行はＥＵの新たな成長戦略である、という信念に基づいて策定されている。

具体的な柱は四つ。「持続可能な食料生産」「持続可能な食料加工と流通」「持続可能な食品消費」そして「食品ロスと廃棄の防止」だ。それぞれ、数値目標も設定されている。例えば、2030年までに殺虫剤（農薬）の使用を50％削減する。2030年までに肥料の使用量を少なくとも20％削減する。2030年までに少なくとも全農地の25％を有機農業にする、2030年までに小売および消費レベルにおける1人あたりの食品廃棄の半減をめざす、などだ。

それにしても、有機農業の拡大がどうして脱炭素につながるのだろうか。実は、有機農業は、輸入原料や化石燃料を原料とする化学農薬や化学肥料を使わない農法のため、その面積の拡大がCO_2の排出量削減に貢献するのだ。

また「Farm to Fork 戦略」では「農場から食卓まで」というだけあって、消費者サイドの転換も促している。例えば、肉食を減らし、人工肉など代替食品を普及するための市場の整備などだ。これは、EUの温室効果ガス排出量の10％あまりが農業、しかもその7割が畜産部門から出ていることから、消費者を変えることで排出量を削減しようという考えだ。肉の消費が減れば、家畜の飼料を栽培するための畑を人間の食料用に転用でき、新たな森林伐採を回避して農地を確保できるのだ。

戦略は多岐にわたる。「循環型バイオエコノミー」を構築するための家畜から出るバイオガス施設や、農地への太陽光パネル設置など再エネへの投資を支援したり、農村部での高速ブロードバンドによるインターネット接続を2025年までに100％にするなど、デジタル化の促進も含まれている。こうしたネットワークを駆使して、農場ごとの持続可能性に関するデータを収集、EU農産物の競争力を高める施策も興味深い。

この他、消費者が最も持続可能な食料を手頃な価格で入手できるよう、食料のマーケティングの分野でもEU行動規範を策定する。例えば、栄養成分表示の設定や、「消費期限」と「賞味期限」の見直し、食品包装の使い捨てから再利用可能なものへの転換を促進すること、サプライチェーンを短縮し、地産地消を推進、さらには、持続可能な食料生産や食品廃棄削減の重要性についての教育を強化することまで入っている。何より、税制上の優遇措置も検討され、公平で健康的な環境にやさしい食料システムに公正に移行していくためのあの手この手のインセンティブが網羅されている。

もちろん、特定の農業関係者の中には、こうした戦略によりデメリットが生じる人々もいるため、補償の強化が足りないと声を荒げている団体もある。しかし概ね、EUがいち早く持続可能性のある農業をリードすることで差別化を成し遂げ、あわよくば、EU食品の持続可能性を世界基準にしてしまおうという野心については、好意的に受け止められているようだ。

このところEU議会で環境関連の政党が大きく議席を伸ばしていることも追い風のようだ。また高齢化が進む農業の未来を見据えた場合、農業を担う人材に「環境にやさしい」農業をアピールすることで人材確保につなげたいという狙いも透けて見える。2023年半ばには、進捗状況についてチェックする計画で、さらなる追加施策が必要か評価する予定だ。

EUが戦略を公表してから1年後の2021年5月12日、日本の農林水産省も「みどりの食料システム戦略」を発表した。食料・農林水産業の生産力向上と持続性の両立の実現をめざすものだ。

日本も「みどりの食料システム戦略」を打ち出す

アメリカのバイデン政権も2050年までに環境負荷を半減させながら生産量を4割増加させる「農業イノベーションアジェンダ」を打ち出す。9月に開かれる初の国連食料システムサミットなどもあり、外交面でもまさに脱炭素の主戦場になっている。このため農水省では、「みどり戦略」を国民の間に浸透させ、世界発信していきたいと考えている。

もともと日本の農業は、高齢化による農業従事者の減少や、欧米と異なる中山間地の多い狭い国土、アジアモンスーン気候による水田稲作の文化、低い食料自給率など様々な固有の事情を抱えている。すでに日本では、気温が100年あたり1・26度上昇し、世界平均の2倍近い上昇率で温暖化が進んでいる。このため、全国各地での記録的な豪雨や台風等の頻発、高温が農林水産業の重大なリスクになっていると「みどり戦略」では分析している。さらに気候変動が加速すれば、世界各地で干ばつや水害などが増え、食料や水の供給が不安定になると懸念されており、食料安全保障の観点からも、このタイミングでの変革は必須である。

だが課題は山積だ。戦略では、2050年までに化学農薬使用量の50%低減(リスク換算)、耕地面積に占める有機農業面積の25%への拡大などの目標を掲げた。しかし日本は、有機農業の分野で欧米に大きく後れを取っており、現在は耕地面積のわずか0・5％だ。その面積を25％に拡大するターゲットイヤーが2050年というのは、EUの2030年達成から20年も後ろ倒しの目標だが、それでも本当にできるのかという声が聞かれるほどだ。

2050年までにCO_2ゼロエミッション化をめざす、とも書かれている。ハウスなど施設園芸では2050年までに化石燃料に依存しないとか、農村への再エネ導入などが挙げられているが、それだけでは到底実現不可能だ。しかし残念ながら、具体的な道筋はまだ見えてこない。一方、CO_2の吸収に優れたエリートツリーといわれる苗木を人工交配して導入する計画や、地球にやさしいスーパー品種の開発・普及などが記載され、将来のイノベーションに頼ろうとしている感じも伝わってくる。

農薬についても、ネオニコチノイド系をはじめ規制が世界に比べて遅れている分野も少なくない。「みどり戦略」では、ドローンでの局所的な農薬散布による使用量削減や、AIを活用した病害虫の画像診断システムなど技術革新も盛り込んだ。だが、寄せられたパブリックコメントでは、様々な分野の技術革新の中でも特にゲノム編集技術などへの懸念が示された。

農業分野の脱炭素を実現するためにも、日本が真にめざすべき農業や食料システムとはどのような絵姿なのか、中長期的視野に立った国民的な議論が必要となっている。

鍵を握るフードロスの削減

食料システム改革の中で、世界の喫緊の課題となっているのが、食品（フード）ロスの削減だ。「みどり戦略」でも重要視して詳細な対策が策定されている。

2020年、世界の穀物生産量は26・7億トンと過去最高を記録、これを世界の人口78億で割れば、1日約2350キロカロリーになる。生きていくのに必要な量を十分まかなえる計算だ。にもかかわらず世界の飢餓人口は増加、8億人に達している。

日本のフードロスは年間612万トン。国連などが世界各地で行なっている食料支援のおよそ1・5倍の量に匹敵する。国民1人あたりに換算すると、毎日、私たち全員が大きめのおにぎり1個分の食料を無駄に捨てていることになるという。JNNの調査により、東京オリンピックの会場で、実に13万食もの弁当が廃棄されたという衝撃的なニュースも飛び込んできたが、世界が脱炭素をめざす中で、恥ずべき愚行である。

アメリカの環境保護活動家で起業家のポール・ホーケンが記した『ドローダウン 地球温暖化を逆転させる100の方法』（山と溪谷社）によると、地球温暖化の解決策として効果が高いものから順に総合ランキングをつけたところ、1位の冷蔵庫やエアコンなどに使われる冷媒（代替フロン）対策、2位の風力発電（陸上）に次いで3位となったのがフードロス・食料廃棄の削減だ。この問題に本気で取り組むことは、脱炭素革命の鍵を握り、同時に地球の飢餓問題の解決に貢献することにもなる最優先ゾーンなのだ。

世界でも様々な取り組みが行なわれているが、日本で始まった例をいくつかご紹介しよう。例えば、名古屋では、外食産業5社が企業の垣根を取り払い、フードロス削減に挑戦している。デニーズなどファミリーレストランを運営するセブン&アイ・フードシステムズ、うどん店のトリドールホールディングス、牛丼の松屋フーズ、長崎ちゃんぽんのリンガーハットジャパン、居酒屋のワタミの5社から、名古屋市内で営業する合計38店舗が参加。日々排出される食品残渣を飼料に変えて、契約する養鶏農場で利用し、そこから収穫された卵やマヨネーズなどの製品を再び仕入れるという循環型のスキームを確立した。2020年7月には、国の再生利用事業計画（食品リサイクルループ）の認定を受けているが、企業の枠を超えた合同でのリサイクルループ認定は日本初だ。セブン&アイ・フードシステムズによれば、デニーズだけで年間15トンの食品廃棄物を資源化できたという。5社共同だと、同じトラックで近隣の違う会社の店舗からも回収するため効率的な運用を図れる。さらに、廃棄量が少ない店舗でも参加しやすいため、「食品リサイクルループ」の構築には大きなメリットがある。

このようなSDGsの17番「パートナーシップ」を活かした取り組みとして、セブン&アイ・フードシステムズでは、レストランでの食べ残しの持ち帰りでも工夫を行なっている。2021年、デニーズは、ライバルであるロイヤルホストと組んでプラスチックを使わない新しい持ち帰り容器を開発。この100%植物由来の新容器は、レンジでの使用も可能で、そのまま温めることもできる。

デニーズとロイヤルホストは共同で、環境省が推進している「mottECO（モッテコ）」という実証プロジェクトに参加している。「mottECO（モッテコ）」というのは、欧米ではドギーバッグ（doggy bag）と呼ばれる容器に入れて食べ残しを自己責任で持ち帰る文化を、日本にも導入しようと始まった。英語のdoggy bagを日本語に直訳すると「犬のための容器」となってしまい、もっといい名前がないか募集して審査が行なわれ、選ばれたのが「もっとエコ」と「持って帰ろう」という二つのメッセージが込められた「mottECO（モッテコ）」だ。私も実際にデニーズで、クラブハウスサンドイッチとフライドポテトの残りをこの容器で持ち帰り、自宅で温めて食べてみた。少し時間が空いたせいか、さっきはお腹いっぱいで食べられそうになかったサンドイッチをおいしくいただくことができた。フードロス削減への身近なアクションにつながったと実感できたのも、ちょっぴり嬉しい。

開発をライバル企業が共同で行なうことで、コストの削減や知見の共有、スケールメリットが得られることから、こうした取り組みは、いま非常に注目されている。この他、日本各地で、余った食材を子ども食堂やホームレス支援に役立てるプランや、貧困や格差解消につなげるアイデアも次々と登場し、廃棄と活用先をマッチングするアプリ開発など最新のテクノロジーを活かした取り組みも始まっている。

プラネタリーダイエット 変革が求められる「食」

ちなみに先ほど紹介した、効果的な地球温暖化対策をランキングした『ドローダウン』では、有機農法や不耕起栽培といった手法を用いた環境再生型農業や環境保全型農業もベスト20に入っている。さらに、植物性食品を中心とした食生活も4位と、ベスト20のうち実に12が農業や食・土地利用の分野で、脱炭素にとって欠かせない戦略であることが示されている。

一人の女性医師グンヒルド・ストルダレンさんが創設したノルウェーのEAT財団では、2019年、医学誌『ランセット』と協力し、地球と健康にやさしい食についての報告書を出した。この財団は、気候科学者のロックストローム博士や世界経済フォーラムの幹部も中心的なメンバーを務めている。報告書では、科学的な分析に基づき「プラネタリーダイエット」という食料システムを持続可能にする「地球にとって理想の食事」のメニューを発表。それは、いささか衝撃的な内容だった。

食事の半分は野菜。豚や牛は週に98グラム、鶏は203グラムに抑え、不足するタンパク質は豆類やナッツから得る。先進国では牛肉や豚肉を8割以上削減し、魚を多く食べる日本でも7割削減したほうがよいという。肉を生産するために使われていた穀物などは、貧困層の食事に回すことで、格差の解消につなげる。健康にも配慮されたこうした食事が主流になれば、食料システムの変革に大きく貢献できる。

この「プラネタリーダイエット」は、肉食の量が日本とは桁違いに膨大な欧米型の食生活への戒めなのだが、比較的多く魚を食べ、和食というヘルシーな食文化を持つ日本でさえも、やはり肉食を削減していかなければ気候危機を食い止められないという現実を突きつけられると、身が引き締まる。

いま、ビーガンと呼ばれる完全菜食主義者も増えているが、やっぱりおいしいお肉を食べたいと思う人も少なくないだろう。ポイントは〝意識する〟ことだ。週に一、二回であっても、少しお肉を意識的に減らして野菜中心にしてみる。地産地消の商品を選んで、できるだけ環境負荷の少ない食事を心がける。そうした行動変容が、商品の提供者である企業を動かし、気候危機に立ち向かう具体的な手段となるのだ。

ここでも、課題は「適正な価格」と「見える化」だ。乱獲や森林破壊への加担など隠されたコストをつまびらかにし、環境負荷を減らした認証商品や有機野菜などをチェックすることが大事だが、それでもつい安いほうを手に取ってしまう人も多いと思う。やはり、食料の分野でも公正なカーボンプライシングを導入していくことが、目標達成への究極の近道なのではないだろうか。同時に気をつけなければならないのは、食料品の場合は貧しい人々に皺寄せがいかないように、カーボンプライシングで得た収入を、公正に分配していく仕組みづくりがことのほか重要になる。一つの政策がトレードオフを生んで格差の拡大につながることのないよう、周到な設計が求められることは言うまでもない。

住宅・建築の脱炭素化をめざせ！ ZEHとZEBの時代

衣食住の中でも、日本が遅れていると指摘されているのが、住宅や建築の部門での脱炭素対策だ。特に、住宅への断熱について言うと、風呂場やトイレなど家の中の急激な温度差により血圧が大きく変動するヒートショック問題もいまだに深刻だ。厚生労働省の推計では、実に交通事故の2倍、年間1万9000人が入浴中に死亡しているという。本来、健康面とエネルギー効率を高めてCO_2の排出を減らす両面から、断熱性能の向上が必要なのだが、その重要性が国民にも十分に伝わっていないのが実情だ。

断熱性能でどれほど住まいが変わるか、大手建材メーカーのLIXILのモデルルームで体験したことがある。「住まいStudio」という施設では、ガラスや建材に使われている素材など住まいの断熱性能によって、室内の温度や快適性がどれくらい違い、省エネにも影響が出てくるか、体感できる。窓の外の気温は0度の設定で、1980年当時の省エネ基準で造られた「昔の家」を体験する。皆さんも古い家に入った時に独特の寒さを感じたことがあるのではないだろうか。こうした家は住宅の気密性が低いため、エアコンをつけていても十分に温まらず、省エネはできない。温度が一目でわかるセンサーカメラで見てみると、青で示される気温の低いエリアがかなり広がっている。メインの室内は20度の暖房が効いているのだが、廊下やトイレ、風呂場などは非常に寒く、実に13度も差があった。この温度差は、健康にとってもよくない。失神や心筋梗塞、脳梗塞などを引き起こし、体へ悪影響を及ぼすのだ。

次に、断熱性能が高い基準で造られた「これからの家」を体験してみる。窓の外の気温は先ほどと同じ0度だが、室内には青で示した寒い部分はほとんどない。断熱性能が極めて高いため、ヒートショックのリスクが低く、もちろん暖房などの効率もいいので、CO_2の削減に貢献できる。こうした高性能の建材で造る家は、初期投資に費用はかかるが、電気代や燃料費の節減効果があり、一定の年数で回収できる。我慢せずにスマートな省エネができるのだ。

もともと寒い地域が多いヨーロッパでは、断熱への意識が高く、セントラルヒーティングなども活用され、暖かい住宅のニーズが高かった。日本でも寒さの厳しい北海道のほうが、断熱性能の高い住宅の普及が進んでいるのと同じ理屈だ。

地球温暖化問題が深刻になってきた頃、ドイツなどでは真っ先に断熱性能に注目し、「家の断熱チェック」をする専門家を養成、こうした人々を家庭に派遣して断熱のための改修の助言を行なったり、受けられる補助金のアドバイスをしたりする取り組みが早くから進んでいた。私たちも２００８年の『地球特派員』という番組でこうした実態を取材している。

その後、ＥＵでは、２０１０年に建築物のエネルギー性能に関する新たな指令が制定された。すべての新規建築物等に対し、定められたエネルギー性能に適合させることを求め、「ゼロ・エネルギー建築物」というゴールをめざして、将来的に基準を引き上げていく方針が示された。それから10年以上がたったが、ＥＵではグリーンディールの一環としても、引き続き断熱性能の強化に力を入れている。

実は、家の断熱性能が向上することは、再エネの導入にも役立つという。東北芸術工科大学の竹内昌義教授が国土交通省の「脱炭素社会に向けた住宅・建築物のあり方検討会」に提出した資料によれば、再エネで問題になっている夏の午後とか冬の夜などのエネルギーピークカットに、「断熱」は大きく寄与するという。いまも夏場や冬場の電力需要のピーク対応がギリギリだとして、火力発電を稼働させる案が検討されているが、本来、温暖化対策に逆行するこのような事態を避けるためにも、断熱は必須かつ最優先事項の一つなのだ。

2050年カーボンニュートラルをめざすには、これから建てる新築物件には、様々な規制を強化して高いレベルの義務を課すのは当然の施策だが、ここで大事なのは、既存の建物の改修や、住宅以外の建築の断熱強化だ。いまカーボンニュートラル対応の建築には、ZEH（ネット・ゼロ・エネルギー・ハウス）、ZEB（ネット・ゼロ・エネルギー・ビル）という大きな目標があるが、ZEBに関しては、Nearly ZEB（ニアリーゼブ）、ZEB ready（ゼブレディ）という基準もある。ニアリーゼブはほとんどZEBに近い（あと25%）、ゼブレディはZEBを見据えた（あと50%）という意味らしい。いずれにせよ環境性能をきちんと評価する仕組みの構築は重要で、施主側もこうした認証の建物の設計を要求したり、それに伴うコスト高を一定程度受け止める必要があるように思う。

ZEB、ZEHで鍵を握るのは、省エネだけでなく「創エネ」だ。なかでも太陽光パネルの設置が新築住宅には欠かせないとして、義務づけの議論も起きている。すでに、アメリカ・カリフォルニア州では、2020年1月に新築住宅の太陽光発電設置を義務化している。太陽光発電の義務化は、カリフォルニア州内で建築許可申請をした新築戸建て住宅と、3階建てまでの低層集合住宅を対象としている。太陽光設置に伴う追加コストは維持費も含めて新築住宅1軒あたり平均約9500ドル（約105万円）だが、導入後の約30年間を通じたエネルギーコスト削減効果は1万9000ドル（約209万円）になるため、元は必ず取れる。何よりも、義務化のメリットは、大量導入によってコストの低減化が見込めることと、工務店や建築会社などがノウハウを蓄積することに積極的に投資できる点だ。今後このトレンドが揺るがないとわかれば、マーケットそのものが脱炭素に向かって自走していく。

とはいえ、日本はカリフォルニアのように一年を通して陽光が降り注ぐ気候とは異なるし、日本海側のような日照時間が少ないエリアでの義務化は本当に効果的なのか、という声もあるだろう。だが、そういう地域でも風力やバイオマスを補助的に活用したり、蓄電池を効果的に使うなどの対処法はいくらでもある。まずは、政府が率先して「これからの新築は、ゼロ・エネルギー建築をめざす！」「あらゆる手段を総動員しなければ、気候危機は食い止められない！」という強いメッセージを出すことだろう。その上で、具体的にいつまでにどのように達成するのか、ロードマップの詳細を詰めていけばいいのではないか。

カーボンニュートラル時代の建築とは

達成すべきゴールへの共通の思いがなければ、「現状では無理」「現実的にはできない」「時期尚早」「コストがかかる」といった声ばかりになってしまい、新しい建築へと舵を切ることができない。建築は、一度建ててしまえば、数十年にわたって使い続ける社会のインフラだ。2050脱炭素がゴールなら、それにふさわしい建築が私たちには求められている。

知恵を絞り出す必要に迫られれば、いくつも方法はある。例えば、パッシブハウスという無暖房住宅の技術があるが、ここでは、太陽光や太陽熱の利用に加えて、地中熱を活用している。地表の温度は夏は熱く、冬は冷たい。しかし地下5メートルほどの深さでは、一年中ほぼ一定だという。この安定した温度を住宅の室内に取り込むというものだ。

この他にも、世界には様々なベストプラクティス（好例）がある。エネルギー分野で名高いエイモリー・ロビンス博士の自宅兼研究所であるロッキーマウンテン研究所は、アメリカ・コロラド州の標高2200メートルにある。かつて『未来への提言』というインタビュー番組で取材したのだが、エネルギー効率に最大限の工夫を施した372平方メートルの研究所の使用エネルギーは、通常の住宅の10分の1以下。暖房にはガスや石油は一切使用しておらず、パソコンやサーバーからの熱や、人間の体温などで間に合うほど省エネ化されていた。断熱性能を究極まで高め、太陽光パネルや太陽熱利用システムが設置された室内は非常に暖かく、驚いたことにバナナやパパイヤなども収穫できるほどだ。いわば、イノベーションのショールームにもなっている。

ロビンス博士は、ニューヨークのエンパイアステートビルの省エネ改修の指揮を取ったことでも知られている。エンパイアステートビルは、第二次世界大戦前に建設された延べ20万平方メートルを超える世界的建築物だ。2009年、老朽化に際し、クリントン元大統領と当時のブルームバーグ市長の考案で、5億ドル（約550億円）をかけ世界のモデルとなる省エネ改修を行なった。断熱化をはじめとする総合的な改修で、年間エネルギー使用量を38％削減、年間440万ドル（約5億円）のコスト削減、向こう15年間で10万トンを超えるCO_2の削減が見込まれる成果を上げた。もちろんこれは、世界への波及効果を期待しての先行投資だったわけだが、このプロジェクトが実行に移されたのは、10年以上前だ。日本との意識の差をいまになって改めて痛感する。

この遅れを取り戻すには、どうしたらいいのか。

建設会社の大東建託は、京セラの太陽光発電システムを採用した、日本で初めての脱炭素住宅「LCCM（ライフ・サイクル・カーボン・マイナス）賃貸集合住宅」を開発し、2021年夏に完成させた。LCCMは、ZEHよりも野心的で、建設・居住・廃棄のそれぞれの局面でCO_2の削減に取り組む。さらに太陽光発電などを利用した再エネを創出することで、建設から解体までの建物のライフサイクルを通じてCO_2排出量をマイナスにする住宅だ。屋根の形状を工夫し、太陽光パネルの搭載容量を最大限まで増やすことで建物の発電効率を向上するなど、県立広島大学の小林謙介准教授と共同研究を行ない、工夫を凝らしている。

やる気を持つ企業が増えれば、必ずZEH、ZEBが当たり前になる世の中が来るはずだ。そのためには、こうした問題に積極的に取り組むことができる人材を増やしていかなければならない。国交省の「脱炭素社会に向けた住宅・建築物の省エネ対策等のあり方検討会」でも、業界団体のヒアリングで様々な課題が浮き彫りになっている。大事なのは、省エネ基準に関する知識力・技術力を身につけ、省エネ基準への適合性を計算・評できるようになるためのトレーニングの重要性だ。地域の工務店の知識不足や、設計事務所の省エネへのノウハウ不足が大きなボトルネックになっているのだ。人手も足りていないため、人材育成が急務なのだが、日本の他の施策同様に、住宅省エネに関する制度が複雑で理解するのが困難だという疲弊感や手続きのスリム化を求める声も大きい。

もう一つのポイントは、明確なインセンティブを与えることだ。工務店側でも省エネ対応の業務を増やすことは、適正な価格転嫁がされなければ、小規模事業者の利潤低下や建築士の労働環境や処遇悪化につながる懸念もある。一方、一般消費者のZEHの認知度向上に向けた効果的なPRや、追加費用に対する消費者の負担感の軽減も欠かせない。このためには、気候危機への理解を深めてもらうと同時に、補助金や法人税、固定資産税の税制優遇措置などを強化する必要がある。また、ZEH、ZEB、LCCMについてメリットの「見える化」や不動産市場での適正な評価も足りていないという。改修後の健康効果や、光熱費の削減効果などの費用対効果を示すツールも重要だ。わかりやすいアプリの開発なども必要だろう。

軽くて効率のいい住宅用太陽光パネルの開発や家庭用蓄電システムの価格低減など、イノベーションも重要だ。太陽光メリットの少ない地域に対しては、例えば、バイオマス発電に投資する「ZEHファンド」的なものが各地につくられ、建築主が参加する仕組みも可能性がある。電力の地産地消が進めば、周辺の森林整備・再生が進むといった一石二鳥のアイデアも業界からは出されている。太陽光発電義務化を前提に、不利な地域への例外規定などの整備も合わせて検討する必要がある。

何よりも大事なのは、住宅省エネ基準について、いつまでに何をするのか明確にタイムラインを示すことだ。2050年の脱炭素をめざすことは重要だが、まずはEUなどと同様に2030年までの政策強化を強く意識すべきだ。長野県は、国に先駆け、2030年までにすべての新築建築物のZEH・ZEBを実現することを目標に掲げた。また、EUは2020年10月に「リノベーション・ウェーブ戦略」を発表。2030年までに、3500万の建物の改修と16万人の雇用創出をめざす。このように、日本でも新築と並んで大きな課題である約6000万戸の既存住宅の省エネリフォームを急ぐべきだと思う。ここは、実はビジネスチャンスでもあり、雇用創出にもつながるので、早急な対応を求めたいところだ。

大事な視点は、住宅の脱炭素を切り離して考えるのではなく、この後、詳述するモビリティや送電網とつなげて考えることだ。ZEHやZEBを「デジタル化されたエネルギーのインターネット」で結ばれたスマートシティの一部として捉え、未来の絵姿を共有できれば、自ずとそこからバックキャストして、いま必要な対策を打ち出していけるはずだ。家庭で作ったエネルギーを送電網で自在にやりとりできる分散型社会のイメージを持たずに枝葉だけを見ているとコスト高にしか思えず、トータルでのベネフィット（便益）が理解できない。

福岡の工務店エコワークスの小山貴史社長は、ZEHの普及に早期から取り組んできた先駆者だ。ZEHビルダー評価制度で最高ランクの六つ星を持つエコワークスでは、中小企業版2度目標・RE100の認定支援事業を受け、2020年に使用電力の再エネ100%という目標を公開、モデルハウスを含む17か所の全事業所で再エネ由来の電力への切り替えを完了した。また、SDGs中期経営計画においてもCO_2排出抑制などに取り組むことを大きな柱に掲げ、「2040年までにCO_2排出実質ゼロ企業」をめざしている。小山さんは、2050年脱炭素に向けて、住宅業界にはまだまだやれることがあるという。

「家庭の省エネに関する議論は、省エネ目標設定も含め、産業などの他部門から見ると極めてレベルが低いままで、遅々としています。このままでは未来の世代に申し訳ないと思います」

今後は、電力系統との連携まで見据えて、省エネでかつ快適な新しい住まいづくりへの夢を実現させていきたいと意気込んでいる。

CO_2から作るコンクリートと廃棄食材から作る建材

この他、建築業界での気になる話題をいくつかご紹介しておこう。まずは、厄介者のCO_2

を使ってコンクリートが生まれるというニュースだ。

大成建設は、セメントを使わず、大気中のCO_2とカルシウムを合成した炭酸カルシウムでコンクリートを作る技術を確立したと発表。強度や粘度の面でも通常のコンクリートと同じく使えるという。トータルではカーボンマイナスを実現する新技術で、解体後も再びコンクリートへの再利用をめざすことで、循環経済の構築にも役立つ。課題は量産コストの削減だ。この点をクリアできれば、インフラ需要の大きい新興国でも使用することができ、世界的な脱炭素を進めることが可能になる。2030年頃の実用化が目標だ。

実は、セメント産業のCO_2排出量は、世界のCO_2排出量の約8%を占めるなど、膨大だ。このため、世界各地でセメントフリーのコンクリート（クリーンクリート）の開発も進められている。スイス連邦工科大学チューリヒ校から生まれたスタートアップ企業では、建設業界に革命を起こそうと、採掘工事の副産物である粘土質の残土に特殊な化学添加物を加えて作る建材の開発に挑んでいる。クリーンクリートは従来のコンクリートより2割安く、CO_2排出量も25分の1に抑えられる可能性があるが、課題は強度で、高層の建物には使えない。

こんなニュースもある。東京大学生産技術研究所の酒井雄也准教授は、野菜や果物など廃棄食材から、建材としても十分な強度を持つ素材を製造する技術開発に、世界で初めて成功したと発表。実用化されれば、フードロス問題も合わせて解決できる一石二鳥の夢の技術だ。

一方、ドイツ政府は、2021年5月、建築資材のリサイクルに関する新しい法律を閣議決定。建築現場で出る瓦礫や廃棄物を効率的に再利用・リサイクルする仕組み作りにも乗り出した。日本でも、貴重な鉱物資源を徹底的に再利用するための制度整備が求められている。

CO_2を蓄える木造高層ビル

温暖化を食い止める観点から注目されているのは、木造高層ビルだ。木は、光合成する際に葉からCO_2を吸収する。木に取り込まれたCO_2は、木材の中に有機物として固定化されるため、カーボンニュートラルの実現に役立つ。2020年、環境学者と建築家のチームが都市部の木造建築による気候変動対策の効果を数値化し、『ネイチャー・サステナビリティ』誌に発表した。コンクリートと鉄の建物を造り続けると、建物に関連して排出されるCO_2は2050年には年間6億トンに上るが、都市生活者向けに新たな木造建築を建てると、年間最大6億8000万トンものCO_2を吸収できるという。木造建築を建てれば建てるほど、CO_2をより多く貯留できる上、鉄とコンクリートの製造をやめれば、大気中へのCO_2排出をより多く抑制できる。もちろん、森林伐採が過剰に進んでは元も子もないのだが、適切に管理された森林からの供給でも十分に達成可能だというのだ。

こうした中、三井不動産と竹中工務店は、日本橋で木造高層建築物として国内最大・最高層となる地上17階建ての賃貸オフィスビルを計画。2023年着工、2025年竣工をめざすという。

木造高層ビルは、決して夢物語ではない。2019年、ノルウェーのブルムンダルという小さな町には、現在世界で一番高い約85メートル、18階建ての木造の複合ビル「ミョーストーネット」が完成している。オーストラリアのシドニーでは、高さ180メートル、40階建てのハイブリッド木材と金属を用いたビルも計画されている。ソフトウェア企業のアトラシアンの本社ビルで竣工予定は2025年だ。このようにいま、建築業界でも脱炭素に向けたイノベーションが加速している。

私も10年以上前に『SAVE THE FUTURE 科学者ライブ』という番組で、木質構造を研究する第一人者、東京大学生産技術研究所の腰原幹雄教授にご出演いただき、木造ビルの可能性についてプレゼンしてもらったことがある。その時は、耐火性能の向上で中層ビルは十分に可能だったのだが、超高層は夢の技術だった。わずか10年あまりで、現実にビルが建てられるようになったことを思うと、2050年に向けて、あらゆるアイデアを持ち寄り、持続可能な建築に向けて総力を上挙げてほしいという思いを強くする。

言うまでもなく木造建築は日本の誇りであり、法隆寺も東大寺も江戸城もみな木造だ。その伝統に新技術を組み合わせて、世界をリードしていければ、日本の国土面積の約3分の2を占めながら荒廃が進んでいる森林の再生や林業の復興にもつながるはずだ。高層ビルに限らず、中層の建物が耐火の木造建築に置き換わっていく未来も素敵ではないか。ここでも、脱炭素をポジティブにビジネスチャンスと捉えることこそ、イノベーションの原動力になるだろう。

この章のポイント

◉ファッション業界ではグッチなど高級ブランドからH&Mなどファストファッションまで「ファッション協定」に加盟。環境負荷削減、排出ゼロ、多様性保全、脱プラをめざす。

◉国内企業ではアシックス、ユニクロなどが続く動きが見られる。

◉服1着にCO_2が25キログラム、水2300リットルが必要で、再利用・再資源化は3分の1しかない。長く着ることも大事。

◉カーボンフットプリントの見える化、サステナブル認証の動きもあるが、トレーサビリティとコスト面が課題。環境損益計算も。

◉EUでは「Farm to Fork（農場から食卓まで）戦略」を打ち出し、有機農業の促進、食品廃棄の半減などを掲げる。肉食減、消費・賞味期限の見直し、教育まで視野に対策。

◉日本の「みどりの食料システム戦略」でも、農業分野の脱炭素化をめざし、高齢化や低い食料自給率解消にも挑む。

◉「プラネタリーダイエット」など野菜中心の食生活への転換や、人工肉、大豆ミート、フードロス削減が脱炭素に効果的。

◉住宅・建築では、ZEH、ZEBなどネットゼロの建築が重要に。断熱化によるヒートショック回避など健康面への貢献も。

◉カリフォルニアでは新築に太陽光発電を義務化。EUでは3500万戸のリノベを中心に16万人雇用創出を狙う。

◉低炭素型コンクリート、CO_2固定化に役立つ木造ビルも登場。

第7章

めざすべき未来
グリーン×デジタル

イノベーションによる脱炭素社会の実現

さて、ここまでいくつかの産業の脱炭素をめぐる状況を見てきた。いずれの産業においても、2050カーボンニュートラル達成のために必要なことは、イノベーション（革新）である。もちろん、イノベーションという言葉が意味するのはテクノロジーの開発だけではない。それを実装し広げていくために欠かせない社会の画期的な仕組みを作ることもイノベーションだ。そして、成功の鍵を握るのは、「グリーン×デジタル」である。ここからは、イノベーションの最前線を通して、日本が抱えている課題を整理してみよう。

2021年5月、私がアドバイザーを務めている科学技術と経済の会の「脱CO_2社会の実現による経済成長と持続的発展を考える」専門委員会では、ノーベル化学賞受賞者の吉野彰氏をお招きし、講演していただいた。私もオンラインで拝聴したが、実に示唆に富む貴重なご講演であったので、その一部をご紹介したい。

吉野さんは、リチウムイオン電池の開発で名高いが、現在は、産業技術総合研究所のゼロエミッション国際共同研究センター長を務めておられ、脱炭素技術の最前線に造詣が深い。2020年1月に設立されたセンターの理念は、地球の気候変動というグローバルな問題を解決するために、世界の叡智を集めて基礎科学や産業技術を発展させ、Environment and energy technology というET革命を実現することだという。

「イノベーションによるゼロエミッション社会の実現」と題された講演では、まず、リチウムイオン電池が開く未来社会をテーマに、車の電動化の現状と将来に向けた考え方を明快に解説してくださった。吉野さんの考えでは、その根幹には、「車のゼロエミッション化が発電所から排出されるCO_2の削減に自動的に連動するシナリオが必要」だという。そのためには、環境・経済性・利便性の同時実現が肝要で、その鍵を握るのは二つのワード、ＣＡＳＥ(Connected-Autonomous-Shared-Electric)とＭａａＳ(Mobility as a Service)だ。ＣＡＳＥという概念は、２０１６年のパリモーターショーにおいて、ダイムラーのＣＥＯが発表した中長期戦略の中で初めて用いられた。Sharedの後にserviceを入れている場合もあるが、概ね「コネクテッド（接続した)、自動化、シェアリング、電動化」の四つの要素が絡み合う中で、未来社会の新しいモビリティの可能性を生み出すと考えられている。コネクテッドカーとは、ＩＣＴ端末としての機能を持ち、車両の状態や周囲の道路状況など多様なデータをセンサーで取得、ネットワークを介して集積・分析することで、様々な価値を生み出す「つながるクルマ」を指す。そこから生まれてくるＡＩを搭載した自動運転のＡＩＥＶこそ、未来の車社会だという。

吉野さんは、この日、一本の動画を示してくれた。２０３０年の未来社会のある一日が描かれている。２０３０年に走っているのは、ＡＩＥＶ自動運転のシェアリング型の車。乗りたいと思った人は、アプリで呼べば、最も近くにいる車がまるでタクシーのようにすっと現れる。それぞれの車は、つながった＝コネクテッドされた情報をもとに最適な車間距離を取りながら、目的地へと向かっている。車内では、バーチャルな情報を投影してヨガをするもよし、映画を楽しむもよし、ネットショッピングをすることもできる。喉が乾いた、という情報を伝えれば、膨大なデータからAIが最適なプランを提供してくれる。この動画では、途中にある人気のフレッシュジュースのスタンドが推奨され、主人公はおいしいキウイジュースを選ぶ。その店に立ち寄り車内でジュースを飲むうちに、目的地に到着。するとリリースされた車は、次なる乗客の元へ。充電が必要なら自動的に充電ステーションへと向かう。こうしたサービスは、サブスクリプションの定額制で契約され、車は買うものではなく、シェアするものになっている。どんなサービスを提供できるかで付加価値が変わってくるわけだ。

だが、吉野さんが強調していたのは、AIEVの充電ステーション網は、正確には充放電ステーションだという点だ。AIEVは、天候や需給調整の必要性によって、送電網に放電することもできる。つまり、CASEやMaaSの世界では、車が単なる移動手段ではなく、エネルギーの根幹をなしているのである。そして、この巨大なネットワークを支えているものこそ、エネルギー効率の高い新しいバッテリーである。

2030年に、ここまでのスピードでAIEVが走れるようになっているかは、充放電ステーションの整備も含めて未知数だが、スマートフォンがあっという間に普及していまや当たり前のツールになったことや、現在、世界中で加速しているグリーンリカバリーによる電動化とAIとIoT（モノのインターネット）の驚くべき進化を思えば、実現していても決して不思議ではない世界だ。この動画を見て、改めて世界のEVシフトの本質に触れた気がした。

ゼロエミッションの鍵を握る「グリーン水素」と「人工光合成」

さらに吉野さんは、所長を務めるゼロエミッション国際共同研究センターで取り組んでいる研究についてもいくつか紹介してくれた。

一つ目は、新型太陽光発電。ペロブスカイト太陽電池といわれる次世代の太陽光発電技術だ。ペロブスカイトというのは結晶構造の名前だが、2030年に太陽エネルギーの変換効率35%という高い効率と現行の10分の1の軽量化をめざしている。耐久性などの課題にも挑戦し、あらゆる分野に応用できる素材を開発中だ。いわゆる「塗る太陽電池」としても注目される技術で、実用化が期待されている。

二つ目は、CO_2フリー水素（グリーン水素）による水素製造、貯蔵、利用技術の開発だ。現在、日本では過剰なまでに水素エネルギーへの期待が高まっている。これは、水素技術に関しては、日本が世界でも突出した特許や研究成果を持っていることから、これまで見てきたような欧米・中国の後塵を拝する分野ではなくトップランナーを走れるこの技術にすがりたいという産業界の祈りにも似た気持ちが反映されているようにも感じている。

私は、吉野さんが明快に「CO_2フリー水素による」と定義づけてくれたことに、非常に感銘を受けた。というのも、いまほど記したような過剰な期待から、日本では、いつも「水素」と一括りにされてしまいがちだからだ。褐炭という化石燃料から作る水素をはるか遠く離れた場所から膨大なエネルギーをかけて輸送してきて使うようなタチの悪いやり方すら、崇められている時もある。

参考に、2020年6月に水素戦略を発表したドイツ政府の4種類の分類を見てみよう。

グリーン水素：再エネによる電力を使って製造される

グレー水素：天然ガスなど化石燃料からの電力を使って製造される

ブルー水素：化石燃料からの電力を使って製造されるが、CO_2を貯留する

ターコイズ水素：メタンガスから生成される

ドイツでは、「2050年にCO_2排出量を正味ゼロにするという目標を達成するには、製造業・交通・暖房のエネルギー源を化石燃料から、再エネ電力によるグリーン水素に転換しなくてはならない」として、CO_2を出さずに製造されるグリーン水素を重要視している。ブルー水素も戦略に盛り込まれているが、これにはCO_2回収・貯留の技術であるCCSが不可欠で、どこでも実現可能なものではない。しかもCCSの費用が極めて高いため、なかなか採算的に成り立たない。ゴールはあくまで、グリーン水素による脱炭素社会なのだ。

2020年7月、ドイツに続いてEUも水素戦略を打ち出した。まず、2025年までにEUに少なくとも6ギガワットの電解装置が設置され、最大100万トンの再生可能水素の生産を目標とする。次に2030年には40ギガワット、1000万トンのグリーン水素を製造。さらに2030年以降は、脱炭素化が困難な産業部門に導入される段階で、目標として再エネ電力の25%がグリーン水素の製造に利用されることを想定している。航空燃料のところで述べた

ような、CO_2と水素を使った合成燃料などが商業ビルも含めたより広い経済範囲に浸透していく社会をめざす。ちなみに既存の天然ガスパイプラインの一部活用による水素長距離輸送への活用も視野に入れているという。

実現のための課題としては、ＥＶステーションを補完する形で、トラックなどのための水素ステーション網を広範囲に築けるかどうかや、コストの低減、本当にＣＣＳに頼れるかどうかが挙げられ、困難も予想されている。だが、２０５０年カーボンニュートラルの実現には必須不可欠のエネルギーだとして、本気を見せている。その投資金額は驚くべき数字だ。２０５０年までの水素関連投資額の累計は、１８００億～４７００億ユーロ、日本円にして約23兆～61兆円といった巨額が想定されているのだ。

ここまでヨーロッパが急速に水素重視を打ち出してきたのは、再エネの加速度的な普及によって、余剰電力を使ったり蓄えたりする必要性に迫られているからだ。いわば、幼稚園レベルから始めた再エネ戦略がいよいよ義務教育を卒業して、高等教育レベルに達し、これ以上普及させるには、水素が不可欠になってきたのだ。

一方、日本は一丁目一番地である再エネの普及がまだ疎かで、現実的には水素による蓄電もほとんど必要ない状況だ。であるのに、なぜか優先すべき再エネ戦略よりも「水素！　水素！」となっている状況は、いささか奇妙な感じもする。しかし、いずれ水素は重要なツールになるのだから、いまから力を入れておくことは悪いことではない。肝心なのは「グリーン水素（CO_2フリー水素）」が基本だという強い決意だ。それをノーベル賞受賞者である吉野さんが明快に断言したことに、私は勇気をもらったのだ。

さて、この他に吉野さんが、ゼロエミッションのためのイノベーションとして着目していたのが、人工光合成だ。人工光合成とは、植物が太陽エネルギーを利用してCO_2とH_2O（水）から有機物（でんぷん）と酸素を生み出す「光合成」を模して、太陽エネルギーとCO_2でプラスチックの原料などになる化学品を合成しようという技術だ。詳しいメカニズムは省略するが、ポイントは光触媒における太陽エネルギー変換効率、つまり太陽エネルギーを使ってどのくらい水から水素を作り出すことができるのかにある。ゼロエミッション国際共同研究センターでも、人工光合成の技術を用いて電解ハイブリッドシステムによる安価な水素製造を行なう開発や、人工光合成を利用した化学品を製造する研究などに取り組んでいる。太陽エネルギーは、無尽蔵ともいえるCO_2フリーエネルギーだけに、再エネの利用にとどまらず人工光合成ができるようになれば、本当に画期的なイノベーションだ。

豊田中央研究所は２０１１年に、H_2OとCO_2のみを原料とした人工光合成に世界で初成功。当初は太陽光エネルギーを有機物に変換できる割合が０・04％だったが、改良を重ね、２０２１年までに7・2％まで向上させた。高くても3％程度とされる植物の光合成の効率を上回るという。研究成果はアメリカの学術誌に掲載された。

今後も、日本全体で、こうした分野に英知を注いでいけば、脱炭素時代のブレークスルーにつながる可能性がある。ぜひ、産官学が連携して本気の支援をしてほしいと願っている。

2兆円の脱炭素イノベーション基金と「カーボンリサイクル」

日本のイノベーションの鍵を握っているのが、総額2兆円を投じる政府のグリーンイノベーション基金（脱炭素基金）だ。一見巨額に思われるが、他国の政策と比べると桁が違っており、決して多い金額ではない。脱炭素社会の実現に向けて、革新的な技術の開発に取り組む企業を10年間にわたって支援するもので、経済産業省は目標の達成度に応じて、追加的な支援を行なうなどとする運営方針の案を示した。2021年度上半期に開始を想定しているテーマは次の18分野だ（次ページ表）。中でも、水素関連のサプライチェーンの構築には上限3000億円、再エネ等由来の電力を活用する水素製造の装置開発などに上限700億円とする案が、有識者会議に提示された。

このうちのいくつかの技術の現状について見てみよう。

⑦から⑩に挙げられているのは、CO_2を資源として捉え、分離・回収して様々な製品や燃料に再利用することでCO_2の排出を抑制する「カーボンリサイクル」といわれる技術だ。ポリカーボネートや、ウレタンなどの化学品に生まれ変わらせたり、CO_2由来の燃料としても使える。航空燃料への変換や建築業界のパートで述べたコンクリートなどへの応用も可能だ。

⑩では分離・回収技術にも触れられている。まず、挙げられるのがCCSと呼ばれる技術で、発電所や化学工場などから排出されたCO_2を、他の気体から分離して集め、地中深くに貯

グリーンイノベーション基金が支援する18テーマ

分野	テーマ
グリーン電力の普及促進	①洋上風力発電の低コスト化
	②次世代型太陽電池の開発
エネルギー構造転換	③大規模水素サプライチェーンの構築
	④再エネ等由来の電力を活用した水電解による水素製造
	⑤製鉄プロセスにおける水素活用
	⑥燃料アンモニアサプライチェーンの構築
	⑦CO_2等を用いたプラスチック原料製造技術開発
	⑧CO_2等を用いた燃料製造技術開発
	⑨CO_2を用いたコンクリート等製造技術開発
	⑩CO_2の分離・回収等技術開発
	⑪廃棄物処理のCO_2削減技術開発
産業構造転換	⑫次世代蓄電池・次世代モータの開発
	⑬自動車電動化に伴うサプライチェーン変革技術の開発・実証
	⑭スマートモビリティ社会の構築
	⑮次世代デジタルインフラの構築
	⑯次世代航空機の開発
	⑰次世代船舶の開発
	⑱食料・農林水産業のCO_2削減・吸収技術の開発

（出典：内閣官房 成長戦略会議資料）

留・圧入するというものだ。CCUS（Carbon dioxide Capture, Utilization and Storage：二酸化炭素回収・利用・貯留）は、CCSにCO_2の有効利用が加わっている。だが、利用といっても、例えばアメリカでは、CO_2を古い油田に注入することで、油田に残った原油を圧力で押し出しつつ、CO_2を地中に貯留するというCCUSが行なわれているように、全体ではCO_2削減が実現できるとはいえ、実際には石油の増産にもつながっているなど、本当に脱炭素に役立つものなのかどうかは、注意深く見ていく必要がある。加えて、課題はコストで、過剰にこうした技術を当てにするのは、現実的ではない。

CO_2の回収技術の中には、「ネガティブエミッション」といわれる技術がある。これは、大気中のCO_2を人為的に除去・減少させる技術で、主なものには、バイオマスエネルギーCCS（BECCS）と呼ばれるものがある。もともと植物由来のバイオマスはCO_2を排出しないとみなされるが、これにCCS技術を組み合わせることで、大気中のCO_2を実質的にその分取り除いたとみなすことができるというものだ。「ジオエンジニアリング（気候工学）」といわれるものの中では、最も副作用が少ない技術と考えられ、効率的な手法の開発が期待されているが、植物の確保には広大な面積が必要になるなど課題も山積だ。

さらに、DAC（Direct Air Capture：直接空気回収）という手法がある。すでに世界のスタートアップ企業が、直接空気からのCO_2回収に成功している。カナダの企業カーボンエンジニアリングは、10年以上にわたって開発を続け、巨大な扇風機で空気を集め、特殊なプラスチックの表面でCO_2を吸着する化学物質と反応させ、取り除いている。

スイスのスタートアップ企業クライムワークスでは、商業用CO_2除去プラントが、すでに稼働。1年で回収できるCO_2は約900トンで、1機が数千本の樹木に相当するという。特殊なフィルターで吸着したCO_2は温室にパイプで送られ、作物の光合成を活発化させる肥料として使われたり、コカ・コーラ社の炭酸水の原料に使われたりしている。さらに、アイスランドでは回収したCO_2を地下700メートルで鉱物化して固定化する実験プラントを稼働させるなど、ヨーロッパ各地での設備の設置を計画し、数年後には年間数千トンの回収を見込んでいる。こちらも課題はコストだ。

ネガティブエミッション技術には批判も少なくない。BECCSなどは、農業や食料生産とのトレードオフ問題があり、本当に地球環境のためになるのか慎重に検討することが大切だ。利用のためのしっかりしたルールを作り上げ、倫理基準を定める必要がある技術も多い。また、こうした技術に過剰に期待し、頼ろうとすることで、本来優先して行なうべき再エネの普及などが疎かになるようなことがあっては、本末転倒だろう。だが、現在の逼迫した気候危機の状況を鑑みると、こうした技術の研究もいまから進め、イノベーションの力で実用化していくことは、非常に重要になってきている。

脱炭素の救世主、それとも敵？ 注目の「アンモニア」

この18項目のほとんどは本書の中で触れているが、燃料アンモニアサプライチェーンの構築については、「なぜアンモニア？」と思われた人もいるだろう。

実はいま、燃焼時にCO_2を排出しないアンモニアが石炭や石油、天然ガスなど化石燃料の代替燃料として注目されている。

アンモニアの分子構造はNH_3だ。まず、メタンのように炭素を含んでいないため、CO_2を排出しない。そして、一つの窒素に水素が三つ付いており、水素を含んでいることがポイントとなっていることがほとんどだが、アンモニアには水素よりも扱いやすいという利点がある。現在は、化学肥料の原料として使われることがほとんどだが、アンモニアはマイナス33度で貯蔵でき、液体化のためにはマイナス253度以下にする必要がある水素に比べ、貯蔵タンクなどの整備費用が安く、運搬もしやすい。

もともとは、この運搬のしやすさに目をつけて、水素を海外の産地から日本に安く大量に運ぶために水素をいったんアンモニアに転換する方法が研究されていた。ところが、研究を進めるうちに、このアンモニアを発電所で直接燃やせばCO_2を減らすことにつながるのではないかと考えられるようになったという。

仮に大手電力の石炭火力をアンモニアだけで燃焼させる「専焼」に切り替えることができれば、CO_2排出量を約2億トン削減できるという。まずは、20%程度アンモニアを混ぜる混焼を進めることで、普及をめざしたいという。

中でもアンモニアに大きな期待を寄せるのが、東京電力グループと中部電力の共同出資会社で、日本最大の火力発電事業者JERAだ。アンモニアは石炭火力プラントとの相性がよく、混焼する場合に大掛かりな改修工事を必要としないことも魅力で、ボイラーにアンモニアを送り込むパイプラインを増設し、専用のバーナーに取り替える程度の改修で済むという。

JERAは、自社の石炭火力を将来的にすべてアンモニア専焼にする方針を発表、2021年6月、IHIとともに石炭火力発電所でアンモニアを燃料として活用する実証事業を開始した。大型の商用石炭火力発電で大量のアンモニアを石炭と混焼する実証事業は世界初だ。

政府とエネルギー企業などで構成する官民協議会も2021年2月、導入拡大に向けたロードマップを公表した。経済産業省が発表した「グリーン成長戦略」でも、水素と並んでアンモニアは、重点項目となっている。

このアンモニアについては、日本のエネルギーにとって画期的なゲームチェンジャーになるという見方と、パリ協定に整合せず再生可能エネルギーへの転換を遅らせる要因になりかねないと懸念を強める見方に大きく分かれている。

ポジティブに捉える推進派は、日本のCO_2排出量の約4割は火力発電によるもので極めて大きく、再エネへの転換にも時間がかかる中では、アンモニア混焼は現実的な選択肢だと考える。既存の設備を使える点にもスピード感があり、将来はこの技術を、同じく石炭火力に依存せざるを得ないアジアの発展途上国にも展開できると肯定的だ。もちろんアンモニアの材料となる水素のコストや原料の調達など課題は多い。特に、世界のアンモニア生産量は約2億トンで、輸出に回せるのは2000万トンにすぎない。石炭火力発電1基でアンモニア20%混焼を行なうには、年間約50万トンのアンモニアが必要だ。仮に国内のすべての石炭火力で20%混焼を行なうには2000万トンが必要だが、これは現在の世界全体のアンモニア貿易量に匹敵する。だが、こうした課題をクリアして、火力発電がアンモニア燃料に切り替われば、将来的には原発すらいらなくなるほどだと見る識者もいる。

一方、真逆の見方をしている人々もいる。『オルタナ』の記事によれば、そもそも現在は、従来型の製造方法で化石燃料からアンモニア1トンを作るために、水素製造とアンモニア製品化の合計で実に2・35トンものCO$_2$が発生する。燃やす時にCO$_2$が出ないといっても地球環境への負荷が少ないわけではない。またアンモニアは、そのまま燃やすと窒素酸化物（NO$_x$）が発生する。このうち一酸化二窒素は（N$_2$O）は、温室効果がCO$_2$の300倍という温室効果ガスだ。国際環境NGOグリーンピースジャパンの気候変動・エネルギー担当、ダニエル・リード氏は、こう指摘する。

「日本政府とJERAが計画するアンモニア混焼は、コスト面から化石燃料の使用量増加につながり、政府が掲げる2050年までの温室効果ガス実質排出ゼロには貢献しません。また、世界中で太陽光や風力のコストが急落する中で、これらの計画はかえって電気代の増大を招き、消費者にとっても適切な計画とは言えません。政府や電力会社は、石炭火力発電の延命ではなく、低価格化が進み、世界各地で実績のある自然エネルギー導入を進めていくべきです」

特に、アンモニアの多用は汚染物質であるNOx排出量の多さから、大気汚染対策の点でも逆行するという。またグリーン・アンモニアのコストが高いため、結果としてCCSを用いて化石燃料から作るブルー・アンモニアや、化石燃料から作るブラウン・アンモニアに頼るなど化石燃料のさらなる使用を促進するため、カーボン・ニュートラルであるとは言えないという。何よりも、一刻も早く火力発電からの脱却をめざすべきところに、別のメッセージを送ってしまうと懸念している。

環境NPOの気候ネットワークでも、アンモニアに頼る政策は、パリ協定に整合しないと批判している。パリ協定の1・5度目標と整合させるには、石炭火力の2030年全廃、2020年以降の新規稼働中止が必須である。アンモニアや水素などの混焼率をいくら高めたところでCO_2排出はゼロにはできない。EUタクソノミーでは、CO_2排出量が石炭火力の半分以下であるLNG（液化天然ガス）火力発電所でさえも、CCS付きでないものはグリーンではないと位置づけられている。こうした状況の中で、石炭火力を温存し将来への期待値だけを高めていくやり方は、非現実的だと見ている。

これまでも日本は、自分たちの高効率の石炭火力発電所は、温暖化対策に有効だと訴え続けてきた。だが世界は、効率十数パーセントを高めたところで脱炭素にはならないとして、日本に化石賞を与えて批判し続けてきた。このところの石炭ダイベストの加速やESG投資で、さすがに石炭を燃やすことが難しくなってきた中で、アンモニアに飛びついた日本。だが、これも同じ構造で、永遠に排出量ゼロにはならないことから、世界からはガラパゴス政策だとみなされ、座礁資産になるリスクもはらんでいる。将来的な再エネへのトランジションとして一時的にアンモニアを活用することは、2030年に46%削減を求められている日本としては、有効な部分もあるとは思う。だが、インフラはいったん整備すると数十年にわたって使用するものだけに、本当にアンモニア燃料に代替して火力発電所に頼り続けることが日本の未来に有益と言えるのか、化石燃料からの脱却を加速する世界の潮流をしっかりと直視し、いまこそ真剣に考える必要があるだろう。

脱炭素と「原子力」

さて、次ページの表は、内閣官房の成長戦略会議が2020年12月に示した「2050年カーボンニュートラルに伴うグリーン成長戦略」に掲載されているものである。

よくグリーン成長の14分野といわれているものだが、④の項目には、原子力産業が記されている。これもまた、議論が大きく分かれている政策である。

東日本大震災前には、原子力ルネサンスと称して温暖化対策の切り札だと謳い上げる人々もいれば、温暖化対策は原発推進につながるとして、それゆえに温暖化問題へのアレルギーを示す人々もいた。日本の場合、特にその後、東日本大震災による東京電力福島第一原発の事故が起きた影響もあって、原子力エネルギーについてしっかり議論することさえタブー視する傾向が長く続いた。この10年、国民的な議論が進まないまま、カーボンニュートラル対応を迫られているのが現状である。

この間、世界では、ドイツが福島の事故後、直ちに脱原発の方針を決め、2022年には達成する見込みである。原発大国であるフランスは、マクロン大統領が2017年の大統領選で、原発依存率を70%超から50%に下げる公約を掲げた。その後、目標達成時期は当初の2025年より後ろ倒しの2035年となったが、再エネ転換が進んでいる。

気候変動対策に積極的なイギリスは、原子力を重要政策に位置づけている。原子力発電は「実証済みの技術を用いた費用対効果の高い電源であり、再生可能エネルギーの補完も可能な信頼性の高い低炭素電源」だと説明。ヒンクリーポイントC原子力発電所の建設も進められている。先述の「グリーン産業革命のための10の計画」では今後、大型原子炉や小型モジュール炉（SMR）、先進的モジュール炉（AMR）などに大規模な投資を行ない、開発に挑むという。だが、こうした政策の背景には、核保有国としての安全保障戦略も潜んでいると考えられている。

それぞれの国に個別の事情があり、確かにパリ協定の1・5度目標を達成するにはあらゆる技術を総動員しなければならないのも事実で、その意味で原子力も脱炭素に役立つ技術である。

だが、個人的な見解を述べれば、世界有数の地震列島である日本において、脱炭素を理由に原子力発

グリーン成長が期待される14分野

（「2050カーボンニュートラルに伴うグリーン成長戦略」より）

電を切り札にする必然性は本当にあるのか、疑問に思う。ＥＵタクソノミーにおいて原子力は、グリーンリストに載せたいフランスと載せたくないドイツの間で駆け引きが続き、結局、判断は先送りとなった。だが議論の過程では、「ライフサイクル全体で見た原子力のインパクト分析は難解であり、気候変動の緩和以外の環境目標について重大な損害をもたらさないとは言い切れない」とされている。

まさにこの気候変動の緩和以外の環境目標というのが、万が一の事故に伴う放射能汚染の問題であり、放射性廃棄物の処理方法が確立していないといった問題である。これは国土が狭く、人口が密集しており、しかも東日本大震災以降、地震活動が活発化し、東南海地震や首都直下地震のリスクも日に日に高まっていく日本において、決して軽視できない。イデオロギーとは無関係に、マーケットベースで考えても、再エネのコストがどんどん下がっていく中で、セキュリティ上コストが高止まりもしくは上昇せざるを得ない原子力発電を優先して選ぶ必要性はほとんどなくなっている。経産省も２０２１年７月、２０３０年時点の発電コストは、太陽光が最安値で原子力を初めて下回るとの見通しを示した。

今回の２０５０年カーボンニュートラルの号令で、福島の事故後、息を潜めていた人々が原子力発電所の新設まで俎上に載せ始めているが、実際に地元や近隣地域の住民の同意を得られる見込みはほとんどない。一方、私の故郷の福井県でも40年を過ぎた老朽原発を60年も動かそうとしているが、はたしてそれは本当に安全が担保されていると言えるのだろうか。テロ対策では、新潟の東京電力柏崎刈羽原発での東京電力の管理の杜撰な実態が明らかになったが、このような状況で住民は原発の安全性に信頼が置けるのだろうか。

折しも2021年6月、中国広東省の台山原子力発電所で炉心の燃料棒が一部破損していたことがCNNの報道で明らかになった。このフランス技術の新型炉で、どれくらいの放射線漏れが起きているのか、中国政府は詳細を明らかにしていない。ガス状の放射性物質を規則に従って放出したものの、施設外への放射線漏れの可能性は否定しているという。しかし、7月30日、台山原発の運営会社は、保守業務を行なうとして、1号機の運転を停止した。十分な情報開示がない中で、周辺国としては不安を感じざるを得ない。

こんなデータもある。宮城県と福島県で2021年2月13日深夜に震度6強を観測した地震について、政府の地震調査委員会は、宮城県山元町の観測点で、揺れの勢いを表す加速度が1432ガルだったと発表した。これは東北電力女川原子力発電所の耐震設計の1000ガルをはるかに超えている数字だ。しかも、この時、あろうことか福島第一原発3号機の地震計が2台故障していてデータが取れなかったという。想定外の津波被害だけでなく、想定外の地震によって原子炉が壊れるリスクは本当にないのか。加えて災害が起きた際の避難計画も整っていない。こうした事実を冷静に受け止めていく時、脱炭素の主役に原子力を置くことは難しいのが実情ではないか。

現在検討が進められている政府の第6次エネルギー基本計画でも、再エネと原子力を合わせた脱炭素電源を2030年に59％にする案が浮上している。見かけ上は原子力が20～22％で再エネが36～38％だが、現状で原子力が占める割合は4％台（2020年速報値）であることから、そこまで原子力が伸びることは実際には難しいと見られ、すでに20％台に突入したとみられる再エネを増やすほうが現実的だという見立てもある。いずれにせよ、東京電力福島第一原発の廃炉だけでも、当初の予算と期間を大幅に上回る壮大な国家事業となっており、成し遂げられるかどうかさえもおぼつかない。

つい先日、事故から35年以上たったチェルノブイリ原子力発電所の石棺では、事故後の施設を監視している科学者たちが、中性子線量モニターの数値が上昇していることを確認した。原子炉の下部区画で、過去4年間で数値が2倍近くにまで増加しているという。中性子線量の増加は、核分裂が加速していることを示す兆候であり、英『インディペンデント』紙は「科学者たちが、さらなる爆発が現場で起きるのではないかとの懸念を抱いている」と報じている。当面は経過観察だが、背筋が凍るデータである。

私は福島の事故の際に、愛する故郷が汚染され、立ち入り禁止区域となり、二度と元の生活に戻ることができなくなってしまった人々の苦悩とやるせない涙を何度もこの目で目撃してきた。しかも、そのエリアは偶然、福島県の一部であっただけで、最悪の場合、東日本全域がそのような事態に陥るリスクがあったことも明らかになっている。その事実は、あまりにも重い。

福島県は「原子力に依存しない、安全・安心で持続的に発展可能な社会づくり」を宣言しており、2040年の再エネ100%をめざしている。原発事故でお米が作れなくなった水田の跡地にもメガソーラーが建設されるなど、再エネ転換が進んでいる。サステナビリティの考え方に立てば、非財務情報となっている「外部性」のコストを明らかにして政策判断をすることが大事になってくる。故郷を失う、という金銭では表現できない痛みや、次世代にツケを先送りする廃棄物問題も、原子力発電の紛れもないコストだ。そのことを考えずに単純にコストの比較をすることは、意味をなさない。いわんや、原発を温存するために、再エネの導入が進まないというような事態は、本末転倒であろう。

カーボンニュートラルが命題となったいまこそ、日本のエネルギー問題の解決のために、具体的にどんなロードマップを描くべきなのか、一刻も早い国民的な議論が求められている。

「ソサエティ5・0」と脱炭素時代の送電網

さて、あなたは「ソサエティ5・0」という言葉をご存じだろうか。当然知ってるよ、という人もいれば、「何それ？　どうしてカタカナ言葉ばかり使うの？」といぶかしむ人もいるだろう。ソサエティ5・0という言葉が初めて提唱されたのは、2016年に閣議決定された科学技術基本計画。仮想空間と現実空間を高度に融合させたシステムにより、経済発展と社会的課題の解決を両立する新たな未来社会を「Society 5.0」と名づけ、日本がめざす未来社会のコンセプトとした。ちなみに5・0というのは、狩猟社会（Society1.0）、農耕社会（Society2.0）、工業社会（Society3.0）、情報社会（Society4.0）に次ぐ第5の新たな社会という意味で、デジタル革新やイノベーションを最大限活用して実現するという。いままで紹介してきた脱炭素のためのイノベーションも、この方向性に沿うものとなっている。

しかしながら、5年も前からソサエティ5・0が謳われていた割には、今回のコロナ禍で、日本のデジタル化が世界と比べて非常に遅れてしまっていることが明らかになった。FAXでの厚生労働省とのやりとりの現実や、新型コロナウイルス接触確認アプリCOCOAの不具合に気づけなかったり、休業の支援金や給付金が海外では申請して数日で振り込まれるのに一向に届かなかったり、ワクチン接種の申し込みでNTTの回線がパンクしそうになったり、「イケてない」事実ばかりが耳に飛び込んできて、こんな状況でソサエティ5・0を名乗るのはいささか気恥ずかしいほどだ。

実は、再エネの普及においても、めざすべき未来は、このソサエティ5・0の中に組み込まれたデジタル化された送電網のはずなのだが、現実には全くといっていいほど「イケてない」。これまでにも触れてきたように、むしろ普及の最大の足かせになっているほどだ。

一方、世界の送電網は、全く違うレベルで進化を遂げようとしている。各家庭や工場などで作られた再エネを双方向でやりとりし、たくさんのセンサーを通して集められたビッグデータやAIを活用して町全体で最適化する取り組みが、すでに始まっている。

2017年に取材したドイツにある大手電力会社のコントロールルーム。デジタル技術で管理された送電網では、風力や太陽光で作られた電気を、発電量や需要に応じて、秒単位でコントロールすることができる。こうしたデジタル化された送電網を発展させ、いわばインターネットのようにエネルギーをやりとりできる時代に、部分的に突入しているのだ。発電事業者から電力需要家まで、すべてのステークホルダーが電力・情報通信網でつながりながら電力系統の安定を保ち、商取引が行なわれる未来のエネルギーのありようは、「トランザクティブ・エナジー」とも呼ばれる。

2021年7月、EUは2030年の電源構成に占める再エネの割合を65％と、現状から倍増させる野心的な目標を掲げた。今後ますます再エネを融通し合う送電網の普及が進むと見られる。だが、残念ながら日本では、まだまだこうしたレベルに達していない。

再エネ100％をめざすイオングループでは、環境省とともに、デジタル技術を使った電気のやりとりの実証実験を行なっている。

太陽光パネルを設置しているイオンモール浦和美園の店舗に「デジタルグリッドルーター」という機器を取り付け、インターネットに接続する。同様の機器を、グループ会社のコンビニ5店舗に設置。そして、太陽光パネルと蓄電池を備えた住宅5軒にも取り付ける。電力会社の送電網のネットワークとは異なる、独自のネットワークを仮想的に作り上げ、この中で直接、電気のやりとりをすることをめざしている。

例えば、住宅で昼間に発電して蓄電池に蓄えられた電気を、夜にコンビニに送ったり、ショッピングモールの営業時間外に発電した電気を住宅に送ったりする。余った再エネを効率的に使えるため、再エネ率を上げることができるのだ。また、災害で電力会社の送電網がダウンしても、電気のやりとりが独自に行なえるため、大規模停電を防ぐことが可能だという。しかし、日本ではこのシステムを運用できる法律が、まだ整備されていない。そのため、あくまで実験的に電気のやりとりを記録している段階にとどまっている。イオン側の担当者ももっとスピードアップしたいのだが、現実の壁にぶち当たっている。

「一番の問題は法律の壁で、そこはしっかりと国全体で考えていくべきだと思います」とは、担当者の石井学さんの弁だ。

空きがない！ 改革が求められる「日本の送電網」

企業から高いニーズがあるにもかかわらず、発電量が伸び悩む再エネ。実は日本の送電網には、他にも大きな問題があるのだ。大手電力会社が所有する主要な送電線を示した地図を見てみる。赤色は、送電線に余裕がなく、これ以上電気を送ることができない「空き容量ゼロ」の状態を表している。多くの地域で、再エネを発電しても電気を送ることができない赤色が目立つのが、いまの日本の実情だ。

最初にこの問題の深刻さを目の当たりにしたのは、2016年4月に放送したドキュメンタリー『フクシマ再生 9代目・彌右衛門の挑戦』という番組を制作した時だ。

主人公は、いわゆる「ご当地電力」の先駆けの一つ、会津電力を立ち上げた佐藤彌右衛門さん。私は、東日本大震災の直後から、ふくしま会議という福島の復興をともに考えていく会議でご縁があって以来、会津・喜多方で200年以上続く酒蔵の当主だった彼が、強い決意で自然エネルギーの発電会社を設立していく姿を追いかけていた。

この番組では、ようやく軌道に乗り始めた太陽光発電事業が次々と壁にぶつかる場面も放送した。2016年正月、東北電力へ年始の挨拶回りに行った時の彌右衛門さんの表情は忘れることができない。新年の希望に満ちていた笑顔が、東北電力管内での送電網の空き容量がないという恐ろしい事実を突きつけられるや否や、みるみるうちに曇っていったのだ。いつも元気で弱音を吐くことのない彌右衛門さんが、会社の存続に関わるこの事態に相当落ち込んでいた様子を、カメラは静かに記録していた。

再エネを増やしたいのに、送電網が理由で増やせない。せっかく発電しても、送電網につないで買ってもらうことができないので操業を停止しなければならない。そんな悲鳴が、その後、全国各地から聞こえてきた。2020年放送の『再エネ100%をめざせ!』という番組でも、苦しむ発電事業者の姿を記録している。2019年の時点では、東日本で送電線の5~8割が空き容量不足に陥っていたと見られる。

全国40か所以上で、風力発電や太陽光発電を手がけている、ジャパン・リニューアブル・エナジー。2016年に、木材など自然由来の燃料を使うバイオマス発電に参入。数か所の発電所を検討した。ところが稼働できた発電所は、取材当時1か所にとどまっていた。2号機の建設候補地は、例の送電網の空きがないエリアだった。

送電線を保有する東京電力に問い合わせたところ、改修には10年近くかかる上、それまで待ったとしても、空きができる保証はないということがわかった。実は、再エネに適した地域の多くは、人口が少なく、電気の消費量も少ない。そのため、容量の少ない送電線しか整備されておらず、大量の再エネを送ることができない。どこに発電所を造ればいいのか、この会社は頭を悩ませていた。

福島で、2020年1月にオープンさせた大型の太陽光発電所。閉鎖されたゴルフ場の跡地を利用することで、日本では貴重な平坦で広いスペースを確保できた。ところが、ここでも送電線をめぐって大きな問題が持ち上がった。電力会社から、近くの送電線には接続するのが難しいという通告を受けたのだ。19キロメートル先の送電線であれば空いているということで、この会社では自ら鉄塔と送電線を建設、費用を負担してでも発電所を造る決断をした。だが、こうした現状が続くならば、これ以上の再エネの普及は難しいのではないかと考えていた。

しかし、わずかだが希望の光が見え始めた。2019年秋、送電網の空き容量問題に、大きな動きがあったのだ。東京電力が送電線の空き容量の計算のやり方を見直すと発表。これまで、ゼロとされていた地域でも、空き容量が生まれるという「ノンファーム型」といわれるやり方だ。これまで日本では、発電した電気を流すために必要となる系統の容量を、接続契約を申し込んだ順に確保しておく方式で、系統を運用していた。これを「ファーム型」という。「ファーム：firm」とは「しっかりした、強固な、堅固な」という意味で、あらかじめ系統の容量が確保されていることを指している。これに対し、「ノンファーム型」とは、あらかじめ系統の容量を確保せず、系統の容量に空きがある時にそれを活用し、再エネなどの新しい電源をつなぐ方法だ。なんだ、そんなこともできていなかったのか、空きがあるなら使えばいいじゃないか！と感じられた人もいると思うが、これが日本の現実だったのだ。

年が明けて開かれた説明会には、約80の発電事業者が詰めかけた。空き容量がなくバイオマス発電の2号機を断念していたジャパン・リニューアブル・エナジーの姿もあった。

実は、送電線を通る電気の量は一年間を通して大きく変動している。上がったり下がったりのギザギザがあるのだが、これを電気の量が多い順に並べ替えると、意外なことが見えてくる。いわゆる上限を超えている日は、ごく一部なのだ。これまでは、1年間のうち、わずか1時間でも上限に達した場合、送電網の安定を守るため、空容量をゼロと発表。新たな接続は一切断ってきた。しかし、実際はほとんどの期間は空いている。このため、現実に即して、こういうケースは空き容量があるとみなすノンファーム型のやり方に、今回、方針転換したのだ。

その代わり、接続を希望する発電事業者には、一つの条件をのんでもらう。広い地域が晴れて風も強い時など、再エネの発電量が増え、送電線を流れる電気が上限を超えそうな時には、東京電力の指示で発電を止めるという条件だ。止めるのがどの程度の期間になるかは、実際に運用してみなければわからないという。ジャパン・リニューアブル・エナジーの担当者もまだ状況がつかめず、不安げだった。

「いつ、つなげられるかわからないという八方ふさがりの状況からすると、期待できる側面というのは当然あるとは思うんですけれども、発電を止めるリスクがきちっと把握できていない分だけ、色々と検討するべきことは多いんじゃないのかなと思います」

ノンファーム型への転換を決めた東京電力パワーグリッドの岡本浩副社長は、こう語った。

「もちろん送電網を増強すればいいんですけれども、非常にコストも時間もかかるということがわかったものですから、うまく系統に入っていただく工夫ができないものかと検討してきて、なんとかこのやり方だったらいけるんじゃないかと判断して、やらせていただきました」

2020年4月から電力システム改革の一環で、大手電力会社の発電部門と送電部門は、別会社となった。送電会社には、送電網を再エネを含む様々な発電事業者が公平で自由に使えるようにするために、インフラの整備や改善をしていく責務がある。東京電力パワーグリッドの岡本副社長は、菅首相のカーボンニュートラル宣言が出る1年近く前の時点で、こう未来を分析していた。

「2030年までの想定を国のほうでしていまして、再エネも含めて、いろんな電気を4分の1ずつみたいになっています。ただ実際にはもしかすると再エネはそれを上回っているかもしれないなという感触は持ちます。さらに長期のことを言うと、やっぱり半分とかを超えてですね、全体の半分以上を再エネでまかなう必要が多分出てくると。再エネが安価になっていくということが、やっぱり我々の成長につながっていくので、できるだけ再エネをうまく我々のネットワークに入れていくことが大事だと考えています」

当時、東電の口から、再エネが半分以上になる未来を聞いた私は、既存の大手電力会社としてはかなり思い切った発言だと感じていた。実際には、その後、送電網の状況はどのようになっているのだろうか。

この時のノンファーム型のやり方は、当初は他の電力会社に歓迎されていなかったが、2021年1月、ついに全国で開始されることになった。2050年カーボンニュートラル宣言が出る前から検討されていた措置だが、追い風が吹いたとも言える。これまで接続をあきらめていた多くの事業者が、次々と申請を始めている。出力調整の頻度がどのくらいになるのかなど課題もあるが、まずは前進だ。

次に重要なのが、「再エネを最優先でつなぐ」という新ルールだ。ヨーロッパでは、送電網に再エネを優先して接続することを義務づける仕組みがあることが、再エネの急速な普及につながった。日本の現状のルールでは、電力供給が増えて送電網の容量を超えた場合、再エネ事業者が発電量の抑制を求められる。2020年7月、経済産業省は、ついに再エネを優先するルールに変更する検討に入った。送電網の容量オーバーの場合でも、再エネは発電を続け、むしろ老朽化などで効率がよくない石炭火力の発電を先に抑制する。CO_2排出量の削減にもつなげるのが狙いだ。

送電網の強化については、2021年5月、新たな計画案も示された。全国の電力需給を調整する「電力広域的運営推進機関（OCCTO）」がまとめた計画案によると、地域間を結ぶ送電網の容量を将来的に、いまのおよそ2倍に増やすという。具体的には、洋上風力発電に適した土地が多い北海道と、消費地の関東を直接結ぶ海底ケーブルを新たに整備。容量は800万キロワットで、これは北海道・本州間を結ぶいまの送電網の容量の9倍近い規模となる。また太陽光発電が普及する九州と、中国地方との間をいまの2倍の556万キロワットに増強するなどとしている。しかし、整備には最大で4兆8000億円と巨額の費用が見込まれることから、経済産業省が整備の優先順位や費用負担のあり方などについて検討を進める方針だ。

一見高額に思える整備費用だが、老朽化したインフラを置き換えながら、未来の「トランザクティブ・エナジー」を実現するインフラ投資と考えれば、決して高すぎるとは言えない。欧米のグリーンリカバリーでも送電網整備に巨額が投じられている現在、日本もスピードアップを図ってほしいと思う。

再エネ価格が急騰！ 未整備な「電力システム」

だが、日本の電力システムには、さらなる課題もある。2021年1月、再エネ事業者にとっては、衝撃的な事件が起きた。前代未聞の電力市場の高騰である。通常時の10倍前後という異常なもので、結果として差額を転嫁できなかった業者の中には、倒産する会社も現れるほどの高値だった。しかも、3週間にわたって続くという未曾有の事態は、世界の電力市場でも稀な混乱ぶりだった。

発電設備を持たない新電力の大半は、日本卸電力取引所（JEPX）を通じて大手電力から出た余剰電力を調達する。ところが、いくつかの複合的な要因が重なって需給バランスが崩れ、余剰電力が全く市場に出てこない売り切れの状態が続くようになった。引き金となったのは、2020年12月下旬に起きた石炭火力発電所のトラブル停止だ。だが、コロナ危機もあってパナマ運河が渋滞するなど様々な理由でLNGが不足していたこともあり、LNGについては燃料に制約がかかった。こうした状況の中、どれくらいLNGが逼迫しているのか疑心暗鬼が募り、ますます電力を囲い込む動きが加速していった。電力システムに詳しい京都大学の安田陽特任教授は、日本の電力市場は、情報が一部のプレイヤーに偏っているため透明性に問題があり、こうした状況になって調整力不足が露呈したと見ている。

その後も例年より強い寒波に見舞われていたこともあって、卸電力価格の高騰は長引いてしまった。経済産業省は緊急的な措置として1月17日から単価に上限を設けるなどしたのだが、結果として、仕入れコストが大きく膨らんだ新電力には大きな負担となった。一方、新電力から市場連動型プランで再エネを購入していた消費者も、信じられない金額の請求書を前に絶句するような事態となった。地球環境によかれと新電力の再エネプランを選んでいた人々や企業にも価格高騰が直撃、再エネの普及に水を差しかねない状況となったのだ。

京都大学の山家公雄特任教授も、今回の混乱は紛れもなくエネルギー史上に残る大事件であり、根本原因は寒波でもLNGでもなく、日本の「電力市場の未整備」であると断言する。

私も何度も電力システム改革の本を読んだのだが、正直、本当に複雑で素人が理解するのが困難な部分も多い。しかし、実は脱炭素社会をつくる鍵は、リーズナブルで効率的な電力市場の構築にある。マーケットの力でスピーディに再エネを普及させることができる一方、逆にもし市場に歪みが生じていれば足かせになることもある。大規模な既存の発電所に有利な「容量市場」というメカニズムなど他にも課題が多いが、その内実は国民の目に見えにくい。本気で再エネを普及させたいなら、普及に役立つマーケットを整備する必要がある。

イノベーションというと、ついテクノロジーにばかり目を向けがちだが、実は、使い勝手のいい仕組みやシステムを作ることも、非常に重要なイノベーションなのである。冬場に電力需給が逼迫する可能性も指摘されているが、大手電力会社の寡占だった時代の古いシステムに固執するのではなく、限られたエネルギーを最適化できる調整力に優れた仕組みを一刻も早く作り上げなければならない。

ジェレミー・リフキンが語る「デジタル化されたエネルギーのインターネット」

ここまで見てきたように、再エネの普及と新しい電力ネットワークの構築は脱炭素社会の実現に極めて重要で、日本産業界の命運を握っていると言っても過言ではない。

『再エネ100%をめざせ!』という番組で私たちは、未来学者で文明評論家のジェレミー・リフキン氏にロングインタビューを行なった。

ジェレミー・リフキン氏は、『グローバル・グリーン・ニューディール:2028年までに化石燃料文明は崩壊、大胆な経済プランが地球上の生命を救う』『限界費用ゼロ社会』(いずれもNHK出版)などの著作で知られ、過去3代の欧州委員会委員長やドイツのメルケル首相をはじめ、世界各国の首脳・政府高官のアドバイザーを務めた人物だ。また、TIRコンサルティング・グループ代表として、ヨーロッパとアメリカで協働型コモンズやIoTインフラづくりにも関わっている。

2020年2月に行なった2時間近くに及ぶインタビューの中から、特に日本の産業の未来にとって重要な「デジタル化されたエネルギーのインターネット」につ

文明評論家のジェレミー・リフキン氏は、世界各国の首脳に助言を行ない、政策提言を続けてきた

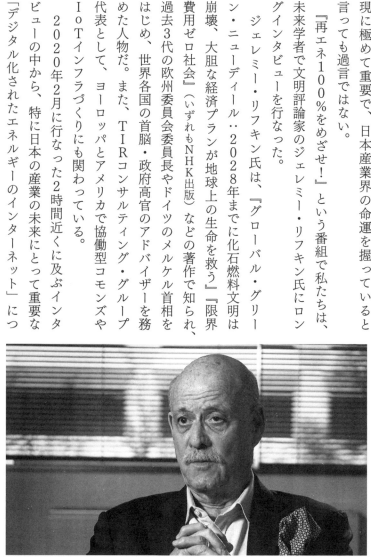

いての彼の見解をお伝えしよう。

日本経済をまかなうだけの十分な太陽と風のパワーがあるのに、天然ガスと石炭の輸入に頼るなんて、信じられません。これは、日本のアキレス腱です。エネルギー転換を迅速に行なえなければ、気候変動が加速し、子どもたちが暮らせないような世界になるだけでなく、日本の産業界は、この20年で先進国の座を失い、二流国になるでしょう。

ドイツでは、国が、エネルギー効率を高め、温室効果ガスを減らし、太陽光と風力発電を増やすという高い目標を設定したことで、多くの人たちが自ら電気を発電するようになりました。その結果、投資先は火力と原子力から再エネに、完全に切り替わりました。

では、どうやって世界で、そして日本でパラダイムシフトを起こすのか。

現在、45億を超える人々がインターネットに接続しています。いずれ、全人類がインターネットにつながるようになるでしょう。いま、通信分野のインターネット革命は、エネルギー分野に及んでいます。「デジタル化されたエネルギーのインターネット」です。世界中で、大企業から中小企業、個人や農家まで、数百万もの小さな電力会社が生まれ、独自に太陽光や風力発電を行ない、余った分を再エネのインターネットに送り返しています。

こうしたデジタル化されたエネルギーのインターネットは、次の10年で、再エネで動くEVと融合していくでしょう。そして、自動運転の技術や鉄道、物流といった分野でも、通信インターネットで使われているのと同じデジタル技術やビッグデータの分析が活用され、このデジタル化されたエネルギーのインターネットに統合されていくでしょう。

近い将来、車も鉄道も海運も航空もあらゆるモビリティは、ほとんどが自律的に動くようになります。これらは「モノのインターネット＝ＩｏＴ」と呼ばれるプラットフォームの上に乗っています。私たちは、世界中の農地、工場、倉庫、家庭、スマートホーム、スマートカーなどあらゆる場所に、何百万、何兆ものセンサーを設置しています。そして、それらのセンサーがリアルタイムでデータを収集し、他の機械や私たち人間と通信しています。まさに人類全体が新しい脳と神経系でつながる時代がすぐそこに迫っているのです。その頭脳とは、ＧＰＳに代表される衛星です。衛星は、神経系やすべてのセンサーを同期させています。

私たちがいま作ろうとしているのは、全人類をリアルタイムでつなぐためのインフラ、いうなればグリーン・ニューディールのためのインフラです。これは実は、社会起業家の活躍のしどころであり、グローバリゼーションからの脱却です。

こうしたエネルギーのインターネットの担い手は、古い垂直統合型の巨大グローバル企業ではなく、市民一人一人や小規模な企業が主役です。なぜなら、太陽と風はどこにでもあるからです。これこそがゲームチェンジャーでした。太陽はどこにでも輝いている。風はどこにでも吹いている。ドイツでは、太陽光や風力を導入し始めると、近隣の組織、農家、中小企業、住宅所有者などが、自分たちの小さな協同組合を作り、太陽光発電や風力発電を自ら設置し、それを利用したり、エネルギーインターネットに余った電気を送り返したりするようになりました。これは文字通り「パワー・トゥ・ザ・ピープル＝民衆へのパワーであり電力」です。（英語で電力はパワーと表現する）

しかも、気候変動、洪水、干ばつ、山火事、台風などで送電網が停止したり、サイバーテロやマルウェアの攻撃を受けたりした場合、誰もが、ナショナルグリッドから離れ、マイクログリッドに分散化して、必要な電力を確保することができます。地元のコミュニティにある太陽光や風力を利用し、ナショナルグリッドが復旧するまで地元で電気を蓄えることができます。

このＩｏＴと融合したエネルギーのインターネットを利用すれば、あらゆるデータからあなたが関心のあるデータやあなたが必要とするバリューチェーンを取り出すことができます。そして、独自の分析やアルゴリズムやアプリなどを使ってそのデータをマイニング（知識を取り出す）すれば、全体の効率を劇的に向上させ、CO_2排出量を削減することができます。

現在、私たちは、まさにそういう状況にいるのです。これは、私たちが「創造的破壊」と呼んでいるものです。ある市場において、既存の企業がどれだけの力を持っているかはそれほど重要ではなく、挑戦者がどれだけ早くその市場に入ってくるかが重要なのです。例えば、100年前に電気がガス灯に挑戦した時、電気が照明市場のわずか３％に到達した時点で、ガスは成長を失っていると見られるようになり、投資は電気に切り替わりました。旧来型の電力会社は、この指数関数的な変化を見くびってはなりません。

日本は世界的に見てもセキュリティが高く、通信も発達しています。日本の企業を見てみましょう。自動車分野でも、通信分野でも、あなた方はリーダーです。世界でもトップレベルに入るものです。であるのに、真ん中にあるはずのテクノロジー、エネルギーを見てみましょう。エネルギーに関しては、石炭に依存し、残念ながら20年前から死にかけている第二次産業革命の中にいます。このままでは座礁資産を抱え込むことになります。

重要なのは、トランジションを希望する巨大な産業が日本にあることです。通信、電子機器、輸送、物流、先進的な製造業、建設業などです。日本は必要な能力をすべて持っています。すべての技術を持っています。日本だけでなく、アジアや太平洋地域全体の電力網を整備するために、デジタル化された再生可能エネルギーのインターネットを敷設することができるし、他の国がアジア全域のインターネットで同様のスマートなモビリティと物流を導入するのを支援することができるはずなのです。エネルギーのインターネットは、第三次産業を進化させ、グリーン・ニューディールと水素経済を結びつける背骨でもあります。

いますぐ、シフトしてください。それは日本のためになります。気候のためにもいいし、経済にもいい影響を与えるでしょう。それができれば、日本は、世界のリーダーとしての地位を維持し続けることでしょう。

「シン・ニホン」安宅和人が語るDXとSX

もう一人、デジタル分野に詳しい専門家からの提言を紹介しよう。

15万部を超えるベストセラー『シン・ニホン：AI×データ時代における日本の再生と人材育成』（NewsPicksパブリッシング）の著者で、慶應義塾大学環境情報学部教授の安宅和人さんだ。ヤフーCSO（チーフストラテジーオフィサー）を務める他、データサイエンティスト協会の理事、経団連未来社会協創タスクフォース委員などとして、デジタル社会を考える様々な現場で発言を続けてきた。

安宅さんは、日本が生き残るには、いま産業界が進めているデジタル化などのDX＝デジタル・トランスフォーメーションとSX＝サステナブル・トランスフォーメーションが交差する領域で勝負をするしかないという。『グリーンリカバリーをめざせ！』という番組で、2020年12月に私が行なったオンラインインタビューから、抜粋してお伝えする。

慶應義塾大学教授の安宅和人氏は、ヤフーCSOを務める他、デジタル社会のありようについて提言を続けている

Q　コロナ禍からの復興を従来型の経済ではなくて、グリーンリカバリーのほうへ向かおうという動きが進んでいます。日本の現状をどう見ていますか。

僕らが30年後50年後の未来に、どのような世界を残すのかという責任があることを考えれば、これ以上重要なプライオリティはありません。人類にとっていまは、サバイバルできるかどうかが問われています。グリーンリカバリーというよりも、グリーンによるサバイバルというか、サバイバル・バイ・グリーンだというふうに感じます。

ところが日本では、このサステナビリティが、我々人類にとってのサバイバル問題だという意識が極めて低い。国全体としても低いし、知識層や産業界もそう。海外と信じられないほどの意識の差が出てきています。

もう一つ感じるのは、サステナビリティがどれほど企業価値を持つのか、国家の価値に効くかということについての意識が非常に低い気がします。例えば、2020年7月1日にテスラモーターズがトヨタ自動車の企業価値を超えて、世界最大の企業価値を持つ自動車会社になったわけです。ですが、テスラ自身は自分たちのことを車の会社だとは思っていなくて、エネルギー会社だと規定しています。世界をサステナブルなエネルギーの社会に変えるということを加速するのが彼らのミッションです。そのテスラはいまやトヨタをはるかに上回る、世界のすべての主要自動車会社の企業価値の総和に近いくらいの時価総額を1社で持っているわけです。

これは何を意味しているのかということを、よく考えないといけない。どれほどスケールを持っていようと、会社としての価値が認められない社会にいまは向かっています。国で見ても多分そうで、サステナビリティへの取り組みをちゃんとやっている国はいいが、そうじゃない国では国債の評価や通貨価値がダメージを受けかねないという流れにあると思います。

三つ目に日本に足りていないのは、専門家の養成です。日本では、環境学というものを大学院レベルで総合的にあらゆる学問分野を横断するようにして訓練する場が基本的にはないです。農学系の方とか工学系の方とか理学系の方とかが協働し合ってやる研究ももちろんありますが、本当は気候変動というのは、いくつもの学問分野がつながり合って初めて解けるようなタイプの問題で、社会システムと環境の問題とかを全部一気に解かなきゃいけないので、総合的なビジョンを持っていないと解けるわけがないんですが、それができてないと思います。

Q　大事なのは、ソサエティ5・0とSDGs、あるいはデジタル・トランスフォーメーションとサステナブル・トランスフォーメーションが交差する領域だと、おっしゃっていますね。

正直に言えば、DX＝デジタルトランスフォーメーションという言葉自体が、時代遅れなわけですよね。20年前にやっておくべきことをいま言っているので。正確には、いまやらなきゃいけないのは、デジタル化の上でデータAIの力を解き放つことです。これは、いままではどうしても機械化できなかった判断系統や識別系統、予測できることや目的が明快なことに対する実行、これらを一気に自動化する技術なんですよね。だから、これは産業革命の最終段階ともいえますし、新しい産業革命というべきものです。

確かに200年前は人間の労働のほとんどが手作業と肉体労働だったのですが、それが解き放たれたわけです。人間の労働の残りの多くも、例えば写真の仕分けであったりですね、状況の判断みたいな人間の目に依存する部分が結構大きい。ここは一気に解き放てる部分です。この技術がいま、音声認識にしても画像認識にしても、ほとんど人間を超えています。このような技術革新が起きた時にもしそれを取り込まないと、生産性で爆発的な差が生まれることは間違いないので、どんな産業でもやるしかないんです。だから、真の意味でのDXというか、データAI化は絶対にやるべきだというのはもう無条件に正しいと思います。もしやらなかったら、我々は貧民国になりかねないという意味でヤバいと。

で、もう一個のSXというか、サステナブル・トランスフォーメーションの話ですけど、これは先ほど申し上げた通りで、このままいくと30年後50年後に我々は生き延びられる可能性が非常に低いわけですね。いま、地球上の大型生物っていうのは人間と家畜で9割を超えていまして、そのような状況下で、気温が3～5度も上がるというのは、もう破壊的なインパクトが来る可能性が高くて、最悪の予測だと今世紀末までに人類は10分の1ぐらいになるんじゃないかといわれています。なので、そのような状態を引き起こさないためには、SXは絶対にやらなきゃいけない。

だから両方の「やるしかない」強いベクトルが働いている。それと、DXっていうのは手段であって目的ではないわけですよね。じゃあ何のためにという視点で見ると、このサステナビリティというのは、論理的にも倫理的にも経済的にも正しい。SX的視点がないようなビジネスは滅びると思います。

Q　日本も2050年カーボンニュートラルを表明して、経済界もようやく動き出しました。ただ、まだまだ規模感とかスピード感で遅れを取っているように感じますが。

一見ですね、出遅れていて、実際問題、出遅れているんですけど、やっぱり日本の場合は、いわゆる志目標と違って、やるって言ったら本当にやっちゃう国なので、結構必達に近いんですね。この国の体質からすると。だからあっという間に追いつく可能性はあると思います。戦争が終わった時も、まあ、いままでのヒエラルキーがほぼ壊滅した時に、もう一回、雨後のタケノコのようにね、挑戦者が生まれてやってきたわけで。

だからやっぱり新しい畑を作って育てていく。で、そこは新しい仕組みでやると。新しい酒は新しい革袋にということわざ通りで、SX的な、サステナビリティ的な視点を初めから埋め込んでおくと。これは一つの目覚めの強烈なタイミングだと、新しい人類史の幕開けだというふうに考えることもできると思います。なので、我々はいま、希望を生み出す大事な年にいると思います。

この章のポイント

◉イノベーションなくして脱炭素化は実現しないが、テクノロジーだけでなく、実装するための仕組み作りも大切。

◉車の脱炭素化には、電動化に加え、コネクテッド、自動化、シェアリングからなる「CASE」が重要。(吉野彰氏)

◉太陽光発電と再エネ由来のグリーン水素、人工光合成も鍵。

◉炭素の除去や吸収、貯留・回収などの技術革新は、コスト面、ルール整備などの課題が山積。過剰な期待は禁物。

◉水素より扱いやすいアンモニアが注目されているが、製造段階のCO_2やNOx発生、石炭火力の延命策との批判も。

◉送電線の空き容量問題のため、再エネの供給が進まなかったが、ノンファーム型による一部開放も開始。

◉日本の電力システムには大きな課題、市場急騰で再エネ新電力にダメージ。情報公開と電力市場の整備が必要。

◉情報のインターネットから「エネルギーのインターネット」へ、デジタル革命が次のステージに進行中。個人や小規模事業者が真のゲームチェンジャーとなる。(J.リフキン氏)

◉日本ではサステナビリティはサバイバル問題という認識が低いが、SX視点がないビジネスは滅びる。これは強烈な目覚めであり、新しい人類史の幕開け。(安宅和人氏)

第8章

変わり始める私たちのライフスタイル

「ライフスタイルチェンジ」と向き合う丸井グループ

脱炭素社会の実現は、企業の努力だけではできない。この地球上で暮らしているすべての人々のライフスタイルが、「サステナブル」な方向へと変わっていかなければ、プラス1・5度に抑えるという目標を達成することは不可能だ。

逆に言えば、もし消費者が「サステナブル」な商品やライフスタイルのほうがクールだというサインを出し始めたのなら、企業の側も変わらなければ生き残れない。

2020年のコロナ危機は、図らずも私たちのライフスタイルを根底から問い直すことになった。いままで当たり前だと思っていた、大量に作って大量に売り大量に廃棄するというサイクルのままでいいのか、いったん立ち止まって考える必要に迫られたのだ。

そんな時代の潮流を捉え、会社を挙げて取り組んでいる企業がある。小売大手の丸井グループ（以下、丸井）だ。コロナ禍の影響で、小売部門の売り上げは大きく落ち込み、2020年10月には、池袋など2店舗の閉鎖を明らかにした。だが、かえってこうした逆境をバネにして、サステナビリティ＝持続可能性を前面に打ち出す戦略を加速させている。

私たちが丸井を取材したきっかけは、2020年5月に、グローバル企業155社のCEOがグリーンリカバリーを求めるという世界的な動きに、丸井がいち早く賛同したというニュースだった。この時、日本で署名した企業はわずか4社。その一つが丸井だった。後で聞くと、この署名は、SBT（サイエンス・ベースド・ターゲット）に加盟している企業のルートで呼びかけが行なわれたらしいが、準備期間が極めて短かったため日本の多くの企業はすぐに行動に移せなかったという。いい意味で、オーナー系のCEOが経営する企業である丸井だからこそ、即断即決ができたのではないかと感じている。

丸井は、1931年に創業者の青井忠治氏が家具の月賦販売から立ち上げた会社だ。1972年に就任した二代目の青井忠雄社長の時代は、高度成長期。当時、伸びつつあったファッションに特化しながら、それまであまり目を向けられてこなかった若者にクレジットカードを使ってもらうビジネスモデルをつくり上げた。三代目の青井浩社長が就任したのは2005年。それから16年の間に、リーマンショックとコロナ危機を体験する難しい舵取りを迫られた。その青井浩社長が確信したのが、「地球環境と共存するビジネスが主流になる」というビジョン。丸井のホームページには、商品は「ライフスタイル」と記されていた。

私たちが取材したのは、2020年夏。クローズアップ現代+『社会を動かす! 女性たちの〝ライフスタイルチェンジ〟』という番組に向けてのロケだった。青井社長は、今回のコロナでの未曾有の危機は、大きな変革をもたらすと語った。

「やはりステイホーム、リモートワークということで、働き方が大きく変わったと思うんですね。これまでは毎日満員電車で通勤してオフィスで働いていた人が、通勤がなくなり、家で仕事ができるようになってみると、時間の余裕ができて、自分と向き合うことになった。恐らくこのコロナの危機が去った後も元には戻らないんじゃないか、確実に何かが変わっていくんじゃないかなと思います。限りなく成長を追求していく社会経済のあり方に対する疑問というのは前々からあったと思うんですけれども、ここで立ち止まって考えることによって強く意識されるようになってきたのではないか。

こういうことって当然、今後の消費行動にも反映されてくると思うんです。物の豊かさを支える経済は、大量生産、大量販売で結果的に大量廃棄となっているわけですが、コロナをきっかけに、やはり必要なものだけ買いたい。不必要なものをあまり買いたくないというような消費スタイルの変化が確実に起こると思うんですね。そうすると大量生産、大量販売を前提にした小売とかビジネスというのは、必然的に大きく変わらざるを得ないと思います」

丸井のサステナビリティ部長を務める関崎陽子さんも、自らも巣ごもりを体験するなかで、消費者の意識の変化を実感するようになったという。関崎さんたちは、マスク姿で熱い議論を繰り広げていた。

「コロナの時、私もそうなんだけど、断捨離して、もう要らないものとかをすごく集めた時に、結構がく然として」。女性部員が大きくうなずく。

「お客さまの生活もお金の使い方も、コロナを機にいろんなところに目が行くようになって、いままで見えてなかったものが見えるようになって」

鍵を握っていると考えたのは、ライフスタイルをちょっと変えることが、環境を守ることにもつながるというメッセージを消費者にしっかりと伝えることだ。ただ、消費者に魅力的に感じてもらうためにも、一方的に押しつけるのではなく、サステナブルな商品や生き方が、おしゃれで格好よくて実は楽しいということも一緒に伝えたいという。

実際に丸井では、コロナを機に、廃棄物を減らすことにもつながる新しいタイプの店舗を思い切って拡充した。2020年8月、新宿マルイ本館に「売ることを主目的にしない店」いわゆる「売らない店」を誘致。サンフランシスコ発の体験型店舗「ベータ（b8ta）」の日本初出店だ。この日、店頭で説明されていたのは、一見しただけでは違いがわからない優れもののヘルメット。

「これは、後ろの映像が映るヘルメットです」。ヘッドアップディスプレイとリアカメラを搭載している。客は商品を店頭で体験し、本当に欲しいと思ったものだけを注文する仕組みだ。

同じ店舗に出店していたのは、フリマアプリ「メルカリ」を体験できる店。古着から不用品まであらゆる物のリユースを促進する循環型のビジネスだ。店頭で実際に体験してもらうことで、さらに広めようとしている。丸井側はテナント料は取るが、直接、物は売らない。自分が着たものをごみにするのではなくて、誰かのためにゆずる。資源がぐるぐる回ることによって、ごみがなくなる。CO_2の消費量も少なくなる。そんな脱炭素社会の構築に役立つ企業を応援しようという取り組みだ。

考えてみれば、かつて「ファッションの丸井」と呼ばれ、若者たちの消費を牽引してきた丸井が、「売らない」ことをアピールするというのは、大きな様変わりに違いない。しかし、そこには、リーマンショックなどで2度の大幅な赤字転落を経験するという、つらく苦しい体験があった。青井社長は、もはや目先の利益を追うだけでは生き残れないことを痛感したという。

丸井グループの長期戦略 ビジョン2050

そこで丸井は、思い切って2050年までの長期ビジョンを策定することにした。その作り方もとてもユニークだった。

まずは、〝手あげ〟と呼ばれる自ら手を挙げる公募制のプロジェクトを立ち上げた。7倍という競争率の応募者から選抜された約50人のグループ社員が参加。外部有識者とのワークショップを行ないながら、「ビジョン2050」と名づけた丸井の長期戦略について議論を重ねた。若い世代も含めて、カラフルな付箋を貼ったり、自分事にした2050年の会社の姿を絵に書いたり、1年かけて本気で考えたという。

チームは、自分たちが生きる世界の現状を理解した上で、今後訪れる確定的な未来、不確実な未来の分析を続けた。自分たちが確定的にしたい未来は何なのか……丸井では、「私らしさを求めながらもつながりを重視する」「世界中の中間・低所得層に応えるグローバルな巨大新市場が出現する」「地球環境と共存するビジネスが主流になる」という三つの視点を大切にすることに決めた。鍵となるのが、誰も置き去りにしない「インクルージョン（包括）」という考え方。世界に存在するあらゆる二項対立を乗り越え、すべての人が「しあわせ」を感じられるインクルーシブで豊かな社会の実現だ。一部の人だけが「しあわせ」になっても、それは社会全体の「しあわせ」ではない。すべての人が「しあわせ」を感じて初めて、本当の意味で豊かな社会になったと言えるのではないか。そして、その根幹をなすのが、気候変動を食い止め、自然の力を活かす再エネの利用や、資源の無駄を利益に変える「サーキュラーエコノミー」を大事にすることだった。

でき上がった「VISION BOOK 2050」という冊子は、まるで鏡のような銀色の表紙になっている。その意味は？と問いかけると、「あなたの顔がここに映るんです。これは、社員一人一人の思いを映したビジョンなんです」という答えが返ってきた。普通の商品を売るのと異なり、「ライフスタイルを売る」という大きな転換は、なぜそうするのか、どんなビジョンやパーパス（目的）に基づいて、いま行動を起こしているのかということを社員一人一人が実感できていなければ、顧客に対して胸を張って薦めることができないからだという。

多くの企業では、中期経営計画が上層部だけで決められ、上から降ってくるようなものがほとんどだ。社員を重要なステークホルダーと捉える丸井のスタイルは実に示唆に富むものだと感じた。

地球温暖化対策やサステナビリティを重視する経営への転換は、投資家からも高い評価を受け、株価も上昇した。青井社長はこう語る。

「時間軸を長く見た時には、サステナビリティのほうが、実は儲かるかもしれない。実は高いリターンを生むかもしれない。ちょっと大きく言うとですね、産業革命以来これまでずっと続いてきた資本主義経済っていうのがやはり明らかに行き詰まりを見せている。この限りない成長を目的にした経済っていうのは、結果的に格差の拡大や環境の破壊をもたらしています。一方で、経済的に豊かといわれている先進国では孤独とか不安とか精神的な息苦しさにさいなまれている人がいっぱい出てきている。

これから我々が手がけるビジネスというのは、すべて社会課題の解決か、環境の保全か、私たちの心の豊かさを実現してくれる人々のウェルビーイング＝幸せにつながるものか、このいずれかしかもうやらないというふうに決めて、時間はかかりますけれど、そういった新しいビジネスをいろんな方々と協力しながら、大きく育てていく。そういった価値を提供する企業に転換して進化していくことが求められているんじゃないかなと思います」

「再生可能エネルギーを選ぶ」という暮らし方

新しいビジネスモデルとして、丸井が目をつけたのは、グリーンリカバリーの中核を担う再生可能エネルギーの普及に貢献することだ。新宿本館の電力をCO_2を排出しない再エネ100％にしただけでなく、電力会社と提携し再エネの利用をお客さまに勧める取り組みを開始することにしたのだ。

実は、現在の丸井の収益を支えているのは、小売ではなく、カードなどの金融部門だ。若者向けカードの先駆けとして知られ、およそ700万人が利用している。今回開発したのは、簡単に再エネに切り替えられるサービス。カードを持っている顧客は、電気代の明細票を写真に撮って送るだけで、新しい電力会社への申し込みが完了する。

この日、関崎さんは、提携先の電力会社、みんな電力が契約している太陽光発電所の一つ、小田原かなごてファームを訪ねた。ここでは、耕作放棄地だった場所に太陽光パネルを設置して、農業と両立させている。

かなごてファームの社長の小山田大和さんは、こう胸を張る。

「農作物と同じように愛情込めて電気を作っているんです」

関崎さんも、こうしたソーラーシェアリングといわれる発電所を見るのは初めて。新しい可能性を感じて、目を輝かせている。

「いま私たちは、ライフスタイルを提案しようっていうことに切り替えてきています。こういう時代だからいろんな選択肢があってよくて、そのうちの一つが再エネ。選択肢をたくさんお客様に提供できればいいと思っています」

このサービスの利用者はCO_2の削減に貢献できるだけでなく、全国140以上の発電所から自分が応援したいところを選ぶことができる。毎日使う電気にもストーリーがある。そんなライフスタイルを提供しながら、自社のカードも愛用してもらおうという狙いだ。

丸井では、こうした取り組みは、グリーンリカバリーの切り札になり、日本全体の脱炭素につながる可能性があると考えている。

2020年秋、青井社長は、みんな電力のチームとともに、小泉環境大臣への説明に出向いた。小泉大臣も自ら、再エネへの切り替えの素早さを体験して、こうつぶやいた。

「他のカード会社さん含めて、クレジットカードの会員さんの総数が再生可能エネルギーの切り替えに働きかければ、個人サイドが相当変わっていくと思うので」

青井社長は、カード会社ならではの脱炭素への貢献を強調した。

「クレジットカードというビジネスは、長く使っていただけばいただくほど生涯利益という形で利益が上がってくるんですね。電気代っていったん申し込みいただくと、今月だけ使えばいいっていうんじゃなくて、ずっとお使いいただきますから」

この日の対談では、将来的に100万人をめざして、社会的なムーブメントとして広げていこうと夢を語り合った。

サーキュラーエコノミーとビーガン 若い世代とともに

丸井では、脱炭素にも役立つサーキュラーエコノミーにつながる新たなビジネスを立ち上げた。都内のカフェと連携し、マイボトルを持って訪れる客に水を提供するサービスだ。

「給水で来たんですけど、水を入れてもらっていいですか?」

客は、給水スポットでQRコードをスマホで読み取れば、マイボトルに水を入れてもらえる。現在、120店舗以上のカフェやレストランと提携。月額550円で、食事をしなくても何度でも水を補給できる。

2020年10月には、さらなる新規事業の準備室を開設した。狙いは、完全菜食主義者を意味するビーガンだ。チーフを務めるのは、サステナビリティ部長の関崎さん。まずは、食を取り巻く状況から情報共有していく。

「今日から、ビーガン事業準備室ということで、この5人でやっていきますので、よろしくお願いします。もともとは、食を通じた温室効果ガス削減というイニシアティブからのスタートでした。世の中のCO_2の排出の4分の1は電力ですが、食関連も4分の1を占めています。それに、世界のビーガン率がこんなに高いということは、私も全然知らなかったのですが、でも日本は、まだまだ少ないので食からの環境へのアプローチは可能性が大きいと思います」

肉を大量に食べることは温暖化に悪影響が大きいことから、海外では、自身の健康と地球環境への負荷を考えて、ビーガンを選ぶ人が大幅に増えていた。丸井では、いずれ日本にも到来するこのトレンドをいち早く捉え、ビジネスにもつなげようとプロジェクトを立ち上げたのだ。

平均年齢は、かなり若い。希望者が自ら手を挙げて集まってきたメンバーだ。

「おいしい野菜を食べたい、おいしいきのこを食べたい、大豆製品の隅々まで食べ尽くしたい……それに挑戦するレストランがあったら絶対人気が出ると思います。しかもそれで社会貢献もできるのなら、子どもにも自分の親にも食べさせたいし、そんな思いで応募したんです」

まだまだ一般にはなじみのないビーガンという選択肢を、どう消費者に提供していけばいいのか。自らの体験を語る人もいた。

「私は恥ずかしながら、その日食べたいと思ったものを食べるという食の選択の仕方しかしてこなくて、ビーガンというとすごく特別な人とか意識が高い人とか、ストイックな人とか、自分とは関係ないんじゃないかと思っていました。でもちょっと調べてみたら、環境問題もあれば、動物を守るというのもあれば、自分の体に与える影響もある。こんなにおもしろそうな、社会を半歩でも動かせるようなものに関われるってすごいことだと思ってワクワクしてきたんですけど」

今後、世界の潮流も含めて消費者の動向を分析し、新たな独自事業を展開していく計画だ。

青井社長は、ビーガンの潮流も含めて、1980年代序盤以降に生まれたミレニアル世代や、さらに若い1990年代半ば以降に生まれたZ世代たちに響く新しいライフスタイルを、一緒に模索していきたいという。

「お客さまの新しいライフスタイル、価値観にお応えする形で、いわば消費者主導のグリーンリカバリーをしたいと思っています。環境問題というのは基本的には僕は、将来世代、子どもたちのための問題だと思っています。その子どもたち、若者たちの将来に、豊かな環境や自然を残していくっていうのが我々大人の責務なわけです。当事者である若い人たち、例えばグレタ・トゥーンベリさんみたいな方もいらっしゃいますけれども、そういう若い人たちの意見をもっと政治や行政、企業活動に取り入れていく、価値を一緒につくっていくような取り組みを増やしていくことが大事なんじゃないかなと思います。

ある調査によれば、ミレニアル世代の6割が、企業の主な目的は利益追求じゃなくて、社会課題の解決であるというふうに答えています。さらに若いZ世代が社会に出てくれば、加速度的に変わっていくと思います。いまはどちらかというと我々のようなおじさんが中心になっていますので、なんとなく進みが遅いんだと思うんですが、世代交代していけばぐっと進んでいく。ですので、その時に向けてですね、将来世代と一緒にビジネスをする機会を増やしていきたいなと思っています。

ピンチはチャンスっていう言い方をしますけれども、危機をきっかけにして、どうやってよりよい未来をつくっていくチャンスを捉えるか。僕は、何も経営者だけでなくて、働いている人も、その関係者やお客さま、お取引先もすべての人が、やはりいまの社会経済のあり方に疑問とか限界を感じていると思うんですね。このままいくわけがないと思っているんだとしたら、じゃあみんなでやってみようよ。そういうフロントランナーになりたいと思っています」

"個人"が変われば"社会"が変わる

2020年1月、IGES（地球環境戦略研究機関）は、「1・5℃ライフスタイル ― 脱炭素型の暮らしを実現する選択肢」と題したリポートを公表した。これは、1・5度目標に対応するために消費者としてどのように貢献できるかを試算したものだ。2017年の数値をもとにすると、日本人1人あたりのライフスタイル・カーボンフットプリント（暮らしの炭素負荷）は、7・6トン（CO_2換算）。2030年までに67％、2050年までには91％削減する必要があるという。

2021年7月に示された政府の地球温暖化対策計画の原案でも、2030年までに家庭部門のCO_2排出量を66％減らすことが掲げられた。現行の計画では39％だっただけに、私たち一人一人も大幅な削減を求められることになる。

クローズアップ現代＋では、今回のコロナ禍をきっかけに、ライフスタイルを変え始めた人を取材した。都内に住む森真悠子さん。自粛生活が続く中、自分が捨てるペットボトルがいかに多いかを目の当たりにしたという。

「私たちも毎日、捨てることへの罪悪感は感じていたと思います」

捨てるペットボトルをなんとか減らしたいと、家族が好きな炭酸水は、専用の機械で手作りすることにした。また日常の買い物は、一つ一つ必要性を考えて選ぶようになったという。

「理由を知って選ぶとか、意思を持って選ぶとかいうことですかね。一消費者としていいものを選ぶというか、いいものに投票していく……」

クローズアップ現代＋の取材で、私自身も改めて肝に銘じたい大事な言葉を伝えてくれた女性がいる。リコージャパンの太田康子さん。太田さんは、「CSR48」の総監督も務めている。「CSR48」は、企業や団体のCSRやサステナビリティを推進している部署で働く女性たちが、会社や部署の垣根を越えて活動する〝女子会〟だ。

リコーは、2017年4月、RE100に日本で最初に参加するなど先進的な環境経営で知られる。こうした取り組みが加速したのは、パリ協定を決めたCOP21の公式スポンサーにリコーが選ばれた2015年。フランス政府や国連、COP事務局から評価されて、会場に複写機やプリンターを提供した。会社の幹部も現地に出向き、世界ビジネスの激変ぶりを痛感したという。Nスペ『〝脱炭素革命〟の衝撃』のCOP23ロケでもリコーの加藤茂夫さんに密着したが、この先、サプライヤーにまで迫ってくる脱炭素の潮流をいち早く受け止め、率直な言葉で語ってくれた表情が忘れられない。

そんなリコーの企業風土のなかで育った太田さんは、たくましい行動力で他社の仲間たちともつながり、社内では、「SDGsキーパーソン」を増やすという取り組みに積極的に関わっている。太田さんは言う。

「私が重要だなと思っているのは、一人一人の〝個の力〟を信じるということ。私たちが本気になって変えていこうと行動を起こした時に、どんな大きな組織も元をたどれば、必ず一人、一個の個人なんですよね。だからその一人一人の個人の意識を変革していくっていうところを、あきらめずに地道にやっていけば、必ず変われると思います」

この言葉を聞いた時、私の気持ちも熱くなった。常日頃、大きな組織の中にあって、ともすれば自分一人が声を上げても無力なのではないか、世の中なんて変わらないんじゃないかという弱気な思いに駆られることも少なくない。でも考えてみれば、どんな大きな変化も、私たち一人一人の〝変化〟からしか、始まらないのだ。そのさざ波が大きなうねりとなって、世の中を動かしていく。グレタ・トゥーンベリさんがたった一人で始めたスクールストライキが、世界数百万人の行動につながったように、はじめの一歩こそが本当に大切であり、そこからしか社会変革は始まらないのだ。

ライフスタイルチェンジを起こし、消費者と企業双方の行動変容を促すには、課題山積かもしれない。タイムリミットも迫ってきている。でも少なくとも、絶対にあきらめることだけはしたくない。まずは私という〝個の力〟を信じて、声を上げ続けよう。そういう初心を思い起こさせてくれた言葉だった。

クローズアップ現代＋の取材で、私が個人的にとても嬉しかったことがある。2020年にNHKに入局したばかりの新人だった三田村昴記ディレクターが、自ら手を挙げて気候危機を伝えるプロジェクトに参加してくれたのだ。かくいう私は、1988年の「最後の昭和入局」。まもなく定年を迎えるほどの年次で、三田村ディレクターとは親子ほども年が違う。だが、そんなデジタルネイティブ世代の彼は、自分と同世代の若者たちが、グレタさんたちの活動に刺激を受けて行動を起こした姿に共感し、密着取材を始めた。そして、2021年春、各地の若者たちと一緒に気候危機を訴える動画を作った。この共同作業はどんなきっかけで生まれ、どんな思いが込められているのだろうか。

私たちは気候変動を止められる最後の世代

NHK首都圏局ディレクター　三田村昂記

「いますぐ動かなくては間に合わない」

〝気候変動を止められる最後の世代〟ともいわれる世代が、いま日本各地で声を上げています。

〝これからの10年〟を担っていくことになる世代の若者たちです。私は今回、クローズアップ現代＋の取材などを通して知り合ったそうした学生とタッグを組み、「世の中を変えていこう」と訴える動画を作り、放送を通じて社会に伝えるという取り組みに挑戦しました。彼らを突き動かしたのは、「〝大人〟と一緒に温暖化を止めたい」という切実な思いでした。

気候変動を身近に感じざるを得なかった若者たち

きっかけとなったのは、２０２０年９月、ＮＨＫの前で行なわれたある訴えでした。

「気候変動を報道！よろしくお願いします。よろしくお願いします！」

段ボール紙に手書きの文字で「ＮＨＫさん、気候危機を報道して」というプラカードを持って声を上げていたのは、10代から30代の女性たち。地球が直面している温暖化などの気候危機。それを放送を通じて、もっと世の中に伝えてほしいというのです。

その一人が、都内に住む17歳のナイハード海音さんです。

「早くいろんな人が危機って気づいて、声を上げてくれたらいいなって。テレビであればいろんな人に届くんじゃないかって」

私たちは、若者たちに、「気候変動に関するメッセージを動画にまとめませんか」と呼びかけることにしました。環境問題の最前線で活躍する複数の団体に声をかけ、ＮＨＫと一緒に活動してくれる高校生や大学生がいないか探してもらいました。その結果、集まったのが今回のプロジェクトに参加した６人。「NO YOUTH NO JAPAN」の能條桃子さん、「Fridays For Future Tokyo」の山本大貴さん、「Sustainable Game」の木村晃子さん、「KAKEHASHI」の浅田舞さん、「IRESA」の松田響生さん、「GreenTEA」の海音さんです。

彼らは、小さい頃からニュースや教科書で「地球温暖化」や「気候変動」という言葉を見聞きして育ってきました。また、それらを実感するような出来事も続きました。気象庁が、一日の最高気温が35度以上の日を猛暑日と定義したのは２００７年のこと。以来、大都市ではその猛暑日となる日が増加傾向となっています。また日本列島を襲う台風も年々強力化している上、2018年7月に広島、2019年7月には熊本に「これまでに経験したことのないような大雨」も発生し、大きな被害をもたらしています。生まれながらにして、気候変動の問題に直面してきた世代であり、不安を感じて声を上げるのは当然なのかもしれません。

届けている、でも届かない

こうした気候変動の現状を多くの人に知ってもらおうと、彼らはSNSで、画像や動画を使って情報発信を積極的に行なっています。今回参加した6人が所属する団体の中には、6万人ものフォロワーを持つアカウントもあります。

ネットでの発信だけでなく、街頭に立ち、思いを伝える活動をしている人もいます。参加メンバーの一人で都内の高校に通うヤマダイこと山本大貴さんは、プラカードや横断幕を掲げながら、自分の思いを道行く人々に投げかけてきました。

アメリカのバイデン大統領が主催する気候変動サミットが開かれた2021年4月には、毎週金曜日を学校ストライキの日とし、政府に強力な対策を求めるスタンディングアクションも行ないました。日本政府に高い目標設定を促すため、大胆な行動に出ることにしたのです。批判も覚悟の上で、「将来に後悔したくない」という一念で行動し続けています。

そんな山本さん自身が気候変動に関心を持ったのは、2019年、九州地方から東北地方にかけて広い範囲で猛威を振るった「令和元年東日本台風（台風19号）」がきっかけでした。被災した栃木県で災害ボランティアを経験。温暖化によって強力になった台風が、いかに人々の生活を破壊するのか目の当たりにしました。

「すでにたくさんの人が気候危機によって命を奪われている現状の前で、何もしない、もしくは少しだけの努力でやった気になっている社会っていうのが、とても僕は悲しい」

しかし、彼らの活動に関心を持ってくれる人たちは多くないといいます。それどころか、ネット上では活動に対する批判的な意見もあるのです。

「環境問題ってやっぱり意識高い人が声を上げてて、なんだか遠い」

「暇かよ、勉強してろ」etc

彼らは自分たちが〝意識高い系〟という偏見の目にさらされていることを自覚して、それに傷つくことも少なくないといいます。しかし問題を解決するためには、いま自分たちが声を上げ、多くの人に知ってもらわなければならない。だからこそ、葛藤を抱えながらも、学生時代という人生の貴重な時間の大部分を使って、啓発活動を続けているのです。

動画制作に参加した6人は多かれ少なかれ、気候危機を世に問う難しさを感じてきました。

「SNSでの発信は、見てくれる層が限られていて、若者が多い。もっと広い世代が見るNHKのテレビは、より多くの人に届ける一つのきっかけになるのかな」（マイさん）

「気候変動の問題を解決するには、少数の人だけが頑張るのではなくて、社会みんなの意識が変わり、政策決定が行なわれるという流れが必要。それを思うと、多くの人に発信できるNHKがすごく魅力的というか、そこで発信することが必要だと思いました」(モモさん)

デジタルネイティブである彼らにとって、SNSで同じ問題意識を持つ同世代とつながるのはそれほど難しくありません。しかし若者だけでは気候変動を止められない。彼らはNHKのことを、限界を超え、〝大人〟世代とつながるための重要な回路だと考えてくれたのです。

社会を変えるのは「緩やかな共感」

こうして始まった動画制作。3か月にわたる議論を経て4本の動画を作りました。そもそも「1・5度問題とは何か」を伝えるメインの動画1本と、衣・食・住の三つのテーマについて、いますぐ始められることを提案する3本の動画です。

動画制作で特にリーダーシップを発揮したのが、能條桃子さんです。

「いまの日本は、政策の方向性が世界と同じ方向になっていないよねと訴えた上で、それが問題ですということを伝えるような内容がいいのではないかなと」

この春から大学院に通っている能條さん。いまの日本に危機感を持ったきっかけは、北欧デンマークへの留学でした。そこで目にしたのは大勢の若者が街を練り歩き、社会に本気の対策を求める姿でした。若者が政治家と直接語り合う機会も何度も目にしました。

「社会の雰囲気がもう気候変動は事実としてとりあえず受け止めていて、そのために何をするべきかという話に移っている。議論のレベルが一歩先を行っているなと感じました」

このままでは日本が世界から取り残されてしまう。帰国後、能條さんが立ち上げたのが、若者の政治参加を促す団体「NO YOUTH NO JAPAN」です。2021年1月には小泉環境大臣との意見交換会に参加するなど国会議員との対話にも積極的に取り組みました。

4月、エネルギー政策に携わる国会議員との懇談を取材させてもらいました。

発電の際に多くのCO_2を出す石炭火力発電所の建設を見直すべきだと訴えたところ、国会議員からは「経済の状況などを考えるとすぐにできるわけではない」と説明を受けました。「いますぐ石炭火力を廃止して、国の電力がもたないとなれば、何のための脱炭素かわからない」と指摘された上で、「社会にはいろんな立場の人がいることを踏まえ、理想に向かってどういうアプローチができるか、みんなで考え、決めて、進めていかなければならない」と諭されました。

社会を変えるために、一緒に動いていこうと呼びかけられた能條さん。一人でも多くの政治家に理解を広げていくことが重要だと改めて感じたと言います。

「政治家は私たちの代表だと思うので、その代表の人たちに動いてほしければ、こうやって対話するところから始まらなきゃいけないし、ちょっとずつ動いていたら変わることもあるって実感できるような世の中になればいいなと思います」

環境問題を訴えることは、ともすれば、若者から大人たちへの一方的な糾弾と見られがちです。しかし彼らは「若者対大人の対立構造にしたら本当に意味がない」と口を揃えます。「地球の未来を守るために、気候変動に対策していくことは大切だよね」という世代を超えた〝緩やかな共感〟が生まれることこそが、社会を変える力になると彼らは考えています。動画作りのきっかけとなった、NHK前でのアクションをした海音さんは、こう語ります。「〝あなたたちのせい〟ではなく、〝これから対策すればまだ間に合う〟と伝えたいです。みんなで手を取り合い、大切な人を守るために、ポジティブなメッセージを共有したい」

プロジェクトを終えた学生たちからは、意外なことに「参加者同士のつながりができた」という声も寄せられました。いまはまだ大きくない動きであっても、いくつもの流れがつながっていくことによって、やがて大きなうねりとなる可能性を秘めています。いま、日本に必要なのは、そうした若者たちの取り組み一つ一つに目を向け、きちんと評価し、育てていくことではないでしょうか。育ちつつある芽を、枯れさせないよう、問われているのは、彼らより少し先に社会の一員となった私たちの「覚悟」と「責任」なのかもしれません。

地域から湧き起こる脱炭素

　変革の狼煙は、地方からも上がっている。クローズアップ現代＋のチームは、脱炭素社会に向けて、地域からライフスタイルを変えていこうという動きを取材した。長野市鬼無里《きなさ》地区の取り組みだ。この地域では、コロナの前から食やエネルギーの自給自足をめざしてきた。

　案内してくれたのは、地域の女性リーダー吉田廣子さん。草刈り役を兼ねてヤギが放し飼いされている場所は、住民が設計から工事まで手がけた太陽光発電所。電力会社への売電で、毎年２００万円を売り上げている。その利益を活用して運営しているのが、薪ステーションだ。住民から持ち込まれた山の木を買い取って、薪にして販売している。作られた薪は、地元の入浴施設などに利用が広がり、この地域の化石燃料の使用量を減らしてきた。

長野市鬼無里《きなさ》地区の女性リーダー吉田廣子さん。手作りの太陽光発電所前にて（撮影 仁科勝介）

薪を使った自然エネルギーの普及には、間伐など山の手入れが欠かせない。鬼無里地区では、ユニークな活動で、林業の担い手を育てようという試みも始めた。里山の一角で行なわれていたのは、「森ガール」をターゲットにした林業体験イベントだ。都会からやってきた女子も、生まれて初めてチェーンソーでの伐採を体験、地元の人たちから林業のイロハを教わっていた。森とともに暮らすこの地域の魅力をアピールし、森づくりにも関心を持ってもらうのが狙いだ。

吉田さんたちは、エネルギーの地産地消やお金そのものが地域をめぐる仕組みを作ろうとしている。環境にやさしいだけでなく、地域が経済的に自立する暮らしが吉田さんたちの理想だ。

食べ物も自給自足を心がけている。観光産業が盛んな長野県だが、今回のコロナ危機でインバウンドは壊滅的な打撃を受け、日本人旅行客も大きく減ってしまった。だが、この地域の物産を販売する道の駅は、旅行客の減少で3割ほど売り上げが落ちたものの、地場の野菜などを買い求める近隣の人たちの利用が中心だったおかげで、なんとか持ちこたえている。吉田さんは危機の時代にあって、「自分たちで栽培したものを自分たちで食べて生きていく」ことの強みを改めて実感したという。

地域をさらに強くしていくには、どうしたらよいのか。吉田さんたちは、地元で新たなビジネスを生み出す取り組みを始めた。廃校となった中学校を改装して作ったテレワークの拠点だ。そこに農業用ロボットを開発する長野県のベンチャー企業を招き入れたのだ。高齢化が進むなか、自給自足の暮らしを続けていけるよう、農家を手助けするロボットの開発を進めている。

「もしかしたら、未来はこんな里山から始まるのかもしれない……」

そんな期待を抱かせてくれる新鮮な光景だった。

新型コロナウイルスのパンデミックを経験したいま、デジタル化やテクノロジーの恩恵も最大限に活かしながら、過密な都会を離れ、自然豊かな分散型の社会で暮らしていきたいと願う人々も増えている。こうした新しいライフスタイルは、脱炭素社会の構築にも大いに役立つ。2021年6月には、内閣官房の国・地方脱炭素実現会議が、「地域脱炭素ロードマップ～地方からはじまる、次の時代への移行戦略～」を発表。2030年度までに少なくとも100か所の「脱炭素先行地域」をつくるプランを打ち出した。再エネなどの地域の資源を最大限に活用することで、地域の経済活性化につなげ、さらには地域課題の解決にも貢献できるような「ウインウイン」になるモデル地域をつくっていこうというものだ。

アイデアとしては、環境を配慮した行動にポイントを付け、地域のCO_2削減ポイントとして使える仕組みや、ふるさと納税の返礼品としての地域再エネの活用なども盛り込まれた。サステナブル・ツーリズムや農家での宿泊体験、スマート農林水産業や荒廃農地の再エネ活用など、省庁横断で進めていく施策も含まれているこのプラン。衰退が続く日本の地方の起死回生の一手となるのか、スピード感と縦割りを超える〝覚悟〟が問われている。

ここでも大切なのは、地域の課題の解決と脱炭素を同時に実現する考え方だ。例えば、「コンパクトシティ」と呼ばれる公共交通機関などを集約した市街地中心部に、少しずつ人口を移動させながら、効率的に超高齢社会の街づくりを行なう手法は、カーボンニュートラルにも役立つ。また、ドイツのシュタットベルケをモデルにした自治体出資の公社を立ち上げて、地域のエネルギーや公益事業、地域活性化に取り組む動きも、脱炭素時代の地域の生き残り策として注目されている。

キーワードは「地域循環共生圏」。２０１８年に閣議決定された第五次環境基本計画で示された、脱炭素型・循環型・分散型の未来をともに作っていこうという概念だ。コロナ危機と気候危機という二つの危機によって、人々のライフスタイルが変わり始めたいまこそ、「地域循環共生圏」実現の好機だ。日本人は、古来、森里川海のつながりの中で、自然の恵みを活かす豊かな暮らしを大切にしてきた。「足るを知る」そして「支え合う」……そんな地産地消の清々しい生き方こそが、未来をひらく力になるのではないだろうか。

この章のポイント

◉日本人1人あたりのカーボンフットプリントは7.6トン。1.5度目標実現には、2050年までに91％削減する必要。

◉コロナ禍を経て、大量生産・大量消費・大量廃棄から、サステナブルなライフスタイルへの転換が進む。再エネ、シェア、サーキュラーエコノミーなども暮らしに入り込みつつある。

◉小売大手の丸井グループでは、商品はモノではなく「ライフスタイル」だとして、社会課題の解決か、環境保全や幸せにつながるものしか売らないという戦略を推進することに。

◉世界ではミレニアル世代、Z世代を中心に、気候変動を止めるための社会活動が活発化。国内でも同様の動きがある。

◉地域循環共生圏の実現に向けて、脱炭素ムーブメントが地方にも波及。エネルギーの地産地消、地域でめぐる経済、自給自足などに注目度が高まる。

第9章

資本主義で脱炭素は実現できるのか？

グリーン成長は〝悪〟なのか

ビジネス界で、そして私たちの暮らしの中で、地殻変動のように起きている脱炭素に向けた動き。金融から重工業まで、競い合うようにCO_2削減を掲げているが、はたして私たちは、2050年カーボンニュートラルを実現し、2030年に1・5度上昇に達してしまうような悪夢を避けることができるのだろうか。

自然界のティッピングポイントが迫り来るなかで、時間との闘いであることは言うまでもない。だが、「本当にこのやり方でいいのか」という強烈な問いを投げかける人もいる。著書『人新世の「資本論」』(集英社新書)が30万部を超えるベストセラーになっている大阪市立大学准教授の斎藤幸平さんだ。

人新世(ひとしんせい・じんしんせい:Anthropocene)というのは、人類を示すアントローポイというギリシャ語がもとになった言葉で、人新世(アントロポセン)とは〝人類の時代〟という意味だ。人間の活動が地球に地質学的なレベルの影響を与えている時代を指している。

斎藤さんの『人新世の資本論』によれば、「グリーン成長」も「グリーンリカバリー」もまやかしで、「SDGsは大衆のアヘン」であり、かえってノロノロとした気候変動対策を正当化してしまうリスクがあるという。斎藤さんの意見の詳細は、ぜひ直接本を読んでいただきたいと思うが、彼が出した結論は「脱成長コミュニズム」であり、「市場の力では気候変動は止められない」、資本主義の超克以外に道はないというものだ。

読み終わった私は、なんとも言えない複雑な思いで頭を抱えてしまった。気候危機が極めて深刻であることの認識や、現状の資本主義が増長させている格差や人間の幸せにつながっていない実態といった根本的な課題については心から共感するポイントが多々あり、極めて刺激的でハッとさせられる。だが、脱炭素社会という頂上にたどり着くのに道は一つではなく、しかも総力戦のはずだ。本当にこれまでのやり方を改めてグリーン成長をめざすことが悪なのだろうか。そして、ただでさえ時間がない中で、斎藤さんの期待するやり方だけで、2030年CO_2半減は現実的に可能なのだろうか。

多分、デカップリングという事象についての認識の違いが一番大きいように思う。つまり、イギリスや一部のヨーロッパ諸国のようにCO_2を減らしながら経済成長することが、世界全体で本当に可能なのか、という点である。確かに現状では、絶対的なデカップリングは実現できていないし、道は相当険しい。この点に関しては、資本主義を続ける限り絶対的なデカップリングは実現できないという斎藤さんの意見が正しいのか、それは可能だという「グリーン成長」支持者の意見が正しいのか、おそらく2025年までに答えが出ているだろう。

というのも、新型コロナウイルスのパンデミックによる経済停滞によって、2020年のCO_2排出量は6%ほど削減されたわけだが、あれほどの経済ダメージを経てもわずか6%で、1.5度目標の達成に必要とされる毎年7.6%の削減にさえ達していない。今年2021年は、残念ながらかつてのリーマンショックの時と同様に「リバウンド」が想定されている。正念場は、来年2022年から2025年にかけての3年間であろう。もし、これほど多くの政府とビジネス界がカーボンニュートラルをめざすと宣言して行動を始めているにもかかわらず、目標達成のために必要な削減軌道に乗せることができないような事態に直面すれば、それは事実上「資本主義」の敗北である。斎藤さんのご指摘の通り、「脱成長コミュニズム」的ないわば劇薬を飲まない限り、脱炭素を実現できない可能性があるのかもしれない。

誤解のないように言うと、デカップリングさえできれば成長したほうがいい、ということに私が全面的に賛成しているわけではない。これほどまでに地球の限界が迫っている以上、定常型経済や脱成長を軸とした持続可能な経済に真に移行するには、立ち止まりスローダウンする必要もあるだろう。『ドーナツ経済学が世界を救う』(河出書房新社)のケイト・ラワース氏や、『希望の未来への招待状：持続可能で公正な経済へ』(大月書店)のマーヤ・ゲーペル氏の論考にも大きな刺激を受けている。いずれも「地球の限界」を理解した上で、その限界の範囲内での経済を構築する必要があると訴えている。

いずれにせよトータルでの地球への負荷を減らすために、GDPだけをものさしにするような従来型の資本主義とは決別すべきだ。「パラダイムシフト」や「前例のない規模の変化」という言葉が示しているのは、文字通り想像以上にドラスチックな変化のはずだ。

資本主義内部からの改革は無理なのだろうか

では、資本主義の内部から、資本主義を劇的に変えることは本当にできないのだろうか？　サステナブル資本主義や、ステークホルダー資本主義と呼ばれている動きは、試してみる価値もないほど無力なのだろうか。

ゲリラ的に資本主義の本丸を突き動かす「革命」も始まっている。

2021年5月、いままでは考えられなかったようなニュースが飛び込んできた。エネルギー世界大手シェブロンの株主総会では、サプライチェーン全体での排出量削減目標策定を求める環境NGOが提出した気候変動関連の株主提案に対し、株主の61％が賛成。取締役会側が敗北した。エクソンモービルの株主総会では、ヘッジファンドのエンジン・ナンバーワンを中心とした「もの言う株主」が提案した4人の取締役候補のうち、3人が選出。世界的に脱炭素に向けた動きが加速するなか、株主の将来価値に向けて取締役の刷新を求める意見が通った。今後エクソンは、環境対策でより踏み込んだ対応を求められる。

石油大手をめぐっては、環境NGOがロイヤル・ダッチ・シェルを相手取り起こした訴訟で、オランダ・ハーグの裁判所が、環境NGO側勝利の判決を下した。同社の温室効果ガス削減目標は十分でないとし、2030年までに2019年比で45％削減するよう命じる判決を言い渡したのだ。資本主義のルールの中で、株主の利益だけではないステークホルダー資本主義を重んじる動きは、司法の世界でも次々と表れ始めている。

だが、一方で株主の価値と利益を最大化する資本主義の呪縛も実際には続いている。一つ例を挙げよう。飲料・食品世界大手のダノンは、2020年6月、株主総会で、上場企業初となる「Entreprise à Mission（使命を果たす会社）」になることを宣言。世界で初めて、株主価値の持続的向上と環境・社会課題解決の両立を定款に明記、90％を超える株主も賛成した。つまり、株主利益だけを追い求めるのではない「ステークホルダー資本主義」をめざすと、高らかに宣言したのだ。ところが、2021年3月、この「使命を果たす会社」を主導したエマニュエル・ファベール会長兼CEOは、解任されてしまう。2020年の株価動向がさえなかったためだ。2020年通年でダノンの株価は27％下落。新型コロナの影響があったとはいえ、同業のネスレの2％下落、ユニリーバの1％上昇と比べて見劣りする結果となったことに対し、「もの言う株主」であるヘッジファンドのブルーベルなどがCEO交代を求めたのだ。

このこと一つ取っても、ステークホルダー資本主義が真に根づくのかどうか、内部からの資本主義改革もまた生やさしいものではないことを物語っている。

非営利の米報道機関プロパブリカによると、アマゾン・ドット・コム創業者ジェフ・ベゾス氏ら富裕層の納税記録を独自に入手し分析したところ、上位25人の合計保有資産価値は2014～2018年に約4010億ドル（約44兆円）増えた一方、連邦所得税の支払額は136億ドル（約1兆5000億円）にとどまっているという。一部の裕福な富裕層は、ほとんど見合う税金を払っていなかったという衝撃の事実が浮かび上がったのだ。ベゾス氏は、1兆円の私財を投じて、気候変動枠組条約の前事務局長クリスティアナ・フィゲレス氏が創設したGlobal Optimismとともに、CO_2排出量を2040年までにゼロにする自主的誓約「Climate Pledge」を立ち上げ、100社を超える企業が加盟するなど、気候変動分野への貢献もしている。だが、これほどの富の偏在を許容したままで、「資本主義を変革する！」と意気込んでも、どこか虚しい気持ちになるのも事実である。

CO_2の排出量で見ても、世界の富裕層トップ10％が全体の半分を排出していて、下から50％の人々は、わずか10％しか排出していないという明らかな不公平が存在する。こうした問題に目を背けたままで、資本主義の変革を語ることはできない。

生物多様性の経済学：ダスグプタレビューと「包括的な富」

では、一体どうすればいいというのか。いま、いわゆる主流の経済学者たちからも、新しい資本主義のありようを模索する動きが始まっている。注目すべき報告書の一つが「生物多様性の経済学：ダスグプタレビュー」だ。

2006年にイギリス財務省の依頼でまとめられたニコラス・スターン卿の「気候変動の経済学：スターンレビュー」に匹敵する社会的インパクトを与える可能性に満ちている。2021年2月に発表されたダスグプタレビューも、イギリス財務省の依頼だ。ケンブリッジ大学のパーサ・ダスグプタ名誉教授が中心となってまとめられた。

ダスグプタ教授は、1942年生まれのイギリスの経済学者だ。2015年には旭硝子財団のブルー・プラネット賞を受賞している。受賞記念のスピーチなどが掲載されている財団のサイトを見ると、「本当の豊かさとは何か」を考え続けた彼の歩みは実にユニークだ。経済学者の父をもち、バングラデシュのダッカで生まれ育ち、のちにインドのバラナシに移り住んだダスグプタさんは、貧しい家庭に育つ友人たちと分け隔てなく交流を続ける幼少時代を過ごした。8歳の時、父の仕事でワシントンに引っ越すと、天と地ほどの差がある豊かさにあふれたアメリカを体験する。11歳でインドに戻り、デリー大学で物理学を学び、イギリスへ。そこで、経済学の道へ進む。経済学とは、本来、「人の豊かさや幸せを考える」学問だと信じての決断だった。中でも自然と人間がどう関わっているかを研究、自然を経済学の中心で扱うことをライフワークにしてきた。彼は、ケンブリッジ大学の教授として、ゲーム理論からエコロジー経済学まで、様々な経済理論を研究してきた異才だが、「環境の経済学」と「貧困の経済学」を一つにまとめ上げた功績でも知られる。そして、持続可能な発展という言葉が一般的になるずっと前から、「世代間の公平性」に着目し、本当の豊かさを測る指標について考え続けてきた。

例えば、森を伐採して家を建てるという経済活動でいえば、家を造って売り買いされた経済的な価値はGDPとしてカウントされるが、伐採によって森の木が減ってしまったという事実はGDPにはカウントされない。森の木が増えたのか減ったのかをきちんと計測する仕組みを経済に取り込まなければ、将来のことまで考えた持続可能な「本当の豊かさ」を測ることはできない……。ダスグプタ教授は、富の定義を変える必要があると考えた。そこで生み出されたのが、今回のダスグプタレビューでも強調されている「包括的な富」(Inclusive Wealth)という考え方だ。そこには、人間が造った機械や道路や建物などのインフラに代表される人工資本(Produced Capital)、人間の知識や能力、教育、健康、技能などに代表される人的資本(Human Capital)、そして植物や動物、空気、水、土壌、鉱物などに代表される自然資本(Natural Capital)が含まれる。ここが肝要だ。いままで、ともすれば従来型の経済の脇に置かれがちだった自然資本を重要なファクターとして富の指標に包含したことこそ、資本主義の未来を考える上で大切なポイントだ。同志社大学の和田喜彦教授によれば、今回のダスグプタレビューは、「自然は私たち人間の外側にあるのでなく、私たち人間も経済も自然の一部に組み込まれている。人間の需要と地球の環境収容力（供給能力）のバランスを回復する必要性を強くアピールしている」点で画期的だという。

こうした考え方は実は、2010年に公表された「生態系と生物多様性の経済学：TEEB」でも主張されてきた。TEEBは、ミツバチの受粉への貢献やサンゴ礁の防災機能など、生態系サービスといわれる自然が持つ経済価値を算出した報告書である。こうした流れを受けて、2012年にブラジルのリオデジャネイロで開催された「国連持続可能な開発会議（リオ+20)」では、ダスグプタ教授らが、包括的な富の指標を使って、各国の豊かさを測ってみた。すると、なんと相当数の国で、1人あたりの包括的な富が減っていることが判明し、世界に衝撃を与えた。

だが、それから10年近い歳月がたっても、人類が自然資本を浪費し続ける経済は残念ながら変わらず、地球はその限界に限りなく近づいてしまった。ダスグプタレビューでも、人類が地球環境に与えている負荷の大きさを測る指標である「エコロジカル・フットプリント」によって、人間の需要が自然の供給力を上回ってしまっていることを示唆している。そして、経済成長をしているはずなのに、人々の暮らしが豊かになり幸福につながっていくどころか、ますます格差が広がっている。この課題を克服するためには、今度こそ、ダスグプタレビューが示すような持続可能な経済の方向性を、先進国も途上国も共有し、一刻も早くそれに見合う政策や制度に切り替えていく必要がある。何よりも私たちは、人間の需要を自然が供給できる範囲内に収めていかなければならない。報告書を読みながら私は、ティッピングポイントが迫り来る中、いま変えることができなかったら、これは斎藤幸平さんが指摘するように「資本主義」の敗北につながるのではないかという思いを強くした。

和田教授とともに、ダスグプタレビューのWWFジャパンによる日本語訳の監修を務めた国立環境研究所の山口臨太郎主任研究員によれば、成功の尺度として「包括的な富」を使うことこそ、何より大切だという。そして、そのためには、制度とシステム、特に金融と教育を改革することが大事だという。

確かに、まずは「ものさし」を変えることから始めないと、環境と経済成長の両立も成り立

3種の資本財

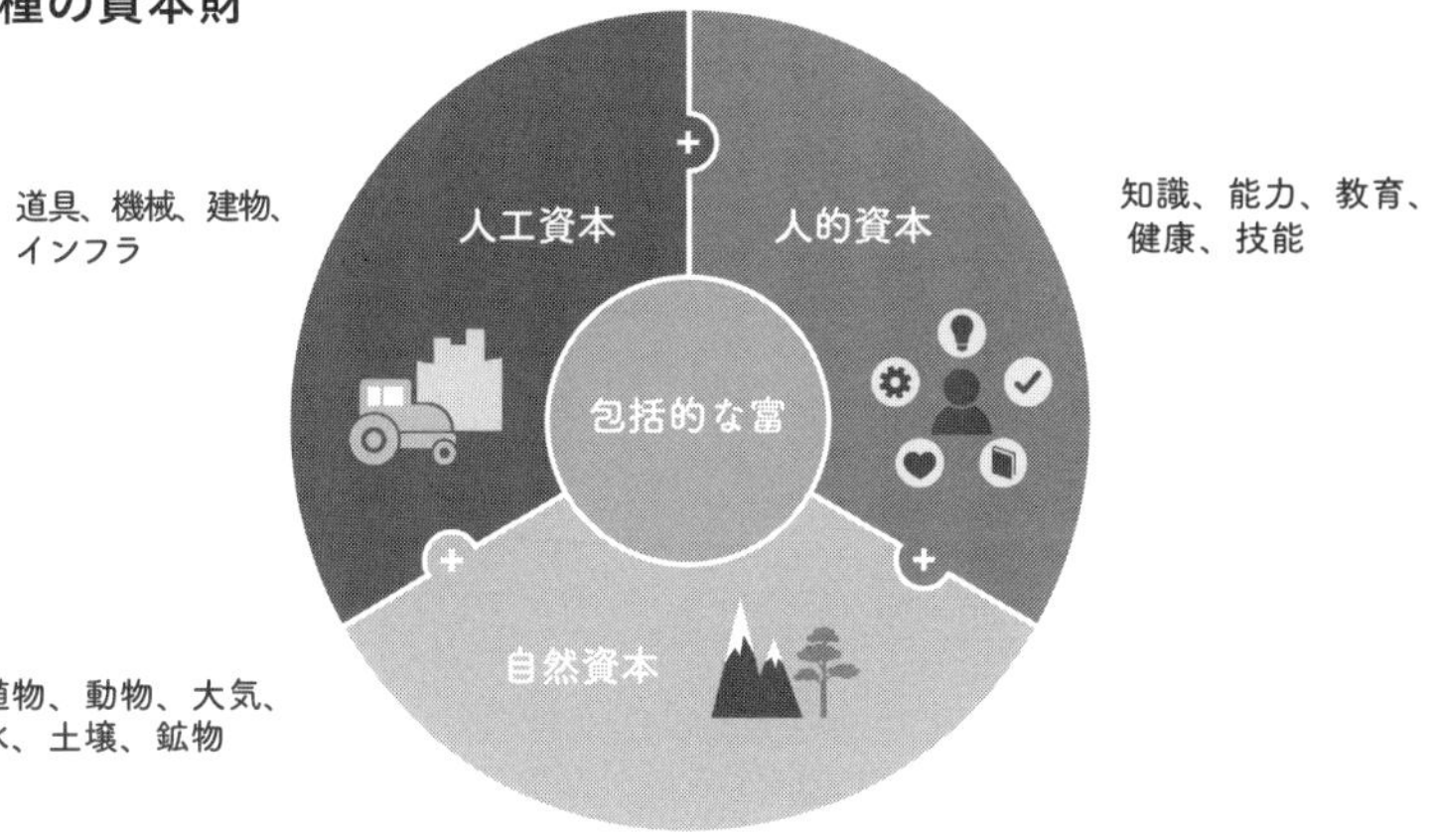

（出典：「生物多様性の経済学：ダスグプタレビュー」）

たない。あなたが「成長」と呼ぶものは、「本当の成長」なのか。自然を破壊し人間の幸せを犠牲にして成り立っている成長をGDPが増えたといって手放しに喜ぶ時代は、とうに終わっている。もし、産業革命以来、富を増大させる仕組みとして信奉してきた「資本主義」を私たちが本当に続けたいのなら、今度こそ「ものさし」から変えていかなければならない。

その意味で、第2章で記したTCFDやTNFDという気候変動や自然資本に関する情報開示を求めるビジネス界の動きは、この流れに合致するものだ。自然資本について計測することは、CO_2排出量を計測する以上に、難しい課題がある。自然は常に動いており、しかもつながり合っているため、どの企業が与えたダメージがどのように影響したのかを特定し数値化していくことは、相当困難だからだ。だが、この分野でも英知を結集し適切に「見える化」していく以外に、資本主義経済の立て直しはない。いますぐ完全にできないからといって放置するのではなく、いまこそ指標作りに真剣に取り組む時だろう。ちなみに、ダスグプタレビューを受け取ったイギリスでは、政府全体で政策に反映させていくと宣言している。

グローバル・コモンズの管理責任

ダスグプタレビューの本質は、自然資本というグローバル・コモンズ（地球規模で人類が共有している資産）を、どう人間が管理していけるかという大きな問いかけでもある。教育の分野での改革が求められる中、東京大学では、まさにこのグローバル・コモンズを中心に据えた新たな研究センターを設立している。

東京大学未来ビジョン研究センターに2020年8月に誕生したのが、グローバル・コモンズ・センターだ。初代ダイレクターには、地球環境問題解決のための多国間資金を無償で提供する国際的な資金メカニズムであるＧＥＦ（地球環境ファシリティ）前ＣＥＯの石井菜穂子さんが就任した。世界の最前線で気候変動問題に取り組んできた石井教授は、いま日本のアカデミアが「グローバル・コモンズの管理責任」についてのリーダーシップを発揮することの重要性を次のように述べている。

「私たち人類はいま、人類史の重大な岐路に立っています。私たちは、急いで地球という人類の共有財産（グローバル・コモンズ）を守る方法を見つけ、合意し、行動しなければなりません。具体的には、エネルギー、食料、資源循環、都市といった地球システムに大きな影響を与える社会・経済システムを大転換し、人類と地球が共に持続可能な未来を築く必要があります」

石井さんたちは、世界各国が地球環境、すなわちグローバル・コモンズへの負荷をどれくらいかけているのか、そしてどのような対策を取っているのかを総合的に計測・評価する「グローバル・コモンズ・スチュワードシップ指標」を開発した。比較が可視化できるこの世界初の指標のプロトタイプは、2020年12月にオンラインで開催された東京フォーラム2020の場で発表された。指標は、国内だけでなく、輸出入を通じ、海外で生じる環境負荷も含めた国際的な視点での評価も含んでいる。連携する世界の研究機関とともに、さらなるブラッシュアップが期待されている。

世界の若者たちが学ぶ「資本主義の未来」

ビジネススクールで学ぶ若者たちも、同時代を生きる世界の仲間とともに「資本主義の未来」について自ら考え始めている。

2018年8月に東京・日本橋で開校した大学院大学至善館は、科学技術イノベーションとヒューマニティの持続可能性の両立、そして西洋の合理性と東洋の精神土壌の融合をめざす新しいビジネススクールだ。至善館では、2021年1月から、スペインのIESEビジネススクール、インドのSchool of Inspired Leadership、ブラジルのFundação Getulio Vargasの協力を得て、「資本主義の未来（Future of Capitalism）」と題した新しい講義のシリーズを開始した。約80人の多国籍な学生が、バーチャルに世界中を旅し、世界ビジネスの最前線にいるCEOや社会活動家と対話するだけでなく、バングラデシュやブラジルの元ストリートチルドレン、ウガンダの元子ども兵士たちなどと一緒に語り合う実にユニークな講義だ。

全12回の講義のうち、私もオブザーバーとして何回か聴講させていただいたが、チームを組んで真剣に議論する世界の若者たちの姿に、大きな希望をもらった。このオンライン講座は、コロナ禍の制約の中で始まったのだが、日本にいながら、シリコンバレーのCEOや元BBCやニューヨークタイムズの責任者、インドのタタモーターズのトップなどから直接講義を受けることができるのは極めて有意義で、けがの功名かもしれないと思うほどの充実したラインナップだった。何より、これまでの資本主義の歪みを背負わされている発展途上国の未来世代と、先進国のビジネススクールの学生が、対等な立場で真剣に「持続可能な未来」について対話する姿は、新しい教育のあり方を強く感じさせるものだった。

至善館の創設者である野田智義学長は、この講義を「これは社会を変えるためのプロジェクト」だと位置づける。資本主義が転換期を迎え、パンデミックが資本主義のもたらした経済の歪みを増長させ、貧富の格差が拡大しているいまこそ、教育界がまず変わらなければならないという強い信念に基づいているという。今後は連携するビジネススクールを増やし、30校、約

300人の学生が参加できるプラットフォームにしていく計画だ。

教育界でも始まった「資本主義を捉え直し、改革する」新たな動き。いまはまだごく一部にすぎないが、一刻も早い脱炭素社会の構築が求められる中で、こうした学びを深めた若者たちが、企業や公共の現場で社会を変えていく力強い即戦力になることを期待している。

ビジネス界のリーダー　ポール・ポールマンからの提言

至善館の「資本主義の未来」という講義と、東京大学の「東京フォーラム2020」のいずれにも登壇したのが、グローバル企業ユニリーバの前CEOポール・ポールマン氏だ。2012〜2017年には、持続可能な開発のためのWBCSD（世界経済人会議）の議長を務め、国連のSDGsの策定にもビジネス界を代表して関わるなど、サステナブル経営を世界ビジネスの主流に押し上げた第一人者として知られる。

前ユニリーバ CEO でアクティビスト財団「Imagine」の共同創立者兼会長を務めるポール・ポールマン氏

ユニリーバでは、２０２０年までに企業活動による環境負荷半減をめざす「ユニリーバ・サステナブル・リビング・プラン」と名づけた長期目標を掲げるなど、２００９年に就任して以来、同社の企業価値を大きく高めてきた。２０１８年末でユニリーバＣＥＯを退任し、現在はＳＤＧｓや気候変動問題に対応するためのアクティビスト財団「Imagine」の共同創立者兼会長を務めている。

ポールマンさんは、「地球というピッチが壊れてしまえば、サッカーの試合（ビジネス）はできない」という本質的なメッセージを例え話として語っていた。私もいつも引用させてもらう言葉だが、コロナ禍で一層、身につまされるようになった。

今回、ＮＨＫでは、ポールマンさんへのオンラインインタビューを行なった。聞き手を務めたのは、ＮＨＫワールドＪＡＰＡＮやＥＴＶ特集のキャスターを務める道傳愛子さん。その中から、放送ではご紹介できなかった部分も含めて、抜粋してお伝えする。

Q　サーキュラーエコノミーはイノベーションを促進し、企業は新しい技術を求めています。サーキュラーエコノミーは、気候変動の悪影響を軽減するためにどう貢献できますか。

これまでの気候変動対策では、再生可能エネルギーへの移行やエネルギー効率の改善に重点が置かれてきました。しかし、これらの対策を合計しても、排出量の55％程度にしか対応できないのです。排出量の45％、残りの部分は、自動車や衣服、食品など、私たちが日常的に使用する製品の生産方法に起因しています。これを見過ごすわけにはいきません。そしてサーキュラーエコノミーは、実際に製品を作る方法を変えることで、排出量削減に貢献します。つまり、循環型経済戦略を適用することで、主要な排出産業であるセメント、アルミニウム、スチール、プラスチック、食品の五つの主要分野の排出量を削減することができるのです。

これは、私たちができる最大の貢献の一つです。そのいい例が食品で、例えば食品廃棄物を減らし、環境再生型（リジェネラティブ）農業に移行することで、現在の方法のように炭素を排出せず、空気から炭素を取り除くことができます。その他の分野では、建築業界や自動車業界で材料をより頻繁に再利用することを検討しています。材料を再利用することで、常に新しい材料を作るよりもカーボンフットプリントを大幅に削減することができます。このように、サーキュラーエコノミーは重要です。また、ＳＤＧｓを達成するためにも重要だと思います。なぜならサーキュラーエコノミーでは、空気の質を改善し、水の汚染を減らし、生物多様性を保護することができ、それは当然、この世界を機能させるために達成しなければならない他の目標にも反映されるからです。

Q　人新世で気候変動を悪化させたのは、資本主義のせいだと言う人もいます。根本的な変化をもたらすには、ビジネスを改革するだけで十分だと思いますか。

資本主義は、長年、多くの人々を貧困から救い出してきました。しかし、いまでは、持続不可能な方法でそれを行なっていることや、不平等を拡大させていることが次第にわかってきました。フランクリン・ルーズベルトがアメリカでニューディールを導入して資本主義の方向性を変えたように、私たちはいま、再び資本主義の方向性を変えなければならない時期に来ていると思います。資本主義という言葉についての議論は、実は私にとってあまり有益ではありません。私たちが時間をかけなければならないのは、それを実現するために何をすべきかを定義することです。つまり、株主優先の視点を改め、マルチ・ステークホルダーにフォーカスすることが必要なのです。また、短期的な金融市場への視点を改め、長期的な観点へと移行する必要があります。これらに対応するためには、単に金融資本とその収益率を測定するだけではなく、社会資本や環境資本の収益率も測定する必要があります。つまり、ビジネスにおける「成功」の定義を変えていくということです。限りある地球上で、より多くのものを生産し、無限の成長を遂げることで成功を定義することはできません。総合的な幸福度、教育の質、空気の質、戦争がないことなどを成功の定義とする必要があります。そして、これらは現在、ＧＤＰでは測れません。私たちは新しいやり方で、「成功」の測定を始めるべきなのです。

Q　気候変動によって、世界的な不平等だけでなく、世代間の不公平にも目が向けられるようになった、と言ってもいいでしょうか。

もっと強い言い方をすると、おそらく人類の歴史上、最大の世代間犯罪だと私は思います。幸い、私たちが現在行なっている行動を加速させることによって、この状況を逆転させ、気温の上昇を1・5度以下に抑えることができることがわかり始めています。しかし、すでに過去50年間に地球上の野生生物の個体数が68％減少してしまったという事実は受け入れがたいものです。この地球の何十億年の営みの中で、たった一世代でこれだけのことをしてしまったのです。本来、再生可能な資源であるはずの自然の恵みの多くを、私たちの世代が使い切ってしまい、未来世代のためにそれを残すことができないという事実は受け入れがたいものです。

この地球という惑星からの恵みを受け継ぐことは、私たちに課せられた重要な責任です。そのためには、世代を超えた視点で考えることが必要です。それ以上に重要なのは、今後実施しなければならない解決策に若者を参加させることです。世界の人口の50％は30歳以下で、いずれはその世代が100％になるのです。

彼らは、より創造的です。協調性に優れています。技術的にも精通しています。自分たちのやりたいことに対して、強い目的意識を持っています。そして何よりも、これは彼らの未来なのです。だからこそ、彼らがテーブルに座るだけでなく、可能な限り彼らにテーブルを提供することが必要になっています。何をするにしても、世代を超えた視点を持つことが、非常に重要なことだと思います。

この章のポイント

◉格差が広がり、幸福につながらない資本主義の失敗から、「脱成長」を重要視する思想が注目されている。

◉資本主義内部からも、サステナブル資本主義、ステークホルダー資本主義への移行を促す訴訟や、「もの言う株主」による提案、役員交代など、従来にない変化が始まっている。

◉「人新世」では、地球環境というグローバル・コモンズの管理責任が求められる。

◉富の偏在と世代間の公平性の欠如という反省から、GDPに変わる新しいものさし「包括的な富」が注目されている。自然資本、人工資本、人的資本で構成される。

◉気候変動がもたらす世代間の不公平は、史上最大の世代間犯罪という声も。「地球というピッチが壊れてしまえば、サッカーの試合（ビジネス）はできない」「再エネはもとより、サーキュラーエコノミー、環境再生型農業への移行で、カーボンフットプリントを大幅に削減できる」。（前ユニリーバCEO ポール・ポールマン氏）

終章

これが日本のラストチャンス

コロナがあぶり出した日本の「弱み」

22世紀の歴史書に、こんなふうに書かれていたらいいなと思うことがある。

「2020年はターニングポイントとなった年である。世界同時に起きた新型コロナウイルスのパンデミックが、サステナブルでグリーンな世界に移行する契機となり、地球と人類の未来を救った」

本当にそう書かれるかどうかは、まだ予断を許さない。世界は、必死の思いでワクチン接種を続けながら、もう一つの危機である気候非常事態に立ち向かおうとしている。だが、リバウンドさせることなく脱炭素の軌道に乗せられるかどうか、ここ数年が正念場だ。

変われるか、変われないか。特に心配なのは、私たちが暮らすこの国、日本だ。

不安な気持ちになるのは、ここ1年半の新型コロナウイルスへの対応を見ているからだ。

私はパンデミックが生じた頃、3度にわたって『ウイルス VS 人類』という番組を担当した。その時、専門家からは「最善を望み、最悪の事態に備えよ」という言葉とともに様々な課題が指摘された。だが、残念なことに1年半たっても肝心なことが全く解決されていない。特にワクチン接種で言えば「ワクチン敗戦」とまでいわれるほど他国に差をつけられてしまった。いまようやく巻き返してきてはいるが、その場しのぎの対応に追われ、結果として医療崩壊に直面し、現場からは悲鳴ばかりが聞こえてくる。十分な補償や心に届く説明もなく、自粛や営業短縮を余儀なくされている飲食や文化芸術、イベントなどに携わる人々のご苦労を思うと胸が痛い。なぜ、こうなってしまったのか。

これでは、日本という国は「有事対応」が苦手だと、世界にアピールしているようなものだ。コロナの非常事態対応と気候危機の非常事態対応には、共通するものがある。だからこそ、私は、懸念を強めているのだ。

ワクチンに関して言えば、2020年1月にウイルスのゲノム配列が公開されると、直ちに各国の「有事対応」が始まった。無駄になってもいいと割り切り、巨額の資金を投じて未開発のワクチンの生産ラインを先回りして準備しただけではない。イギリスなどではスピーディな接種のためには「打ち手が足りない」ことを想定。規制を有事対応で変え、薬剤師からエステティシャンまで可能性のある人材に周到な研修を行ない、要員を確保した。もちろん、実際にワクチンを打つずっと前からの対策である。日本のように、はっと気がつくと打ち手が足りない、といった思考回路ではなかった。

有事の際の臨機応変な対応で言えば、よく例に出されるのが太平洋戦争開戦時のアメリカの豹変だ。真珠湾攻撃を受けるや否や、大統領が自ら三大自動車メーカーに電話をして、T型フォードなどの生産ラインを、あっという間に戦闘車両の製造ラインに切り替えたというエピソードだ。日本人にとってはよい例えではないが、このようなスピード感がなければ、未曾有の危機に勝利することは不可能だ。

私は、有事の際に大切になる四つの原則があると考える。①「エビデンスに基づく科学的思考」②「明確なゴールを示し、そこからバックキャスティングすること」③「物流や合理的マネジメントなどロジスティックスの整備」④「人々の心を動かすリーダーのコミュニケーション力と責任の所在の明確化」。だが、東京オリンピックの異例の混乱も含め、現場の懸命の努力にもかかわらず、残念ながら今回のコロナの「有事対応」が成功しているとは言えないのではないか。

「環境先進国」と呼ばれなくなった日本

こうした過ちを脱炭素対策で犯すことがあっては、手遅れになりかねない。厳しい言い方だが、太平洋戦争の時代からの悪しき伝統なのか、「現実を直視しない」「見たいものしか見ない」癖があるのが、いまの日本だ。2021年6月にイギリスのコーンウォールで開かれたG7サミットでは、議長国のイギリスから石炭火力発電の全廃を提案する動きがあった。最終的には、日本の強い反対で全廃には踏み込まず、排出削減策がない石炭火力への政府による新たな直接支援を年内にやめるという内容で合意した。だが、はたしてこれは、誇れる「成果」なのだろうか。

現地では、環境活動家らがポケモンの人気キャラクター〝ピカチュウ〟に扮し、日本政府に石炭火力への融資停止を求めて抗議活動を行なった。こうした動きにも目を背け、石炭温存と見られかねない態度に終始すれば、近い将来ジャパンバッシング（日本叩き）どころか、ジャパンパッシング（日本無視）される存在になるリスクが高い。どんなに脱炭素のリーダーを気取っても、「環境先進国」としてリスペクトされることはないだろう。さらに言えば、世界の金融マーケットからは、石炭火力に対して「座礁資産」の烙印を確実に押される。そうなってからでは遅いのに、なぜここまで歩みが遅いのか……。

何年も前から石炭へのアラートは鳴り続けている。東日本大震災後の火力発電の急増という特殊事情を言い訳にしても、すでに10年の歳月が流れた。抜本的な対策に取り組む時間は十分にあったはずだ。なのに「見たいものしか見ない」まま、脱炭素競争の荒海に漕ぎ出そうとしている日本。これで本当にカーボンニュートラルが実現できるのだろうか。このままでは、じわりじわりと茹で上げられて死んでいく「茹でガエル」になってしまう。グローバル化がこれほどまでに進んでいる現在、「ガラパゴス」として生き残るのも多分難しい。いま変わらなければ、はたしていつ変わるチャンスがあるというのだろうか。

「失われた30年」変われないままの歳月

最近あらゆる面で痛感するのは、日本という国が、10年、20年、30年かけて大きな変革を成し遂げるのが苦手だという厳しい現実だ。

私がＮＨＫに入局したのは、１９８８年。昭和から平成、令和と33年あまりの歳月を駆け抜けてきた。私自身は、雇用機会均等法で誕生した女性の総合職の第三期生にあたる。当時から男女共同参画が叫ばれていたが、どうだろう。卒業する年次になっても、女性管理職や女性議員の数は、依然として少ないままだ。世界経済フォーラムが発表した2021年度のジェンダーギャップの報告書では、G7の最下位。中国よりも下位の120位だ。特に、国会議員の割合では156か国中、140位と情けない数字だ。

私は2008年に、一定の女性議員の割合を義務づけるクオータ制で男女格差のない社会を実現したノルウェーの女性大臣を取材する番組を放送した。あれからすでに13年の歳月が流れている。確かにクオータ制などの導入には課題があるが、10年以上、ジェンダーギャップを放置していた日本と、法律を制定して取り組んだフランスを比べてみよう。だが2000年、フランスは各員の割合は、日本が4・6%、フランスも5・9%と大差ない。だが2000年、フランスは各政党に男女同数50%ずつの候補者擁立を義務づける法律を制定。するとフランスの女性議員の数は急速に伸び、2021年には約38%に増加した。一方、日本は現在、アフリカの国々よりも低く14%台である。

脱炭素革命を論じるこの本で、こうした事例を紹介したのには二つの理由がある。一つは「実現したい目標があるのなら、仕組みを作らなければならない」ということ。もちろん法的拘束力のある仕組みのほうが効果的である。もう一つは、日本で脱炭素が進まない理由に、実は、この「ダイバーシティの欠如」があるのではないかという実感である。

失われた30年という歳月を振り返ってみよう。バブル崩壊までの「キャッチアップ型」でやや体育会系の「上意下達型」の対応が成長につながっていた時代には、日本は強みを発揮していた。だがその後、新たな「価値創造型」のビジネスが成長の主流になってくると、日本の強みは次第に弱みに変わっていった。つまり、均質性や横ならびの強要、〝空気を読める〟人間であり続けなければならないプレッシャーなどが、ビジネスにおけるクリエイティビティを阻害する要因になっていったのだ。

最近流行りの言葉で言えば、〝わきまえる〟ことや〝忖度する〟ことが優先される社会では、おそらく脱炭素革命の実現は不可能であろう。加えて、ダイバーシティが欠如した状態で、なんとなく〝仕方がない〟とか〝あきらめるしかない〟といったネガティブなモードに入るようなことになれば、正念場の10年にスピード感を持ってカーボンゼロへと突き進むことなど到底できない。

脱炭素革命に求められる「教育」

問題の根が深いなと思うのは、日本社会を形成する根幹をなす「教育」がこの30年変わってこなかったからだ。私も、NHKスペシャル『いじめ』という番組をはじめ、何度も教育現場の取材を行なったが、大人社会の〝空気を読む〟作法は、いじらしいほど小さな子どもたちの間にも蔓延している。最近はSNSの普及もあって、以前よりも一層、様々な面での同調圧力が増している部分もある。子どもたちは、生き残るために自分の個性を殺し、表立って意見も言わず、さりげなく目立たないように生きている。もちろん、スポーツや文化などで個性と才能を発揮している学生もたくさんいる。気候危機を訴えて立ち上がった若者たちのように行動を始めた人たちも少なくない。だが彼らとて、欧米並みの広がりがないことに苦悩し、自分たちの所属する現場で、ちょっと〝浮いて〟しまう現実と闘い続けているのだ。

危機の時代、脱炭素革命の時代に求められるのは「自分の頭で考え、行動できる」人間だ。日本の教育現場では、SDGsが指導要領に取り入れられるなど、ようやく本格的な環境教育も始まった。だが一番大切なのは、きちんと自分の意見を言い、内外の仲間と有益な議論やコミュニケーションができる人材だ。そこから、未来を切りひらくイノベーションを起こせる人材が育ってくるはずなのだ。

残念ながら日本では、Twitterのハッシュタグ「#教師のバトン」に忙しすぎる教師の悲鳴が続々と寄せられるように、クリエイティブな人材を育てる教育システムや支援体制が全く整っていない。少人数学級にしても、教師の負担軽減にしても、ずいぶん前から課題は指摘されているのに、やはり変わり切れていないのだ。教育にかける予算も乏しく、優秀な人材が経済的な理由で進学できなかったり、ポスドクなど博士号を持つ人材の身分も不安定なままだ。でも、遠回りのようだが、ここから変えていかなければ、脱炭素革命は実現できない。この闘いは2050年までのロングスパンで続くのだ。いまからでも遅くはない。まずは教育の現場から、ブレークスルー型の人材の育成ができる社会に変えていく必要がある。

欧米と比べて日本は、イノベーションを生み出すスタートアップを起業するような人材や、企業をも動かすようなNPOで働く人材がまだまだ足りていない。ここにも、〝普通の会社〟に就職することをよしとする無意識のバイアスが働いている気もする。

いま、世の中を変えているのは、従来の枠にはまり切らない多様なポジションで世界を動かす人材だ。例えば、プラスチック問題の解決をめざすイギリスのNPOエレン・マッカーサー財団では、バリューチェーン全体でのサーキュラーエコノミー化を進めるため、共通の透かし表示（デジタルウォーターマーク）を提案している。パッケージにサーキュラーエコノミー関連のデータを付与したデジタルウォーターマークを印字することで、廃棄物の分別やリサイクルを容易にするというアイデアは、実にクールで可能性に満ちている。「HolyGrail 2.0」ということのプラン。驚くべきは、それを実装するまでのスピード感だ。すでにコカ・コーラやネスレ、BASFなどの大手企業を含む120社以上が参加し、未来を変えようとしている。このように、新しい発想とテクノロジー、そしてネットワーキングで、社会を変革していくことに役立つ人材こそ、いま求められているのだ。

開かれた「民主主義」が基盤となる脱炭素社会

日本が脱炭素社会をめざす上での弱みは、まだある。それは、選挙を介した「民主主義」が自分事として根づいていない現実だ。グリーンリカバリー政策も含め脱炭素社会をつくるということは、実は「自分たちの納めた税金を適正に分配する」という作業に他ならない。そのためには、選挙によって選ばれた市民の代表が、適切に市民の声をすくい上げ、スピード感を持って政策に反映するというプロセスが欠かせない。特に大事なのが、地域の民主主義だ。脱炭素社会の実現には、これまでの中央集権的な考えではなく、エネルギーや食料の地産地消を含む「分散型社会」の構築が鍵を握る。その要にあるのが、私たちが暮らす市町村や都道府県での「自治」である。

だが、現実はどうだろう。地方選挙の投票率は、地域差はあるもののここ数年、概ね50%を切っている。税金が高いことで知られる北欧の国々では、自分たちが稼いだお金がどのように使われるのか幼い頃から関心が高く、若者も含めて80%を超えるような投票率が普通になっている。最近は、ドイツなどを中心に環境政党が躍進しているが、政党を通して若者をはじめとする市民の声を届けられる仕組みも機能している。日本のような世襲の議員も少なく、政治に関心を持つ市民が参入しやすく、市民と政治の垣根が低い。当たり前のようだが、この違いは大きい。「声を上げれば、未来は変えられる」と確信している人々が多い国と、そうでない国では、どちらが早く脱炭素社会をつくり上げることができるかは明らかだ。市民の関心が低いことと政治への信頼が失われていること、二つが相関している日本の深刻な問題をどう克服するか。いずれにせよ、エネルギー問題に国民の意思を反映させていく上でも、民主主義の強化は絶対に欠かせない。

フランスでは、燃料税の値上げに端を発した「黄色いベスト運動」を契機に、温暖化対策の国民的な議論が巻き起こり、2019年4月、マクロン大統領はかねてから検討していた「気候市民会議」を開催すると発表した。注目すべきは、会議の参加メンバーの選び方だ。なんと、フランス全土からくじ引きで150人が選ばれた。もちろん、年齢や性別、宗教や地域などに偏りが出ないように調整されているが、驚きの手法だ。選ばれた市民たちは、専門家から気候変動について学んだ上で議論を行ない、最終的に149の案を環境大臣に提出した。中には、化石燃料広告とプロモーション活動の禁止や近距離国内航空便の運航禁止といった一見過激な案も含まれていた。最終的にはこのうちの約3分の1が反映された気候変動対策関連法案が議会に提出され、可決された。さらなる強化を求める声もあるが、まさに市民参加で、本気で脱炭素社会をつくろうとしているのだ。

日本でもこのフランスの取り組みに刺激を受け、2020年11月から12月にかけて注目すべき取り組みが行なわれた。「気候市民会議さっぽろ2020」が全国に先駆けて開催されたのだ。これは、札幌市民全体の縮図となるようくじ引きで募った市民20人がゼロカーボンシティへの転換をどのように実現すべきかをテーマに、徹底的に話し合うものだ。出された意見は、札幌市で策定中の新しい気候変動対策行動計画の検討過程に参考意見として届けられ、報告書としても公表された。このような変革の芽を大切に育て、大きな幹に育てていってほしいと強く感じる動きである。

「縦割り」を打破して、垣根を飛び越える！

次々と日本の弱みばかりを指摘して、うんざりしている人もいるかもしれないが、もう一つだけ、なんとしても変えていかなければならないことを記しておきたい。

それは、日本の隅々にまで巣食う「縦割り」の弊害であり、その打破である。

私は1999年に、NHKスペシャル『霞が関は生まれ変わるか』という番組を制作した。1995年に橋本龍太郎内閣が「この国のかたちの再構築」をテーマに行政改革会議を立ち上げ、省庁再編を行なったことを覚えているだろうか。この番組は、行革会議の極秘資料2万ページの分析から、日本の縦割り打破の可能性を検証したドキュメンタリーだった。しかし結論からいうと、霞が関は生まれ変われなかった。見かけ上は巨大省庁に再編され、内閣機能が強化されるなど一定の成果もあった。だが、肝心要の縦割り問題と地方への権限委譲といった課題は骨抜きにされ、水面下に潜っただけで解決されず、しれっと生き残ってしまった。

考えてみると、日本はこの時のボディブローをいまも引きずっている。当時も、霞が関の制度疲労が指摘されていたのだが、あれから四半世紀が過ぎ、デジタル時代に突入しているにもかかわらず、いまの日本に「この国のかたちの再構築」の動きは全く見られない。デジタル庁やこども庁を新設したところで、根っこにある問題を解決することなしに新しい地平は広がらない。他国では、気候変動に総力を挙げて取り組む新しい省庁をつくることなど、思い立てば朝飯前だ。だが、複雑に権限と既得権益が絡み合った日本では、そうはいかない。

縦割りの克服を現場で試みている優秀な官僚ももちろんいるが、岩盤のような縦割りの強さに心折れてしまうことも少なくないと聞く。ここでは詳しくは語らないが、コロナ対策の遅れに見られるような危機対応のお粗末さの陰にある縦割りの壁や、エネルギー問題における環境省と経済産業省の同床異夢といった悲劇は、この国では日常茶飯事になりすぎている。これでは脱炭素革命を起こすことは到底できないだろう。

霞が関の問題については、ブラック企業ばりの残業や、人事権が内閣人事局に握られてしまったことの弊害も含め、抜本的な改革なしには、優秀な人材が官僚になることを拒む時代に突入するだろう。この問題への対応も急ぐ必要があるが、まずは、縦割りの実害を少なくする工夫が肝要だ。縦割りは、何も霞が関に限らない。企業や団体の中にもある。気候変動や脱炭素の課題は、ことのほか部署や組織をまたいで解決しなければならないものが多い。専門知を活かしながら、俯瞰的に、全体知・総合知に高めていかなければならないのだ。

そこで重要になるのが、アライアンスとパートナーシップだ。とにかく、同じ課題を抱えている仲間と手をつなぎ、情報を共有する。国際的なアライアンスがあれば、積極的に参加する。そこには世界中の英知が集まっている。幸い、オンラインを使えば、北海道と沖縄だって、ロンドンとベトナムだって、どことでもつながれる。脱炭素への挑戦は、人類が同じ課題に向き合い、一緒に未来をつくっていくプロセスだ。情報交換しながらルールメイキングに最初から参画することは、ビジネスチャンスでもある。スタートアップと大企業も、若者とベテランも、先進国と途上国も、軽々と垣根を飛び越えていく中から、イノベーションが生まれるのだ。

世界中に広がっているアライアンスの一つに、気候非常事態を宣言した自治体や団体・企業のネットワークがある。日本でも、2020年11月に「気候非常事態ネットワーク」が設立された。先程のエレン・マッカーサー財団もそうだが、この情報ならここ、ここに行けば仲間と出会えるという「ハブ」となるプラットフォームをつくっていくことはとても重要だ。その運営方法や資金集めなどには苦労もあると思うが、英知を結集することからしか、脱炭素革命は始まらない。こうした新しい公共の役割を果たす人々をノウハウや資金面でも支えていく仕組みも、同時に作っていく必要がある。

アプリでは足りない！ OSを変える!!

繰り返しお伝えしてきたように、人類がパリ協定の1・5度目標を達成し、カーボンニュートラルな世界を実現するためには、小手先の改革だけでは全く足りない。どんなに便利なアプリを開発しても、その根本となるOSから変えるしか、道はないのだ。

新しいOSは、サーキュラーエコノミーを基盤に据え、大量生産・大量消費・大量廃棄型の経済と決別するだけではない。「包括的な富」という新しいものさしが基準となり、地球の限界の中で自然と共存して生きていく経済に転換しなければならない。そうすることで、資本主義が抱える矛盾である「格差だけが広がり、幸せにつながらない成長」をめざさない新しい世界に生まれ変わることができる。

いま世界中がこのOSチェンジに向き合っているわけだが、ことのほか必要とされているのが、日本だ。日本独特の30年積み重なってきた根本課題を解決するには、もはやOSチェンジしかない。急には改革できそうにないからと先送りを続けてきた結果、30年もの歳月が流れてしまった現実を、私たちは直視しなければならない。

はっきりと言おう。これが、日本のラストチャンスだ。


我々マスコミの責任も大きい。巨大メディアNHKに在籍していたこの33年、私は、本当に伝えるべきことを伝えていたのだろうか。環境問題に限っても、正直、BBCや世界の公共放送などと比べて、取り組みのボリュームが足りず、スピードに欠けていた責任は免れない。

私たちはそれでも、手遅れにだけは絶対にしたくないという強い思いから、2021年1月、NHKスペシャル『2030 未来への分岐点』というシリーズを放送した。それは、取り返しのつかないディストピアとなってしまった未来からの声によって、2030年までのこの10年こそが、人類にとっての分岐点なのだということを強く訴える構成になっている。

暴走する温暖化だけでなく、食料や水の危機も描かれた。この本では詳述しなかったが、温暖化による食料不足は、脆弱な国々に真っ先に襲いかかり膨大な数の気候難民を生み出す。食料自給率の低い日本も無縁ではない。温暖化問題は、実は安全保障の問題でもあるのだ。そしてマイクロプラスチック汚染でも、日本近海の汚染は世界の中でも相当厳しい状況にある。いずれも、大事なのは「予防原則」だ。今回、被害が顕在化してからでは危険だという思いから、若いディレクターたちが世界の研究者からの警告を届けた。

環境に関する三つのテーマを最新の知見でお伝えしたこのシリーズには、大きな反響があった。さらに私たちは5分のYouTubeの動画を9本作成し、拡散に努めている。最近の若い人たちは、残念ながらほとんどテレビを見てくれない。そんな人たちにも届くようにという思いを込めた。授業や企業の研修などでも無料で使えるこの動画、ぜひ「地球のミライ 2030」で検索してほしい。一人でも多くの人に地球が直面している危機について知ってもらい、行動を起こすきっかけになればと願っている。

私たち一人一人に何ができるのか

では、私たち一人一人に、具体的に何ができるのだろうか。左の図は、私がいつも学生たちなどに話をする時、見せているものだ。できることは、もっとたくさんあるのだが、いますぐにでも取り組めるものを選んでいる。

マイボトルやエコバッグを持ち歩くなんて、そんな小さいことの積み重ねで世の中が本当に変わるのか、と感じる人もいるだろう。でも、この一歩は大きな一歩なのだ。膨大な数の個人が動けば、企業もビジネスモデルを変えざるを得ない。特に、消費者としてサステナブルなブランドを選ぶ、という行為は計り知れないパワーを持っている。

企業の側もそれを敏感に感じ取って、いい意味で競争が始まっている。

先日、気候非常事態ネットワークのサミットで、セブン&アイホールディングスの取り組みを伺った。セブン&アイでは、環境宣言「GREEN CHALLENGE 2050」を策定、2050カーボンニュートラルをめざしている。2021年4月から国内初のオフサイトPPAと呼ばれる契約方式で、離れた場所にある再エネ発電所からの電力の調達を始め、一部店舗で順次、再エネ100%での事業運営が始まっている。これは、NTTグループが所有する太陽光などグリーン発電所からの電力をセブン-イレブン40店舗およびアリオ亀有で使う仕組みだ。この他にも、ペットボ

私たち一人一人に、何ができるのか

◉マイボトル、エコバッグなどでプラスチックを減らす
◉金融機関を選ぶ
◉再生可能エネルギーを選ぶ
◉消費者としてサステナブルなブランドを選ぶ
◉リデュース・リユース・リサイクル
◉公共交通機関に乗る
◉シェアリング（車・宿など）
◉木を植える、木を使う、屋上やベランダ緑化
◉省エネルギーな職場・住まいに（建物の断熱化）
◉フードロスをなくす・地産地消・コンポスト
◉牛肉の食べすぎや魚の乱獲などを避ける
◉声を上げる、政治家を選ぶ、行政に訴える
◉税制・規制、CO_2を減らした人が得するなど、仕組みを変える！

トル回収機が設置されていたり、「チルド弁当」の容器がプラスチック製から紙製に切り替わったりもしている。身近なコンビニだって、こんなに変わり始めているのだ。さりげなくて気がつかないかもしれないが、脱炭素社会はもう、あなたのすぐそばまで来ている。こうした変化を後押ししているのが、私たち消費者の「目」だ。

企業の取り組みが本物か、それともフリをしているだけのグリーンウォッシュか。それを見極めるには「見える化」を強化し、その製品がいつ、どこで、誰によって作られたのか追跡できるトレーサビリティを確保しなければならない。逆に言えば、ここをしっかりと消費者がチェックするようになれば、企業は必ず変わるはずだ。

脱炭素革命の主役であるはずの再エネも、土砂崩れを引き起こしたり、水源を汚してしまうような場所に造るようでは逆効果だ。そもそも、本来、地域の宝である自然エネルギーを、外部からやってきた金儲け目当ての企業が収奪していくだけのやり方では、持続可能とはいえない。私も長野県の霧ヶ峰高原に持ち上がったメガソーラー計画の現場を歩いて取材したことがある。地元で反対運動を行なったグループに案内してもらったのだが、「こんなところには絶対に造ってはいけない」という場所だった。希少な動植物が生育する湿地があり、土砂災害や水質悪化が懸念された。幸い、反対運動の広がりやアセスメントの強化でこの計画は中止となったが、これからは一層、地域のゾーニングを徹底し、住民自身が納得して「よい再エネか、悪い再エネか」選び取っていける仕組みに変えていく必要があるだろう。ここでも、私たちの

「目」が問われている。

もう一つ、大事なことは、脱炭素をネガティブに捉えないことだ。そのためには、気候変動対策は、温暖化を食い止めるだけでなく、他の課題も合わせて解決し、暮らしが快適になる方向に向かわせるためのポジティブなものだというイメージを共有する必要がある。

環境白書でも紹介された例をご紹介しよう。2019年9月9日に関東地方を直撃した台風15号の凄まじい暴風により、千葉県で大規模停電が発生した。こうした中で、灯りが消えない場所があった。睦沢町の道の駅だ。町では、ちょうどこの道の駅を含む町営住宅「むつざわスマートウェルネスタウン」が開業したばかりで、太陽光パネルや太陽熱、地元産の天然ガスによるコジェネレーションシステムなどの自家発電装置を備えていた。自治体新電力による分散型のマイクログリッドシステムは、災害時にレジリエンスを発揮。暴風は電柱をなぎ倒したが、ここでは電線が地中化されており、被害を防ぐことができた。

この事例に可能性を感じるのは、もともとこのスマートタウンが、地域課題解決のトータルソリューションをめざして計画されているからだ。地産エネルギーによる温水プールなども備えたこの施設は、健康に必要な「食」「憩」「運動」「参加」のメニューを提供する新しい拠点づくりが目的。子育て世帯や高齢者にもやさしい地域優良賃貸住宅として整備された。このように防災にも強くて、観光にも役立ち、住んでも快適で気持ちのいい街づくりが脱炭素への道だとしたら、ちょっとワクワクするではないか。このように、一人一人が、我慢するネガティブな脱炭素ではなく、ポジティブな未来への投資につながる「スマートな脱炭素」をめざしていくことが大事だと思う。

世界の仕組みを変える！「気候正義」と「公正な移行」

だが、それだけでは、世界が変わらないのも事実だ。大事なのは、世界の仕組み＝システム全体を変えること。そのためには、声を上げ続けなければならないし、選挙に出かけて脱炭素政策を推進する政治家を選ばなければならない。気候市民会議のように、自ら政策へのアイデアを出す取り組みも大事だろう。

その時、大切になるのが「気候正義 Climate Justice」と「公正な移行 Just Transition」だ。

「気候正義」は、気候変動問題の本質に関わる概念だ。先進国が大量のCO_2を出して引き起こした温暖化にもかかわらず、CO_2を出してこなかった途上国の脆弱な地域に暮らす人々が真っ先に被害を受ける。加えて、CO_2を出し続けてきたのは大人世代だが、気候変動の被害を受けるのは将来世代だという不公平がある。こうしたアンフェアな状況を許してはならないという考え方が根底にある。

「公正な移行」は、世界が脱炭素社会へと移行するのに伴い、既存の産業で働く人や地域社会にとって、不利益が生じないよう適正な対策を取り、明確なロードマップを示して、公正に移行を進める考え方だ。ＳＤＧｓの「誰ひとり取り残さない」という理念にも通じ、一つの対策を取ることで、トレードオフによって一部の人や産業、地域に皺寄せが行かないように最大限留意することが求められている。ただし、それは脱炭素を阻害する既存産業を温存させるという意味ではない。あくまで「移行」するための配慮だ。最近では、金融業界でも移行段階に必要な資金を供給するためのトランジションファンドも登場しているが、ゴールは脱炭素であり、大目的を履き違えてはならない。新産業への雇用の転換やそのための職業訓練など、計画的で周到な準備と速やかな実行が必要なことは言うまでもない。

ことほどさように脱炭素をめぐっては、立場が変われば受ける影響も大きく異なる。大事なのは、「分断」を煽るのではなく、知恵を出し合い「共創」をめざすことだ。その背骨に公正さや正義があるのだ。そのためには、感情論ではなく、科学に基づくエビデンスが何より大切だ。

２０２１年は、10月に中国昆明で生物多様性のＣＯＰ15が開かれ、イギリス・グラスゴーでパリ協定のＣＯＰ26が開かれる大事な年にあたる。私たち先進国は、公正性の観点からも一層野心的な目標を掲げる義務がある。日本は、遅ればせながら、２０３０年までに生物多様性の減少を回復させることを約束する「自然への誓約：Leaders Pledge」に署名した。２０２０年9月開催の国連生物多様性サミットで発足し、85の国と地域の首脳が誓約していたのだが、日本はこれまで署名していなかった。こんな調子では「環境先進国」にはなれない。一方、パリ協定の日本の削減目標46％というのも、先進国としての責任を果たしているとは言いがたい。

G7サミットでは2030年までに2010年比で温室効果ガスの排出量をほぼ半減させると宣言したが、日本の目標はこのレベルに届いていない。私たちは謙虚にこの事実に向き合い、気候変動の影響を真っ先に受ける途上国の脆弱な地域で暮らす人々のためにも、一層の努力を求められる立場にあることを忘れてはならない。

現在検討中の政府の新たな地球温暖化対策の計画案を見ると、大きく前進した部分はあるものの、率直に言って、野心的なロードマップには程遠い。エネルギー基本計画の再検討も含めて、日本はもっと本気のパラダイムシフトをめざすべきだと強く思う。

将来世代のために「科学のもとに団結する」

2021年8月9日、7年ぶりにIPCCの第6次評価報告書（AR6・WG1）が発表された。温暖化の原因が人間であることは疑う余地がないと明記され、海面上昇の予測では、2100年に2メートル、2150年に5メートル上昇する可能性も排除できないという。最も衝撃的なのは、世界の平均気温の上昇が、パリ協定の目標である1・5度に到達してしまう時期が10年ほど前倒しになったことだ。これまでは2040年頃、早ければ2030年との予測だったが、今回、このまま化石燃料を使い続けた場合、2030年代の初頭、早ければ2020年代前半にも到達すると判明した。残された時間は少ない。国連のグテーレス事務総長は、これは科学者から人類への「赤信号」だと、強い危機感を語った。

この警告を私たちは、しっかりと受け止める必要がある。グレタ・トゥーンベリさんは、「Unite Behind the Science 科学のもとに団結する」必要性を強調している。なぜなら、未来世代にとっては、現世代のまやかしの数字やその場しのぎの対策は何一つ解決をもたらさないからだ。信頼できるのは科学者の声であり、エビデンスだ。ティッピングポイントが刻一刻と迫り来るデータを直視し、1・5度の上昇を食い止めるために必要な削減量を冷静に分析し、全力で減らすこと。コロナ危機がそうであったように、あるいは家が火事になった時のように「有事対応」する以外、将来世代に責任を果たす道はない。

ロックストローム博士らの新たな研究では、地球はこの300万年の長い歳月の間で、産業革命前の平均から2度気温が上昇したことは一度もないことがわかった。万が一にも2度を上回る上昇が引き起こされれば、文字通り、未知のゾーンへと突入してしまうのだ。だが、現在のパリ協定の各国目標では、どれだけ積み重ねても2度未満を実現することは難しい。防衛ラインとも言える1・5度目標には到底届かないのだ。私たちは、このことをいま一度、肝に銘じ、対策を急速に強化しなければならない。

それは、将来世代の生存権に関わる問題だ。ドイツでは、Fridays for Futureの活動家らが、政府がCO_2排出量を2030年までに1990年比で55％減らし、2050年までにカーボンニュートラルを達成すると定めた2019年の「気候保護法」は、将来世代の人権を守るのに不十分で違憲だとして訴訟を起こした。2021年4月、ドイツ憲法裁判所は、同法の一部を「若年者の自由を侵害している」として違憲判断を下した。これを受けてメルケル首相は、カーボンニュートラルの達成時期を２０５０年から２０４５年に5年前倒しする政策を発表。若者たちの権利と大人世代の責任を明確にしたこの判決は、脱炭素革命にとって極めて画期的な一里塚となった。ＩＰＣＣの新報告書は、1・5度以内に抑えられる道は「いまなら、まだある」と示している。やるべきことをやるしかないのだ。

3・5%が未来を変える！　夢見ることをあきらめない

こんな数字がある。ハーバード大学の政治学者の研究によると、3・5%の人々が非暴力的な手法を用いて本気で立ち上がると、社会が大きく変わるというのだ。歴史を振り返ると、過去に独裁政権を倒した時にも、最初に人口の3・5%が立ち上がった行動が呼び水となって、分水嶺を超え急速に広がるケースが度々見られた。いま、街頭で声を上げて気候危機を訴える若者たちも、この3・5%を信じて仲間を増やそうとしている。

こんな数字もある。オーストリア・グラーツ大学のシミュレーションによると、投資家の場合、約9%が株を売却すれば、残りの投資家も後を追う。取り残されて損失を被るのが嫌だからだ。この投資家心理を利用すれば、化石燃料産業への投資をなくすという野心も、実現可能だというのだ。かつて奴隷制やタバコの喫煙が当たり前だった時代から、一気にそれがＮＧになった変化もすべて、最初はこうしたごく少数派の変革から始まっているのだ。

この本を読んだあなたは、3・5%の側に立つだろうか。それとも、まだ「カーボンゼロなんてあり得ない」「再エネ100%なんて無理に決まっている」と傍観する側に立つだろうか。

いまこそ「本気で夢見る力」が、問われているのだと私は思う。

人類を月や火星に送る壮大な計画も、まずは夢見ることから始まった。もっと言えば、2050年カーボンニュートラルは、夢よりもリアルな目標だ。いまでは、国際エネルギー機関（IEA）が具体的なロードマップを提示し、日本でも自然エネルギー財団やWWFジャパンなどたくさんの団体が、実現可能なシナリオを提言している。この本で紹介した企業でも、自分の会社に落とし込んで、2050年カーボンニュートラルを達成しようと、本気で闘っている。そして私たち一人一人も、ライフスタイルを変えることで、脱炭素革命に参加できるのだ。

コロナ禍のいまという瞬間にも、この地球の片隅で、未来を生きる新しい命が生まれている。人間だけではない。多くの生きものたちも、40億年も前から受け継いできた貴重な命を次の世代につなげようと必死で生き抜いている。私は、地球に大きな負荷を与えてしまった人類の一人として、そして大人世代の一人として、未来世代のための責任を果たしたい。声を上げ、この思いを誰かに伝えることで、3・5%のパワーがつながり合い、見たこともないような化学反応を引き起こす。そんな脱炭素革命を成し遂げる日を、本気で夢見ている。

謝辞

本書は、コロナ禍のさなかに執筆した。多くの人々の協力とインターネットを通して世界中から集まってくる最新情報のおかげで、拙いながらも書き上げることができた。取材に応じてくださった専門家、ＮＧＯ、企業の方々、市民の皆さん、そして若者たちに心より御礼を申し上げたい。

ロングインタビューに答えてくださったリサ・ジャクソン氏、ジェレミー・リフキン氏、安宅和人氏、ポール・ポールマン氏には、改めて感謝をお伝えしたい。また、吉野彰氏、斎藤幸平氏、国立環境研究所の江守正多氏、東京大学の高村ゆかり氏、三菱ＵＦＪリサーチ＆コンサルティングの吉高まり氏、コモンズ投信の渋澤健氏、クレアンの薗田綾子氏らの優れた知見をはじめ、多岐にわたる方々にご意見を伺い、著作や記事を拝見した。すべての方のお名前を記すことができず恐縮だが、この場を借りて心より敬意を表したい。

本書は、１９８８年にＮＨＫに入局して以来制作してきた様々な番組での取材が血となり肉となっている。私は7月31日をもってＮＨＫを退職し、8月からは引き続きＮＨＫエンタープライズの社員として、公共放送ＮＨＫでの番組作りや民間人としての独自コンテンツ制作にあたっている。人生の節目に、このような形で一冊の本にまとめることができたのは、願ってもないご縁である。

脱炭素や環境問題に関する『NHKスペシャル』を一緒に制作した松木秀文プロデューサー、山下健太郎、岡田朋敏、三木健太郎の各ディレクターをはじめとするチーム、松田伸子記者、本書の核となったBS1スペシャル『グリーンリカバリーをめざせ!』や『クローズアップ現代+』を制作した夜久恭裕プロデューサー、右田千代、小田翔子、三田村昴記の各ディレクター、そして長年一緒にこのテーマに取り組んできた株式会社こそあどの橋本直樹氏には、本当にお世話になった。またNHKエンタープライズの安西清麿部長をはじめ、番組スタッフや編集責任者、展開チーム、そして日本環境ジャーナリストの会の盟友である山と溪谷社の編集者、岡山泰史氏に心から謝辞を申し上げる。

なお、本書に記した考えは、あくまで私の個人的見解であり、筆者が所属する組織を代表するものではなく、文責のすべては私にあることを申し添えておきたい。

これからの数年が本当に正念場である。本書が、脱炭素と持続可能な社会をめざす人々にとって、速やかな行動を起こす一助となれば幸いである。

2021年8月　堅達京子

【本書で紹介した番組】

1991　列島ドキュメント「越境酸性雨に挑む」

1995　NHKスペシャル「いじめ　子どもたちのSOS ／教師 いま何ができるのか」

1999　NHKスペシャル
「霞が関は生まれ変わるか 省庁再編を決めた2万ページの記録」

2005　NHKスペシャル
「新シルクロード　トルファン 灼熱の大画廊／西安 永遠の都」

2007　未来への提言
「国連IPCC議長 ラジェンドラ・パチャウリ～地球温暖化に挑む～」
未来への提言「ノルウェー子ども・平等大臣 カリータ・ベッケメレム」

2008　地球特派員スペシャル
「カーボンチャンス 温暖化が世界経済を変える」
SAVE THE FUTURE 科学者ライブ
「温暖化のギモン／温暖化で地球はこうなる」「ようこそ低炭素社会へ」

2009　未来への提言
「エネルギー学者　エイモリー・ロビンス～世界をエコにデザインする～」
SAVE THE FUTURE 科学者ライブ
「グリーンテクノロジーで未来を救え！」「グリーン・エコノミーで未来を築け！」

2010　SAVE THE FUTURE 科学者ライブ
「いきものピンチ！ SOS生物多様性 / 生物多様性を守る5つの作戦」

2014　国連WMO キャンペーン「2050年の天気予報」
BS1スペシャル「世界を襲う異常気象 迫りくる気候変動の脅威」
国際共同制作「大水害 メガシティを襲う高潮・洪水の脅威」

2016　明日へつなげよう「フクシマ再生 9代目・彌右衛門の挑戦」

2017　NHKワールド「Zero Carbon Ahead」
NHKスペシャル「激変する世界ビジネス “脱炭素革命”の衝撃」

2019　BS1スペシャル「“脱プラスチック”への挑戦 持続可能な地球をめざして」
クローズアップ現代＋「16歳の少女が訴える 温暖化非常事態」
国際共同制作「大火災 森林・都市を襲うメガファイアの脅威」

2020　NHKスペシャル「10 Years After未来への分岐点」
BS1スペシャル「再エネ100%をめざせ！ ビジネス界が挑む気候危機」
BS1スペシャル シリーズ「ウイルスVS人類」
クローズアップ現代＋「社会を動かす！ 女性たちの“ライフスタイルチェンジ”」

2021　BS1スペシャル「グリーンリカバリーをめざせ！ ビジネス界が挑む脱炭素」
NHKスペシャル
「2030 未来への分岐点　暴走する温暖化 “脱炭素”への挑戦」
BS1スペシャル「渋沢栄一に学ぶSDGs“持続可能な経済”をめざして」

堅達京子（げんだつ きょうこ）
NHKエンタープライズ　エグゼクティブ・プロデューサー
1965年、福井県生まれ。早稲田大学、ソルボンヌ大学留学を経て、1988年、NHK入局、報道番組のディレクター。2006年よりプロデューサー。NHK環境キャンペーンの責任者を務め、気候変動やSDGsをテーマに数多くの番組を放送。NHKスペシャル『激変する世界ビジネス "脱炭素革命"の衝撃』『2030 未来への分岐点　暴走する温暖化 "脱炭素"への挑戦』、BS1スペシャル『グリーンリカバリーをめざせ！ビジネス界が挑む脱炭素』はいずれも大きな反響を呼んだ。2021年8月、株式会社NHKエンタープライズに転籍。日本環境ジャーナリストの会副会長。環境省中央環境審議会臨時委員。文部科学省環境エネルギー科学技術委員会専門委員。世界経済フォーラムGlobal Future Council on Japanメンバー。東京大学未来ビジョン研究センター客員研究員。主な著書に『NHKスペシャル 遺志　ラビン暗殺からの出発』『脱プラスチックへの挑戦　持続可能な地球と世界ビジネスの潮流』。

【本書で紹介した主な書籍】

『グリーン革命』（日本経済新聞出版）トーマス・フリードマン

『ドローダウン　地球温暖化を逆転させる100の方法』（山と溪谷社）ポール・ホーケン

『グローバル・グリーン・ニューディール：2028年までに化石燃料文明は崩壊、
大胆な経済プランが地球上の生命を救う』（NHK出版）ジェレミー・リフキン

『限界費用ゼロ社会』（NHK出版）ジェレミー・リフキン

『シン・ニホン AI×データ時代における日本の再生と人材育成』
（NewsPicksパブリッシング）安宅和人

『人新世の「資本論」』（集英社新書）　斎藤幸平

『ドーナツ経済学が世界を救う』（河出書房新社）ケイト・ラワース

『希望の未来への招待状：持続可能で公正な経済へ』（大月書店）マーヤ・ゲーペル

※本書で記した内容は、特にことわりのない限り、2021年7月現在の情報をもとにしています。
今後の情勢により、各国の政策の内容や各企業の戦略・目標値などは、変更される可能性があります。

※本書における為替の概算は、以下の通りです。（2021年7月）
1USドル＝110円
1カナダドル＝88円
1ユーロ＝130円
1ポンド＝150円
1元＝17円

脱炭素革命への挑戦

世界の潮流と日本の課題

2021年9月25日　初版第1刷発行

著者　堅達京子＋NHK取材班
発行人　川崎深雪
発行所　株式会社 山と溪谷社
〒101-0051 東京都千代田区神田神保町1丁目105番地
https://www.yamakei.co.jp/
印刷・製本　株式会社 光邦

デザイン　MIKAN-DISIGN
校正　中井しのぶ
編集　岡山泰史

●乱丁・落丁のお問合せ先
山と溪谷社自動応答サービス Tel. 03-6837-5018
受付時間 10:00〜12:00、13:00〜17:30（土日、祝日を除く）
●内容に関するお問合せ先
山と溪谷社 Tel. 03-6744-1900（代表）
●書店・取次様からのご注文先
山と溪谷社受注センター Tel. 048-458-3455　Fax. 048-421-0513
●書店・取次様からの注文以外のお問合せ先
eigyo@yamakei.co.jp

ISBN978-4-635-31044-4